TOD AN DER RIVIERA

TOD AN DER RIVIERA

ITALIEN-KRIMI

von

Luca Ferraro

Trotz sorgfältigem Lektorat können sich Fehler einschleichen. Der Autor ist dankbar für diesbezügliche Hinweise und freut sich grundsätzlich über den Kontakt zu seinen Lesern. Alle sind herzlich dazu eingeladen, sich auf meiner Homepage zu registrieren oder meine Facebookseite zu liken:

www.lucaferraro.de
www.facebook.com/todanderriviera

PROLOG

Der Mann öffnete die Tür zur heiligen Kammer. Vier armdicke weiße Kerzen tauchten den winzigen Raum in ein flackerndes Licht. Vor dem Altar kniete die Frau, mit dem Rücken zu ihm. Wie immer hatte sie nichts zwischen ihre Knie und den kalten Schieferboden gelegt. „Kälte härtet dich ab. Schmerz macht dich stark". Wie oft hatte er diese Worte gehört.

Er betrat das Zimmer, schloss die schwere Holztür hinter sich und schob den Riegel vor. Wie immer. Die Frau reagierte nicht. Er wusste, dass sie ihren Rosenkranz in den Händen hielt, hörte das Klappern der Perlen und ihr heiseres Flüstern: „Heilige Maria, Mutter Gottes, bitte für uns Sünder." 59 Perlen und ein Kreuz. 60 Gebete. 53 davon das Ave Maria. Er hatte noch nie einen Rosenkranz gebetet. Das war etwas für Frauen. Und doch kannte er jedes Wort auswendig, sein ganzes Leben hatte er hier zugehört. Manchmal war er in diesem monotonen Wortrauschen eingeschlafen. Das hatte sie dann wütend gemacht. Aber ihr Gebet hatte sie nie unterbrochen. Erst danach griff sie zur Lederpeitsche. Schmerz macht dich stark. Er hatte sich das Einschlafen abgewöhnt.

Er setzte sich auf die alte Holzbank, auf der er schon als Kind gesessen hatte, und wartete. Er schaute auf den kerzengeraden Rücken der Frau. Sie wippte im Takt ihrer Worte fast unmerklich vor und zurück. Schlank, straff, kontrolliert, so war sie immer gewesen. Ihre weißgrauen Haare hatte sie zu einem Knoten nach hinten gebunden.

Von hinten wäre niemand auf die Idee gekommen, dass sie 85 Jahre alt war.

„Ehre sei dem Vater und dem Sohn und dem Heiligen Geist, wie im Anfang, so auch jetzt und alle Zeit und in Ewigkeit. Amen." Sie war fertig. Stille. Er wartete. Nach ein paar Minuten hörte er ihre raue Stimme:

„Hast du deine Aufgabe gelöst?"

„Ja, es gab keine Probleme."

„Hast du mir etwas mitgebracht?"

Er stand auf und griff in die Tasche seiner grün-gescheckten Jägerhose. Ein zusammengeknülltes Stoff-Taschentuch, darin eingewickelt ein winziger Gegenstand. Wortlos reichte er das Bündel nach vorne. Die Frau nahm es entgegen ohne sich umzudrehen. Sie stand auf und öffnete den Deckel zu einem gläsernen Schrein auf dem Altar. Sie blickte auf ein vergilbtes Schwarz-Weiß-Foto in einem Holzrahmen und auf eine rostige Blechdose. Sie öffnete die Dose und legte das, was er mitgebracht hatte, hinein. Dann kniete sie sich wieder hin, nahm ihren abgegriffenen Rosenkranz aus der Rocktasche und begann ein neues Gebet.

Der Mann wartete. Er wusste, er hatte alles richtig gemacht. Heute würde sie zufrieden mit ihm sein. Es wurde still. Die Messe war zu Ende. Seine Großmutter drehte sich um und sah ihn an. Sie streckte ihre Hand nach ihm aus. Er zuckte kurz zurück. Ein Reflex, den ihn das Leben gelehrt hatte. Doch dann hielt er still. Langsam, fast zärtlich, streichelte sie mit der Rückseite ihrer rissigen Finger über seine Wange.

TEIL I

DIE ENTSCHEIDUNG

1. KAPITEL

MITTWOCH, 6:57 UHR

Das Wasser war trüb. Die Piranhas waren nicht mehr zu sehen. Alberto versuchte, irgendetwas hinter der fünf Zentimeter dicken Glasscheibe wahrzunehmen. Doch er sah nichts als eine milchig rötliche Brühe. Er schaute sich um. Gegenüber, im großen Becken auf der anderen Seite des dunklen Gangs, drehte ein Seehund eine Pirouette und schwamm rasant wieder davon. Alberto sah ihm gedankenverloren hinterher. Seit neun Jahren war er Tierpfleger im zweitgrößten Aquarium Europas, das auf einem umgebauten Schiff im alten Hafen von Genua lag. Ungelernt hatte er als 21jähriger angefangen. Und sich dann Schritt für Schritt immer tiefer in die südamerikanische Fischwelt hinein gearbeitet. Mittlerweile gab es in ganz Italien kaum jemanden, der mehr über Piranhas wusste als er. Sogar aus dem Ausland bekam er regelmäßig Anfragen, wie mit den legendären Raubfischen umzugehen sei. Und jetzt stand er vor einem Rätsel.

Alberto schaute auf die Uhr. Sieben Uhr morgens, er hatte wie so oft als erster seinen Dienst begonnen und war offenbar noch alleine. In zweieinhalb Stunden würde der Touristenstrom beginnen. Aber seine Piranhas, eine der Hauptattraktionen, waren leider verschwunden. Er ging näher an die sechs Meter breite und zweieinhalb Meter hohe Scheibe heran und versuchte noch einmal, in der trüben Suppe etwas zu erkennen. Jetzt konnte er Schatten sehen, die sich langsam bewegten. Offenbar waren die Fische noch am Leben. Aber warum war das Wasser so trüb? Er erinnerte sich an die Zeit, als er den Piranhas manchmal Pferdefleisch als Futter ins Becken geworfen hatte. Damals hatte sich das Wasser stundenlang ähnlich verfärbt. Seitdem er nur noch aufgetauten Frostfisch verfütterte, war dieses Problem nicht mehr aufgetreten.

Alberto glaubte, ein Schnalzen hinter sich zu hören. Doch da war nur der Seehund mit seinem grau-weiß gescheckten Fell, der wieder an ihm vorbei schwamm. An dessen 15 Meter langem Riesenbecken drückten sich normalerweise die Kinder ihre Nasen platt, angezogen von den Kapriolen der stets fröhlich wirkenden Robben. Die Erwachsenen dagegen waren von etwas ganz anderem fasziniert, der Gefahr, die gegenüber lauerte: Piranhas. 146 unschuldig aussehende Raubfische, die es sonst nur in südamerikanischen Flüssen gab. Auf dem Schild über dem Becken stand der lateinische Name: Pygocentrus nattereri, Roter Piranha, bis zu 35 Zentimeter lang, mit Glubschaugen und einem seltsam vorstehenden Unterkiefer. Es gab definitiv schönere Fische hier im Aquarium. Aber keine anderen regten so sehr zu blutigen Phantasien an.

Viele erzählten sich die klassischen Gruselstories über ihr gefährliches Gebiss. Geschichten von Rindern, die zum Trinken ins flache Wasser gingen und plötzlich von einem Piranhaschwarm angefallen wurden. Mit ihren messerscharfen Zähnen rissen die Fische ganze Fleischbrocken aus dem lebendigen, brüllenden Tier. Bis nur noch ein Gerippe übrig war, aufs Skelett abgenagt. Alberto kannte auch die Legende, wonach die Amazonas-Indianer ihre Toten als Skelette begruben. Angeblich versenkten sie die Verstorbenen vorher an einem Seil im Fluss, als Aasfutter für die Fische. Und wenn sie die Leichen ein oder zwei Tage später wieder heraus holten, waren nur noch sauber genagte Knochen übrig.

Die meisten dieser Geschichten waren übertrieben. Wenn Piranhas keinen Hunger hatten, dann waren sie ängstlich und lammfromm. Aber Alberto wusste auch, dass sie tatsächlich mit einer unglaublichen Kraft zubeißen konnten. Ein einziges Mal hatte er nicht aufgepasst, in seinem ersten Jahr als Piranha-Pfleger. Beim Füttern war ihm ein Stück Plastiktüte ins Wasser gefallen. Und ohne lange nachzudenken hatte er mit seiner rechten Hand danach gegriffen. Sekundenbruchteile später ein stechender Schmerz. Ungläubig hatte er auf den 20 Zentimeter großen Fisch gestarrt, der sich in seiner Fingerkuppe verbissen hatte und jetzt seinen Kopf wild hin und her schüttelte. Dann war es vorbei. Der junge Piranha fiel zurück ins Wasser, mit seiner Beute. Ein knapper Zentimeter Zeigefinger war einfach weg. Auch die Spitze des Knochens hatte der Fisch glatt abgebissen.

Unter bestimmten Bedingungen konnte so ein Schwarm in einen regelrechten Fressrausch verfallen. Hohe Temperaturen, dadurch weniger Sauerstoff im Wasser und vor allem: wenig oder kein Futter. Der Tierpfleger machte sich klar, dass diese Voraussetzungen gerade erfüllt waren. Die Sommerhitze hatte das Wasser um ein paar Grad erwärmt. Und die Piranhas hatten seit einer Woche nichts gefressen. Erst für morgen war die nächste Fütterung angesetzt. Nachdenklich betrachtete Alberto jetzt die Narbe auf seinem Fingerstumpf. Hatte jemand den Fischen etwas ins Becken geworfen?

Er schaute nach oben. Irgendetwas schien tatsächlich an der Wasseroberfläche zu treiben. Ein großer, länglicher dunkler Gegenstand. Er würde sich das Piranha-Becken von oben ansehen müssen um herauszufinden, was es war. Er ging durch eine schwarze Tür hinein in den Versorgungsbereich. Ein unangenehmer Geruch schlug ihm entgegen. Während er einen Fuß nach dem anderen auf die Stahlstufen setzte, die zum Beckenrand führten, zwang er sich, auf die Treppe zu schauen. Er spürte ein Ziehen in seinem Magen. Angst vor dem, was hier passiert war. Was auch immer da im Wasser trieb, es gehörte da nicht hin. Und es hatte dazu geführt, dass seine Piranhas nicht mehr zu sehen waren. Schließlich hob er langsam seinen Blick.

Er sah in die leeren Augen eines Totenkopfes. Auf dem Wasser trieb ein zerfetzter Körper. Er bewegte sich. Der Kopf nickte auf und ab. Der rechte Arm ruderte in Schlangenlinien durch das Wasser. Alberto spürte Panik in sich aufsteigen. Er zwang sich ruhig zu bleiben und schaute genauer hin. Die Bewegungen wurden offenbar von den Piranhas ausgelöst, die er jetzt von oben wieder schemenhaft sehen konnte. Sie zerrten an dunklen Gewebefetzen herum. Menschenfleisch.

2. KAPITEL

FREITAG, 16:30 UHR

Johann Sorbello hatte großartige Laune. Nur noch das Gespräch mit Commissario Moreno über die Piranha-Leiche, dann begann das langersehnte Wochenende. Von seinem Fenster im dritten Stock des gerichtsmedizinischen Instituts konnte er die grünen Ausläufer der Seealpen sehen. Ein Stückchen weiter links, verdeckt von dem chaotisch bunten Häusergewirr der Altstadt, ahnte er den tiefblauen Golf von Genua. Der Himmel war wolkenlos, die Sonne schickte ihre letzten Strahlen des Tages, und für morgen sagte das Internet fünf bis sechs Windstärken voraus. Es würde ein perfekter Surftag werden.

Wenn die Leute ihn, den deutschen Halb-Italiener, immer wieder fragten, warum er sich ausgerechnet Genua ausgesucht hatte, dann konnte er viele Gründe nennen: Da gab es die faszinierende Altstadt mit ihren schmalen schattigen Gassen, in denen keine Autos fuhren und abends die Gerüche von Pasta und Pesto übers Pflaster zogen. Mit dicht gedrängten fünf- bis sechsstöckigen Häusern, zwischen denen man den Himmel nur erhaschen konnte, wenn man den Kopf in den Nacken legte. Wo jede „Piazza“ wie eine Lichtung wirkte, auf der die Sonnenstrahlen endlich Einlass fanden, um prunkvolle Fassaden aus dem 15. und 16. Jahrhundert zu erleuchten. Dann war da die einzigartige Lage an der Riviera mit Dutzenden von traumhaften Stränden in direkter Nähe und einem milden

Klima, bei dem man selbst im November noch zum Baden ins Mittelmeer springen konnte. Und schließlich war es für ihn natürlich eine große Herausforderung, an der Spitze eines der wichtigen gerichtsmedizinischen Institute Italiens zu stehen. Doch in den sechs Monaten, die er jetzt schon hier war, hatte er schnell gemerkt, dass es noch einen weiteren wesentlichen Grund gab, sich in der quirligen Hafenstadt wohlzufühlen: Für leidenschaftliche Windsurfer wie ihn war diese Bucht mit ihren regelmäßigen thermischen Winden, die von den Seealpen aufs Mittelmeer herunterfielen, ein echter Hot-Spot.

Das Klopfen an der Tür riss Johann aus seiner Vorfreude. Zu seiner Überraschung trat nicht der Leiter der Mordkommission ein, sondern Guido Ferrari, mit 24 Jahren jüngster Assistenzarzt am gerichtsmedizinischen Institut. Guido war klein, schmächtig und demonstrativ schwul. Er hatte seine mittellangen Haare weißblond gefärbt. Er schminkte sich immer sorgfältig und trug mit Vorliebe farbenfrohe Kleidung. Auch heute war sein Make-up perfekt, dazu trug er ein eng anliegendes, schlammfarbenes T-Shirt und eine nachtblaue Stoffhose. Johann versuchte wie so oft, ein spontanes Grinsen zu unterdrücken. Guido dagegen strahlte ihn an:

„Dottore, darf ich Sie kurz stören?"

Johann ahnte, dass Guido nicht über wissenschaftliche Ergebnisse mit ihm reden wollte, sondern zum wiederholten Mal über seine Alpträume. Vor zwei Tagen hatten sie die Leiche aus dem Piranhabecken zusammen obduziert. Eigentlich hatte er Guidos Besuch schon gestern erwartet. Er seufzte verstohlen und antwortete:

„Machen Sie es kurz. Ich erwarte jeden Moment Besuch von der Polizei."

„Dottore, wie schaffen Sie das nur, so etwas nicht an sich heranzulassen? Ich habe beide Nächte von diesem zerfressenen Körper geträumt. Selbst wenn ich jetzt die Augen zukneife, sehe ich diesen gruseligen Totenschädel vor mir."

Guido schloss demonstrativ die Augen und verzog sein Gesicht zu einer seltsamen Grimasse. Johann atmete tief durch.

Zum wiederholten Male fragte er sich, ob Guido ein guter Gerichtsmediziner werden würde. Auf wissenschaftlichem Gebiet war er den anderen Assistenten weit voraus. Er war scharfsinnig und hatte einen guten Blick für das Wesentliche. Auf der anderen Seite nahm er sich praktisch alles zu Herzen, vor allem die Leichen auf dem Seziertisch. Während der Untersuchungen funktionierte er perfekt und war offenbar in der Lage, seine Emotionen auszuschalten. Nach getaner Arbeit jedoch überfielen ihn die Eindrücke und Gefühle umso stärker. Nicht gerade hilfreich für einen Gerichtsmediziner. Und doch war Johann froh, den jungen Mann eingestellt zu haben. Er war ein wohltuender Farbklecks in diesem staubigen, grauen Institut. Und: Guido war in dieser oft so feindseligen Umgebung praktisch sein einziger Verbündeter.

„Mein lieber Guido, Sie wissen doch: Wir sind Wissenschaftler. Und auf unserem Tisch liegen keine Schicksale, sondern spannende Untersuchungsaufgaben. Sie müssen das völlig emotionslos sehen. Wer dieser Mensch war und wie viel er möglicherweise gelitten hat, das sollte Ihnen völlig egal sein. Wir haben da ein ganz konkretes Rätsel vor uns, und dieses Rätsel gilt es zu lösen."

Johann war sich schmerzlich bewusst, dass er seinem jungen Assistenten gegenüber gerade nicht ehrlich war. Denn ausgerechnet diese Leiche hatte auch ihn zutiefst berührt. Doch er wollte es sich als Chef nicht leisten, Gefühle zu zeigen.

„Ich weiß ja, Dottore", antwortete Guido. „Aber es ist wirklich nicht leicht. Wie haben Sie das damals geschafft, als Sie in der Ausbildung waren?"

Johann dachte innerlich staunend darüber nach, dass diese Zeit kaum mehr als zehn Jahre zurück lag. Mit seinen 36 Jahren war er gerade mal 12 Jahre älter als Guido. Der jüngste leitende Gerichtsmediziner im ganzen Land, und dann auch noch der einzige Deutsche. Das erneute Klopfen an der Tür unterbrach seinen Gedankenfluss und erlöste ihn aus der Not, eine gute Antwort auf Guidos Frage zu finden. Sein Assistent verabschiedete sich sofort und ging, Commissario Moreno trat ein. Johann registrierte den abfälligen Blick, den der Polizist seinem Angestellten hinterher warf. Moreno mochte ganz offensichtlich keine Schwulen. Er schüttelte ihm die Hand und stellte wieder einmal fest, dass Moreno dabei an ihm vorbei sah.

Johann kannte den Leiter der Mordkommission aus mehreren vorangegangenen Ermittlungen. Ein kleiner, schlanker Mann, immer perfekt gekleidet, heute in einem frisch gebügelten Leinenhemd, darüber ein dunkelgraues Sakko. Die mittellangen dunkelbraunen Haare trug der Commissario stets mit jeder Menge Gel nach hinten gekämmt. Ganz offensichtlich waren sie gefärbt, Johann konnte nicht die Spur eines grauen Ansatzes entdecken. Mit Mitte 50 war das nicht besonders glaubwürdig.

„Tut mir leid, Dottore. Ich konnte nicht früher kommen", sagte Moreno mit seiner leisen Stimme. „Wir mussten noch einer Spur in der Sache mit der Piranha-Frau nachgehen."

„Kein Problem", antwortete Johann. „Wissen Sie mittlerweile, wer sie ist?"

Er hatte schon viele Leichen auf seinem Seziertisch gehabt, denen er buchstäblich nicht mehr ins Gesicht schauen konnte. Besonders unschön waren Körper, die längere Zeit im Wasser gelegen hatten. Wenn sich im Prozess der Leichenfäulnis Teile der Gesichtshaut ablösten, dann hatte Johann immer wieder mal erlebt, dass selbst hartgesottene Ermittler eine Auszeit von der Sektion brauchten. Natürlich hatte er auch schon Leichen ganz ohne Kopf seziert. Und einmal hatte ein psychisch gestörter Schlachtermeister seinem Opfer feinsäuberlich die Gesichtshaut abgezogen. Ein Anblick, den Johann lange nicht losgeworden war. Dagegen hatte ihn die Leiche aus dem Piranhabecken zunächst einmal seltsam kalt gelassen. Alles Menschliche war irgendwie verschwunden. Die Fische hatten einen Großteil der Haut und auch gewaltige Stücke der Muskulatur weggefressen. Selbst die inneren Organe waren perforiert.

Zwei Tage war es her, dass Johann mit Blaulicht ins Aquarium gefahren war. Das ganze riesige Gebäude im alten Hafen von Genua war von Dutzenden Polizisten umringt. An den Kassen davor standen bereits lange Schlangen von Touristen, die einerseits Hoffnung hatten endlich eingelassen zu werden, andererseits aber auch gespannt darauf warteten, dass vor ihren Augen irgendetwas passieren könnte. Am Tatort selbst gab es für ihn nicht viel zu tun. Auf die erste Untersuchung der Leiche im Becken verzichtete er; es war ganz offensichtlich zu gefährlich. Er ordnete also zunächst an, dass die Kriminaltechniker vorsichtig Wasserproben entnahmen. Dann stand die Frage im Raum, wie die Männer von der Spurensicherung die Leiche aus dem Aquarium heraus heben sollten. Auch mit Handschuhen schien das Risiko verletzt zu werden einfach zu groß. Schließlich brachte der Tierpfleger mehrere lange Metallgreifer, die normalerweise dazu benutzt wurden, das Becken innen zu säubern. Damit gelang es den Polizisten schließlich, den Körper zu fassen und auf eine Plane zu legen.

Ein Blick genügte Johann um zu erkennen, dass er die Untersuchung nicht hier, sondern im gerichtsmedizinischen Institut fortsetzen würde. Das Einzige, was er mit einem speziellen Tatortthermometer überprüfte, war die Temperatur im Inneren des Rest-Körpers. 27 Grad, genau die Temperatur des Aquariumwassers. Für die Ermittlung des Todeszeitpunktes half ihm das nicht weiter. So, wie die Leiche aussah, musste sie schon ein paar Stunden im Becken liegen. Kurz darauf lag das, was von dem unbekannten Menschen übrig geblieben war, auf seinem Sektionstisch. Und er untersuchte, was möglich war.

Johann konnte sich nicht daran erinnern, dass ihm ein Opfer jemals so wenige Anhaltspunkte zur Analyse geboten hatte. Für die Identifizierung gab es weder ein Gesicht noch irgendwelche Fingerabdrücke. Nur die DNA und der Zahnstatus lagen vor; die Piranhas hatten zwar das Zahnfleisch angenagt, das Gebiss war aber weitgehend unversehrt geblieben. Schon daraus konnte Johann ersehen, dass er einen relativ jungen Menschen vor sich liegen hatte. Das Skelett gehörte zu einer Frau, sie musste 20 bis 30 Jahre alt gewesen sein, etwa 1 Meter 60 groß, keine erkennbaren Knochenbrüche. Wie immer, wenn er eine Leiche aufs genaueste untersucht hatte, war er jetzt gespannt, welcher Mensch, welches Leben diese sterbliche Hülle ausgefüllt hatte. Er wartete auf die Antwort des Commissario.

Moreno schaute aus dem Fenster, als er schließlich sprach. „Sie heißt Francesca Ermia, sie war 24 Jahre alt und Sekretärin in einer Firma. Sie wurde gestern von ihrer besten Freundin als vermisst gemeldet. Wir haben ihren Zahnarzt gefunden und ihm den Zahnstatus geschickt. Er hat vorhin angerufen und bestätigt, dass es sich um seine Patientin handelt."

„Haben Sie schon einen Verdacht, wer ihr das angetan haben könnte?"

Moreno sah immer noch irgendwo in die Weite der ligurischen Berglandschaft und antwortete nicht. Offenbar hatte er nicht vor, Johann weitere Details über die tote Frau im Piranhabecken zu erzählen. Statt dessen stellte er jetzt die Fragen.

„Was können Sie mir über die Todesursache sagen? Wir haben das ganze verdammte Fischbecken leeren lassen. Vorher wurde stundenlang jeder einzelne beschissene Piranha mit einem Kescher heraus gefischt. Gefunden haben wir nichts. Keine Waffe, keine Kleidungsreste, keinen Schmuck, gar nichts."

Johann öffnete den Ordner, den er auf seinem Tisch bereit gelegt hatte.

„Vielleicht das wichtigste zuerst: Die Frau war schon tot, als sie in das Becken geworfen wurde. Ihre Lunge war als einiges Organ fast unverletzt. Wir haben kein Wasser darin gefunden. Also ist sie nicht ertrunken."

„Könnte es nicht sein, dass die Fische sie getötet haben?"

Johann hatte die Frage erwartet. Er hatte selbst eine Weile darüber nachgedacht.

„Zwei Gründe sprechen dagegen: Erstens, wenn die Fische sie bei lebendigem Leibe gefressen hätten, dann wäre sie im Becken verblutet. Dann hätten wir im Wasser mehr Blut finden müssen. Aber in unseren Proben fand sich erstaunlich wenig Blut. Das bedeutet, der Blutkreislauf war schon lange unterbrochen, als die Piranhas ihr die erste Wunde zufügten. Zweitens, und jetzt kommen wir zur wahrscheinlichen Todesursache: Wir haben in der Lunge zwar kein Wasser gefunden, aber etwas anderes. Und das habe ich ehrlich gesagt in meiner Karriere noch nicht erlebt. In ihrer Lunge fanden wir Öl, sehr wahrscheinlich Olivenöl."

Moreno schaute erstaunlich gelangweilt.

„Was bedeutet das?"

„Das bedeutet, dass sie ziemlich sicher an Olivenöl erstickt ist. Wenn es so etwas gäbe wie ein Schwimmbecken mit Olivenöl, würde ich sagen, sie ist darin ertrunken. Wie gesagt, ich kenne keine Präzedenzfälle. Ansonsten gibt es keine Verletzungen, die nicht von den Fischen her rühren."

„Kann jemand ihr das Öl eingeflößt haben? So lange, bis sie keine Luft mehr bekommen hat?"

„Möglich wäre das. Normalerweise hätten wir in diesem Fall Blutergüsse oder andere Spuren von Gewalt an ihrem Gesicht und ihrem Hals finden müssen. Aber leider haben uns die Fische ja die Möglichkeit genommen, solche Spuren zu finden. Wenn ich ein Handbuch für den perfekten Mord schreiben müsste, dann bekäme die Entsorgung der Leiche in einem Piranhabecken definitiv ein eigenes Kapitel. Ich kann mir kaum eine bessere Idee vorstellen, alle Spuren zu verwischen."

Der Commissario zog ein Päckchen Zigaretten aus der Tasche und sah ihm plötzlich scharf ins Gesicht.

„Darf ich?"

Die Frage war reine Floskel. Johann schob ihm den Aschenbecher über den Tisch. Er selbst hatte sich das Rauchen im Medizinstudium abgewöhnt, schwer beeindruckt von der schwarz angelaufenen Teerlunge eines Kettenrauchers, die er mit den Kommilitonen im Präparationskurs seziert hatte. Hier in Italien schienen fast alle Menschen zu rauchen. Im Institutsgebäude war das Rauchen zwar schon seit Jahren streng verboten. Und trotzdem wurde der Aschenbecher im Büro des obersten Gerichtsmediziners von Genua regelmäßig benutzt. Gewohnheitsrecht, offenbar war das schon immer so gewesen, auch bei Johanns Vorgänger, Dottore Alessandro Bertoli, dem früheren Leiter der Gerichtsmedizin. Fast 20 Jahre lang hatte Bertoli dieses Zimmer okkupiert. Vor einem Jahr war der damals 59jährige suspendiert worden. Sechs Monate danach hatte Johann das Büro übernommen. Von Anfang an war ihm, dem „Tedesco", dem Deutschen, von fast allen Institutsmitarbeitern kaum verhohlene Feindseligkeit entgegen geschlagen. Da schien es ihm übertrieben deutsch, gleich zu Beginn seines neuen Jobs den fanatischen Nichtraucher zu spielen. Er hatte den Aschenbecher auf seinem Konferenztisch stehen lassen.

Commissario Moreno zündete sich eine Zigarette an und führte sie mit einer seltsam affektierten Geste zum Mund. Er inhalierte tief und sprach weiter:

„Okay, was gibt es noch? Irgendwelche Anzeichen von Drogen oder Alkohol?"

„So weit wir das feststellen können: weder Alkohol noch andere Drogen. Der Todeszeitpunkt ist schwer einzugrenzen, irgendwann zwischen sechs Uhr abends und Mitternacht. Wahrscheinlich hat sie nichts zu Abend gegessen. Jedenfalls konnten wir im Magen sowie in den Wasserproben keine Rückstände menschlicher Nahrung finden. In ihrer Vagina fanden sich aber Spuren von Sperma. Wir können leider nicht mehr herausfinden, ob sie vergewaltigt wurde oder einfach nur kurz vor ihrem Tod Geschlechtsverkehr hatte. Die DNA des Sperma haben wir jedenfalls analysiert."

Der Commissario blies Rauch in die Luft und grinste derb.

„Wenigstens hat sie vor ihrem Tod noch ein bisschen Spaß gehabt. Okay, was noch?"

Johann blätterte eine Seite in seinem Ordner um. Er war gespannt, ob sich Moreno endlich zu einer emotionalen Reaktion hinreißen lassen würde. Denn was jetzt kam, war der Teil der Untersuchung, der ihn selbst aus dem Gleichgewicht gebracht hatte. Er erinnerte sich genau an den Moment. Vorsichtig hatte er das, was von der Gebärmutter übrig war, frei geschnitten und aus dem Körper herausgehoben. Normalerweise wurden die Organproben erst im Nachhinein analysiert. Aber bei dieser Leiche war eben nichts normal. Da die Piranhas auch hier gewütet hatten, konnte er in die Gebärmutter hinein schauen. Und dann sah er den Embryo. Beziehungsweise das, was von ihm übrig war. Der Anblick des angefressenen Embryos trieb Johann die Tränen in die Augen. Plötzlich war es vorbei mit der professionellen Distanz, die er vorhin erst wieder dem jungen Guido empfohlen hatte. „Der Tote als wissenschaftliches Objekt, in dem es richtig zu lesen gilt" – Johann erinnerte sich nur zu gut an den Leitspruch seines Berliner Professors. Er hatte immer gut damit gelebt und sich nur selten dafür interessiert, welche Schicksale hinter den Körpern auf seinem Tisch steckten. Aber die Vorstellung, dass die Fische ihre Zähne in diese Leibesfrucht geschlagen hatten, ließ ihn einen Moment lang erschauern.

Jetzt sagte er ruhig: „Sie war im fünften Monat schwanger. Es wäre ein Mädchen geworden. Wir konnten die DNA feststellen, obwohl die Fische einen Teil des Embryos gefressen haben. Der Vater ist ziemlich sicher derselbe Mann, von dem das Sperma stammt."

Moreno sah ihn mit müden Augen an. Ob ihn die Nachricht berührte, war nicht zu erkennen.

„Gut, das ergibt vielleicht einen Sinn."

„Was meinen Sie, gibt es schon einen Verdächtigen?"

Moreno bequemte sich jetzt doch zu einer Antwort:

„Der Freund des Opfers ist verschwunden. Er arbeitete als Tierpfleger im Aquarium. Er hatte jedenfalls die Möglichkeit, sich dort Zutritt zu verschaffen. Wir haben keine Einbruchsspuren gefunden."

„Aber warum sollte er die Leiche ausgerechnet im Piranhabecken ablegen?"

„Das werden wir ihn fragen, wenn wir ihn gefunden haben. Vielleicht haben sie Streit gehabt. Vielleicht ist er durchgedreht. Die beste Freundin sagt zwar, dass die beiden ein Herz und eine Seele waren. Aber sie war nicht besonders kooperativ. Keine Ahnung, ob die blöde Kuh die Wahrheit sagt."

„Und das Öl?"

Moreno wirkte genervt.

„Keine Ahnung. Vielleicht stand die Olivenölflasche gerade auf dem Tisch in Reichweite. Vielleicht haben sie sich über das richtige Salat-Dressing gestritten. Dann hat er sie eben gepackt und ihr das Öl in den Hals gegossen. Was weiß ich."

Er stand auf. Das Gespräch war für ihn offenbar beendet. Johann merkte, dass die herablassende Art des Polizisten ihm die gute Laune nahm.

„Warten Sie einen Moment, Commissario. Ich glaube eigentlich nicht, dass ihr das Öl eingeflößt wurde. Wenn ein Mann in Wut gerät, wenn er eifersüchtig ist oder was auch immer, dann würde er zuschlagen, vielleicht zum Messer greifen. Normalerweise erwürgen gehörnte Ehemänner ihre Frauen. Ich kann mir auch nicht vorstellen, dass der Inhalt einer Ölflasche reicht, um einen Menschen damit zu ersticken. Das Opfer würde sich wehren, würde husten, würde einen Teil wieder ausspucken."

„Wer weiß das schon. Sie sagen ja selbst, es gibt keine Präzedenzfälle. Vielleicht hat der Wichser sie bewusstlos geschlagen, ihr dann das Öl in den Mund gekippt und ihr die Nase zugehalten. Er wird es uns hoffentlich bald erzählen."

Moreno warf einen Blick auf seine Uhr und wandte sich zur Tür. Doch Johann ließ nicht locker:

„Zwei Dinge noch: Wir haben eine Analyse des Öls in Auftrag gegeben. Es gibt da spezielle Verfahren, mit denen man feststellen kann, um welche Sorte es sich handelt. Das wird aber ein paar Tage dauern. Und dann noch etwas Seltsames. Dem Opfer fehlte ein Schneidezahn, der zweite oben rechts. Keine Ahnung warum. Jedenfalls glaube ich nicht, dass die Fische ihn gefressen haben. So weit ich weiß, hat man ihn auch nicht im Becken gefunden."

Johann hielt kurz inne und versuchte sich zu konzentrieren. Die Sache mit dem Schneidezahn weckte eine Erinnerung in ihm. Schon als er die Tatsache des fehlenden Zahns bei der Sektion in sein Diktiergerät gesprochen hatte, war ihm der Anflug eines Gedankens gekommen. Eine Assoziation, eine Idee, vielleicht ein anderer Fall? Wieder versuchte er sich konkret zu erinnern, was dahinter steckte, wieder vergeblich. Also sprach er weiter.

„Das mit dem Zahn ist um so auffälliger, als sie ansonsten ein perfektes Gebiss hatte. Sie sollten den Zahnarzt fragen, ob sie deswegen in Behandlung war."

Moreno war stehen geblieben. Er zog ein etwa 10 mal 15 Zentimeter großes Farbfoto aus der Tasche seines Sakkos und schaute es sich an.

„Also, hier auf dem Bild hat sie keine Zahnlücke. Die beste Freundin hat es aufgenommen. Sie sagt, die Aufnahme sei erst ein paar Tage alt."

„Darf ich mal sehen?"

Johann war tatsächlich neugierig. Die seltsamste Leiche seines Lebens bekam ein Gesicht. Eine schöne, dunkelhaarige Frau sah ihn an. Ein schmales Gesicht, hohe Wangenknochen, intensive dunkelbraune Augen. Sie schenkte der Kamera ein strahlendes Lächeln. Ihre Zähne waren makellos. Aber das war es nicht, was Johann aus der Fassung brachte. Er starrte das Bild von Francesca Ermia an, hörte seinen Puls in beiden Ohren hämmern, spürte die aufsteigende Hitze in seinem Gesicht. Er wendete sich ab um zu verbergen, dass er rot geworden war, ging zum Fenster und holte erst einmal tief Luft. Doch Moreno hatte seine Aufregung bemerkt.

„Was ist los? Kennen Sie die Frau etwa?"

„Nein. Aber sie sieht genauso aus wie eine Frau, die ich einmal kannte." Johann zögerte ein paar Sekunden lang. „Sie wurde auch ermordet. Sie ist sozusagen ein Geist aus meiner Vergangenheit."

Er hatte nicht vor, dem Commissario zu erzählen, welche Geschichte dahinter steckte.

3. KAPITEL

SAMSTAG, 9:51 UHR

„Caffè al banco 1 Euro“ stand auf einer kleinen Tafel unter dem großen Wandspiegel. Wie in fast allen Genueser Cafés kostete der Espresso im Stehen an der Theke 50 Cent weniger als im Sitzen an einem der Tische. Dass in dieser Gegend viele Millionäre wohnten, schien sich auf die Preise der Bar nicht auszuwirken.

Johann legte eine Münze auf den Tresen und bestellte seinen Caffè. Der Barista, ein älterer Herr mit Anzugweste und Fliege, griff nach einer vorgewärmten Tasse. Während die Espressomaschine brummte, drehte sich Johann um und musterte die Menschen im Raum. Besonders reich sah hier niemand aus. Der junge Mann mit dem dicken Bauch, der einen Tisch weiter saß, wirkte eher bedürftig. Er nippte an seinem Crodino und schaufelte gewaltige Mengen Stuzzichini in sich hinein: kleine belegte Brothappen, Oliven und Kartoffelchips, die zu jeder Art von Drink umsonst serviert wurden. Auch der Handwerker im staubigen Overall, der neben Johann an der Theke stand, wirkte kein bisschen wohlhabend. Weißgraue Dreadlocks, ein zerfurchtes Al-Pacino-Antlitz, Hände, denen man die tägliche harte Arbeit ansah. Er tunkte seine Brioche in den Cappuccino, verschlang das Gebäck, leerte die Tasse und ging. Das typische italienische Frühstück.

Johann nahm einen Schluck von seinem Espresso und grübelte darüber nach, warum er an einem Samstagmorgen ausgerechnet in dieses Viertel von Genua aufgebrochen war. Zu einer Adresse, die ihm Commissario Moreno zunächst gar nicht geben wollte, als er ihn am Abend zuvor angerufen hatte.

„Was wollen Sie von ihr? Hören Sie, Dottore. Das sind unsere Ermittlungen. Außerdem ist die junge Dame, vorsichtig formuliert, nicht besonders kooperationswillig. Ich habe kaum einen ganzen Satz aus ihr heraus bekommen. Wollen Sie jetzt Detektiv spielen?"

Johann wusste, dass Moreno eigentlich Recht hatte. Und doch bedrängte er ihn weiter. Irgendwann gab Moreno nach und sagte ihm, wo die beste Freundin der Piranhaleiche wohnte. Allerdings nicht ohne einen mahnenden Hinweis mit den üblichen Fäkalbegriffen:

„Dottore, ich weiß ja nicht, was für eine Scheiß-Geschichte dahinter steckt. Ich möchte nur sehr deutlich formulieren: Mischen Sie sich nicht ein!"

„Nein, natürlich nicht", hatte Johann ganz ruhig geantwortet und es durchaus ernst gemeint. Jetzt war er sich nicht mehr so sicher. Er goss den süßlich cremigen Espresso in einem Zug hinunter und verließ die Bar.

...

Enza Marconi schaute auf das Meer. Von ihrem zwei mal drei Meter großen Panorama-Fenster im sechsten Stock des Palazzo Lupi konnte sie die ganze Bucht vor Genua überblicken. Der Wind peitschte Gischt über die Wellenkämme. Bunte Segel flitzten auf und ab. Die Windsurfer waren wieder unterwegs. Wenn sie hier stand, fragte sie sich oft, wie sich das wohl anfühlen mochte, nur auf einem Brett mit Segel über das Mittelmeer zu rasen.

Das Geräusch der Türklingel riss sie aus ihren Gedanken. Sie sah auf die Uhr. 10 Uhr morgens an einem Samstag. Sie hatte keine Ahnung, wer jetzt etwas von ihr wollen könnte. War es noch einmal der ekelhafte Commissario? Sie ging zur Tür und sah auf den Monitor der Sprechanlage. Ein dunkelhaariger Mann, vielleicht Mitte 30, gut aussehend, aber wildfremd. Sie drückte auf die Sprechtaste.

„Ja, bitte?"

„Guten Morgen. Mein Name ist Johann Sorbello. Hätten Sie einen Moment Zeit für mich?"

Der Mann lächelte in die Kamera. Er sah wirklich gut aus. Enza zögerte, drückte wieder auf die Taste.

„Wer sind sie? Was wollen Sie?"

„Ich möchte mit Ihnen über Francesca Ermia sprechen."

Enza war sprachlos. Es war erst zwei Tage her, dass die Polizei bei ihr gewesen war. Und man hatte ihr mit keinem Wort verraten, was eigentlich passiert war. Nur dass Franca nicht mehr lebte. Natürlich hatte sie von der Leiche im Piranhabecken gelesen. Zeitungen und Fernsehen überboten sich mit Gruselstories. Aber bisher wusste niemand, wer das Opfer war. Ihre Gedanken überschlugen sich. Toni arbeitete doch im Aquarium. Und auch er war verschwunden. Was um Himmels Willen war geschehen?

„Hallo! Sind Sie noch da?"

Die Stimme des Mannes vor ihrem Haus holte sie zurück in die Gegenwart.

„Ja, Entschuldigung. Ich verstehe immer noch nicht, wie ich Ihnen weiter helfen kann."

„Verzeihen Sie, dass ich Sie so überfalle. Ich bin Gerichtsmediziner. Die Polizei hat mir gesagt, dass Sie Francescas beste Freundin waren. Ich muss einfach mit Ihnen sprechen. Bitte!"

Enza sah an sich herab. Sie trug eine labbrige Jogginghose, darüber ein verwaschenes Schlaf-Shirt. Ihre Haare standen kreuz und quer vom Kopf ab. Sie hatte sich noch nicht einmal die Zähne geputzt. Ein Albtraum. Sie überlegte kurz und fällte eine Entscheidung.

„Kommen Sie hoch und wundern Sie sich nicht. Ich war gerade im Bad und brauche noch fünf Minuten."

...

Johann betrat den Palazzo und sah sich erstaunt um. Das prachtvolle Gebäude aus dem 16. Jahrhundert war offensichtlich vor kurzem luxussaniert worden. Francescas beste Freundin musste sehr wohlhabend sein. Die Adresse hatte ihn jedenfalls überrascht. Am Belvedere Luigi Montaldo tummelten sich auf der Straße die Touristen, von hier aus hatte man einen grandiosen Blick über Stadt und Hafen. Im Gebäude darüber lagen angeblich die teuersten Apartments von Genua. Im sechsten Stock wartete die nächste Überraschung auf ihn. Ganze zwei Eingänge gab es im Etagenflur, der in einer geschmackvollen Kombination von Schiefer und Marmor glänzte. Die beiden Apartments mussten riesig sein, so wie die Wohnungstüren. Sie waren bestimmt 3 Meter hoch und bestanden aus massivem, matt geöltem Kastanienholz. Vor etwa 500 Jahren, als Genua noch reichste Stadt der Welt war, hatte ein ganz normaler Handwerker Olivenzweige und Löwenköpfe in das Türblatt geschnitzt. Johann fuhr mit den Fingern die Ornamente entlang. Er freute sich jedes Mal, wenn er den Spuren von Genuas großartiger Vergangenheit begegnete. Rechts war die Tür nur angelehnt. Johann schaute aufs Klingelschild. Zwei Buchstaben: E. M. Er klopfte und wartete. Keine Reaktion. Vorsichtig trat er ein. Mit einem sanften Schnappen fiel die Tür hinter ihm ins Schloss. Von weiter hinten hörte er eine gedämpfte Stimme.

„Machen Sie es sich bequem. Ich bin gleich da."

Johann trat zum riesigen Fenster. In der Bucht sah er die Segel der Windsurfer. Ein Gefühl der Wehmut befiel ihn. Doch sein Surfbrett musste warten, er hatte sich nun mal für diesen Besuch entschieden. Er sah sich um. Das Zimmer war bestimmt 40 Quadratmeter groß. Links stand ein gewaltiges schlichtes graues Sofa. Rechts eine dunkelrote Küchenzeile. An der Wand neben dem Fenster ein Schreibtisch mit Laptop und einem Stapel Papier. In der Mitte auf dem geölten Parkettfußboden lagen ein paar große bunte Kissen, ansonsten war der Raum praktisch leer. Trotzdem strahlte das Zimmer eine angenehme Gemütlichkeit aus. Die Frau, die hier wohnte, hatte Geschmack. Johann hörte das Geräusch eines Föns. Offenbar brauchte seine Gastgeberin noch ein paar Minuten. Er setzte sich auf das Sofa und ließ seine Gedanken schweifen.

Wenn er ehrlich war, begriff er nur zum Teil, warum er sich eigentlich auf den Weg in diese Wohnung gemacht hatte, anstatt jetzt auf seinem Surfbrett über die Wellen zu gleiten. Die Piranha-Leiche hatte plötzlich ein Gesicht bekommen. Ein Antlitz, das jetzt zum zweiten Mal in seiner Seele brannte. Die Ähnlichkeit war frappierend. Er erinnerte sich an jedes Detail. Montagmorgen, 23. Juni 2002. Ihr Name war Hülya Demirek, und sie sah unglaublicherweise genauso aus wie Francesca Ermia. Johann hatte manchmal davon gelesen, dass es solche Zufälle gab. Dass einander wildfremde Menschen sich ähnelten wie eineiige Zwillinge. Aber er hatte es noch nie selbst erlebt. Er sah Hülya wieder vor sich. Sie lächelte nicht, sie schaute ihn flehend an. Er sah das Blut aus den Schusswunden strömen. Und er fühlte wieder diesen plötzlichen Anflug der totalen Panik.

„Darf ich Ihnen einen Caffè anbieten?"

Johann blickte auf. Er hatte nicht gemerkt, dass sie den Raum betreten hatte. Vor ihm stand eine Frau, die völlig anders aussah als das Gespenst aus seiner Vergangenheit. Er spürte, dass ihn das erleichterte. Enza Marconi war schlank und für eine Italienerin ungewöhnlich groß, bestimmt 1 Meter 75. Erstaunlicherweise trug sie zu Hause hochhackige Sandalettos, was sie noch einmal um fünf Zentimeter größer machte. Johann stand auf, um ihr die Hand zu schütteln, und fand sich annähernd auf einer Höhe mit ihr: braune Augen, kurze flachsblonde Haare, schöne volle Lippen. Sie sah frech aus, als sie ihn anlächelte. Ihre sinnliche Ausstrahlung brachte ihn kurz aus der Fassung. Dann erinnerte er sich, dass sie ihm einen Espresso angeboten hatte.

„Ja gerne, aber nur wenig Zucker bitte."

Sie lächelte immer noch.

„Vielleicht wollen Sie mir in der Zwischenzeit erzählen, wer Sie sind und was Sie eigentlich von mir wollen."

Ihre Stimme war dunkel, fast heiser. Sie klang älter, als sie war. Johann schätzte sie auf Mitte 20, vielleicht ein bisschen älter. Sie ging leichtfüßig durch den Raum zur Küchentheke, wo eine gewaltige Espressomaschine stand. Sie war es offensichtlich gewöhnt, auf hohen Absätzen zu gehen. Johann schaute ihr fasziniert hinterher. Seine Gastgeberin trug schwarze, eng anliegende Designer-Jeans, die ihre langen Beine betonten. Darüber eine leicht schimmernde, dunkelbraune Seidenbluse. Als sie eine Tasse aus dem Regal nahm, konnte Johann im Profil ihren kleinen Busen erahnen. Eigentlich sah sie aus wie ein Model auf dem Laufsteg.

...

Enza drückte auf den Knopf. Die Maschine mahlte scheppernd eine Portion Kaffeebohnen. Während der Espresso in die Tasse lief, musterte sie verstohlen ihren Gast. Er sah in Wirklichkeit noch besser aus als auf dem Videomonitor. Schlank, sportlich, mit Jeans und T-Shirt leger gekleidet. Ungewöhnlich leger für einen Italiener. Sein Gesicht und seine Hände waren von der Sonne gebräunt. Braune, struppige Haare um ein freundliches Gesicht, die Haarspitzen ein bisschen heller, wie vom Salzwasser ausgebleicht. Einen Gerichtsmediziner hatte sie sich anders vorgestellt.

„Ich heiße Johann Sorbello und bin Leiter der Gerichtsmedizin hier in Genua."

Er sprach perfektes Italienisch. Und doch war da ein Akzent, den sie nicht einordnen konnte. Irgendwie charmant, dachte sie. Der Mann aus der Gerichtsmedizin gefiel ihr. Doch seine nächsten Worte brachten sie wieder zurück in die Realität.

„Ich habe von der Polizei erfahren, dass Sie die beste Freundin von Francesca Ermia waren. Darf ich Ihnen ein paar Fragen zu ihr stellen?"

„Warum? Was haben Sie mit der Sache zu tun?"

Der Mann zögerte.

„Ich habe ihre Leiche untersucht."

Enza merkte, wie ihre Traurigkeit zurück kam. Sie reichte ihm den Espresso, setzte sich auf ein Kissen und versuchte ruhig weiterzusprechen.

„War sie es? Ist Franca die Leiche aus dem Piranhabecken?"

„Ich darf darüber eigentlich nicht reden. Aber ja, sie war es."

Sie schluckte, doch das Schluchzen in ihrer Kehle ließ sich nicht unterdrücken. Sie fühlte die Tränen auf ihren Wangen und wandte sich ab.

„Entschuldigen Sie mich bitte einen Moment."

Sie rannte zurück ins Bad, putzte sich die Nase, wusch sich das Gesicht. Drei Minuten später war sie mit ihrem Make-up wieder zufrieden. Als sie zurück in die Wohnküche kam, schaute der fremde Gast sie erwartungsvoll an. Sie versuchte sich zusammenzureißen.

„Tut mir leid. Franca war wirklich meine beste Freundin. Ich kann einfach noch nicht glauben, dass …"

Der Kloß im Hals erstickte ihre Stimme. Der Mann auf dem Sofa ergriff wieder das Wort:

„Ich bedaure es auch sehr, dass ich Ihnen das erzählen musste. Es ist nur so, dass die Umstände ihres Todes so seltsam und ungewöhnlich sind, dass ich einfach mehr über sie erfahren möchte."

„Was für ein Mistkerl könnte so etwas tun? Wie gestört muss man sein, um jemand den Piranhas vorzuwerfen?" Enza bremste sich und setzte neu an. „Was ist denn überhaupt passiert?"

Wieder dieses Zögern auf der anderen Seite.

„Ich darf eigentlich gar nicht mit Ihnen reden. Alles, was ich Ihnen erzähle, fällt unter die Schweigepflicht. Sie müssen mir versprechen, dass Sie mit niemandem darüber reden."

„Kein Problem. Ich wüsste auch keinen Menschen, mit dem ich darüber sprechen möchte."

„Ehrlich gesagt, ich habe gar keine Ahnung, was passiert ist. Sie wurde am Mittwochmorgen im Aquarium gefunden. Jemand hat sie getötet und ihre Leiche danach dort abgelegt. Alles andere ist sehr schwierig zu bestimmen, weil die Untersuchung der Leiche sehr kompliziert ist. Ich muss zugeben, es fällt mir nicht leicht, die genaueren Umstände konkreter zu beschreiben."

Enza merkte, wie der Mann vor ihr nach Worten suchte. Sie fürchtete sich vor dem, was er sagen wollte. Aber sie wollte die Wahrheit wissen.

„Haben die Piranhas sie gefressen?"

„Ja, jedenfalls zum Teil. Aber sie war definitiv schon tot, als das passierte."

Sie holte tief Luft, versuchte, die Bilder aus einem Horrorfilm, die vor ihrem inneren Auge erschienen, irgendwie auszuknipsen. Die ruhige Autorität, die der Mann gegenüber ausstrahlte, half ihr dabei, sich auf Inhalte zu konzentrieren.

„Woran ist sie denn gestorben?"

„Auch das ist äußerst seltsam. Wir glauben, dass sie an Olivenöl erstickt ist. Jedenfalls haben wir Öl in ihrer Lunge gefunden."

Enza wurde plötzlich eiskalt. Ausgerechnet Olivenöl! Konnte das ein Zufall sein? In ihrem Kopf schien sich alles zu drehen. Sie sprach eine Weile nicht weiter, versuchte, einen klaren Gedanken zu fassen. Dann fasste sie einen Entschluss.

„Okay, was wollen Sie von mir wissen?"

...

Johann merkte es sofort. Die Atmosphäre hatte sich verändert. Plötzlich wirkte die Frau ihm gegenüber weniger weich, weniger traurig. Ein harter Zug hatte sich in ihr schönes Gesicht eingeschlichen. Eine senkrechte Linie auf ihrer Stirn, die sie älter aussehen ließ. Sie zündete sich eine Zigarette an. Er stellte seine erste Frage.

„Wann haben Sie Francesca zuletzt gesehen?"

„Am letzten Wochenende. Sonntagabend war ich mit ihr und ihrem Freund Toni essen. Wir haben uns im Fischrestaurant „Da Rina" getroffen."

„Ist Ihnen irgendetwas aufgefallen?"

„Nein, wir hatten Spaß. Das Essen war gut. Wir haben viel Wein getrunken. Alles war wie immer."

„Und danach?"

„Franca und ich, wir hatten uns für Dienstagabend verabredet. Wir wollten uns um 18 Uhr im Caffé degli Specchi auf einen Aperitif treffen. Doch sie war nicht da. Um viertel nach sechs rief sie mich an und sagte, sie müsse nur noch kurz etwas erledigen, spätestens um sieben würde sie dann nachkommen."

„Aber sie kam nicht?"

„Nein. Als sie um viertel nach sieben immer noch nicht da war, habe ich versucht sie anzurufen. Aber ihr Handy war nicht erreichbar, offenbar ausgeschaltet. Ich habe es immer wieder versucht, weil ich mir Sorgen machte. Franca kommt nie zu spät. Und sie ist immer total zuverlässig. Ich habe in der Nacht nicht gut geschlafen. Mittwochmittag habe ich dann an ihrer Tür geklingelt. Niemand hat aufgemacht. Abends habe ich die Polizei angerufen."

„Und ihr Freund? Wie heißt er noch mal?"

„Antonio. Aber alle nennen ihn Toni. Der ist auch verschwunden. Die beiden wohnten ja zusammen. Ist er etwa auch tot?

„Das weiß ich nicht. Die Polizei sucht nach ihm. Haben die beiden sich manchmal gestritten?"

„Warum fragen Sie? Glauben Sie etwa, dass Toni etwas damit zu tun hat?"

Johann rang mit sich. Spätestens an diesem Punkt durfte er nicht weiter reden. Was der Commissario ihm erzählt hatte, war definitiv Ermittler-Wissen und damit streng geheim. Er versuchte auszuweichen.

„Ich glaube gar nichts. Was ich denke, spielt auch keine Rolle."

Er spürte sofort, dass sie ihn durchschaute. Ihr Blick war immer noch wie versteinert, aber ein Hauch von einem Lächeln umspielte ihre Lippen. Er wurde einfach nicht schlau aus ihr. Enza blieb ein paar Sekunden still. Dann sagte sie:

„Hören Sie. Wenn ich Ihnen vertraue, dann müssen Sie mir auch vertrauen. Ich begreife sowieso nicht, warum Sie hier bei mir sitzen. Selbst wenn Sie der zuständige Gerichtsmediziner sind, was haben Sie mit der Suche nach dem Mörder zu tun?"

Johann überlegte. Wie viel durfte, wie viel wollte er ihr sagen? Er war sich ja selbst über seine Motive nicht im Klaren. Aber wenn er weiter kommen wollte, dann musste er da jetzt durch.

„Sie haben Recht. Ich habe Sie gerade erst kennen gelernt. Und Ihnen kommt das Ganze natürlich merkwürdig vor. Ich bin hier, weil mich der Tod Ihrer Freundin zutiefst aufgewühlt hat. Francesca Ermia erinnert mich an eine Geschichte aus meiner Vergangenheit. Da gibt es etwas, das mich hierher getrieben hat, das ich heraus finden muss."

Sein Gegenüber hatte offenbar verstanden, dass er nicht konkreter werden wollte.

„Bitte nennen Sie sie Franca. Sie hasst es, mit ihrem vollen Namen angesprochen zu werden", sagte die junge Frau. Sie zögerte, sprach dann mit fester Stimme weiter. „Ich muss wohl sagen: Sie hat es gehasst. Also noch mal: Wird Toni etwa verdächtigt?"

„Ja, die Polizei glaubt, dass er es war. Er hatte einen Schlüssel zum Aquarium. Und er ist verschwunden. Das alles spricht gegen ihn."

Enza wurde laut: „Das ist doch totaler Quatsch. Ich habe noch nie ein Paar erlebt, das sich so sehr geliebt hat. Toni war vielleicht ein bisschen seltsam. Aber er hätte alles für Franca getan. Das ist völlig unvorstellbar."

Johann horchte auf: „Was meinen Sie mit ein bisschen seltsam?"

„Na ja, er konnte sehr verschlossen sein. Die beiden kommen aus irgendeinem Dorf oben in den Bergen. Dort haben sie sich auch kennen gelernt. Aber wenn man danach fragte, dann lenkte er immer ab oder war ganz still. Er hat ein totales Geheimnis daraus gemacht. Und wenn ich ehrlich bin, war das bei Franca genauso. Sie war meine beste Freundin, und trotzdem weiß ich nichts über ihre Familie und über ihre Herkunft. Die Polizei hat mich gefragt, wer ihre nächsten Verwandten sind. Ich habe keine Ahnung. Die beiden sind auch nie nach Hause gefahren. Aber noch einmal: Franca und Toni waren ein Herz und eine Seele."

Johann spürte, dass sie jetzt die Wahrheit sagte. Ihre Augen leuchteten, die Stirnfalte war wieder verschwunden.

Er fragte: „Wussten Sie, dass Franca schwanger war?"

Die Frage traf sie wie ein Faustschlag.

„Ja, sie hat es mir erzählt. Ich glaube, ich war die einzige außer Toni, die Bescheid wusste. Sie war so glücklich."

„Kann es sein, dass die beiden darüber in Streit geraten sind?"

„Auf keinen Fall. Er hat sich gefreut wie ein Wahnsinniger. Die beiden haben immer ein Spiel gespielt: Namens-Bingo. Er schrieb drei Namen auf drei Zettel, und sie musste einen davon ziehen. Es waren immer Mädchennamen. Sie wussten noch nicht, was es wird. Aber er sagte immer: Ich bin mir ganz sicher, es wird ein Mädchen. Es muss einfach ein Mädchen werden."

Sie stand auf und ging zu ihrem Schreibtisch. Aus einer Schublade holte sie ein Foto und gab es ihm. Johann blickte in drei lachende Gesichter. Enza mit ihrem blonden Bubi-Kopf in der Mitte, links von ihr das schöne Gesicht, das er schon kannte. Es versetzte ihm wieder einen Stich, auch wenn die Ähnlichkeit bei diesem Bild nicht ganz so extrem war. Rechts ein sympathisch aussehender Mann mit kahl rasiertem Kopf. Er wusste aus Erfahrung, dass es viele Mörder mit netten Gesichtern gab. Aber Enzas Beschreibung von Toni wirkte auf ihn überzeugend. Johann seufzte.

„Darf ich das Foto behalten?"

„Ja, ich habe die Datei auf meinem Computer."

Johann dachte einen Moment nach, bevor er weiter sprach:

„Wenn es nicht Toni war, wer könnte dann einen Grund haben, Franca umzubringen? Und warum ist Toni verschwunden?"

Enza sah ihn an, zuckte hilflos mit den Schultern.

„Vielleicht wurde er ja auch umgebracht."

„Klar, das ist möglich." Johann erinnerte sich plötzlich an den Zahnstatus seiner Leiche. „Wissen Sie, ob Franca kürzlich einen Unfall hatte? War sie vielleicht beim Zahnarzt? Ihr fehlte nämlich ein Schneidezahn."

Enza schüttelte den Kopf.

„Sie hatte die schönsten Zähne der Welt. Als wir uns am Sonntag gesehen haben, war alles in Ordnung. Und sie hat mir auch am Telefon nichts erzählt."

Johann hatte plötzlich wieder das Gefühl, etwas Wichtiges zu übersehen. Was war es bloß, woran ihn diese Zahnlücke erinnerte? Bei Opfern von brutaler Gewalt war er schon oft mit ausgeschlagenen Zähnen konfrontiert worden. Aber dieser Fall war nun mal wie kein anderer. Er versuchte, das schwarze Loch in seinem Gedächtnis mit Inhalt zu füllen, merkte aber, dass er die Erinnerung nicht erzwingen konnte. Also sprach er weiter:

„Vielleicht bringt uns ihr Umfeld weiter. Wissen Sie, wo Franca arbeitete?"

Enzas Gesicht verdüsterte sich wieder. Johann wurde einfach nicht schlau aus ihr. Dieses Gespräch war wie eine emotionale Berg- und Talfahrt. Ihr Schweigen dehnte sich endlose zehn Sekunden. Verheimlichte sie ihm etwas? Schließlich antwortete sie:

„Ja. Sie war Sekretärin bei Extravergine."

Johann schaute sie überrascht an. Enza wich seinem Blick aus, sah irgendwohin auf den Boden.

„Sie meinen DIE Firma Extravergine? Den Olivenöl-Riesen?"

Enza nickte stumm.

Bei Johann überschlugen sich die Gedanken. Olivenöl. Die Substanz, die er in Francas Lunge gefunden hatte. Er dachte an die Laboruntersuchung der Ölprobe. Die Ergebnisse sollten nächste Woche kommen. Ob man wohl feststellen konnte, von welchem Hersteller Olivenöl stammte? Die Firma Extravergine war einer der größten Olivenöl-Produzenten des Landes. Er hatte kürzlich einen Artikel darüber gelesen. Der Chef der Firma hatte auf seinem

Anwesen für die Fotografen posiert, rechts seine deutlich jüngere, blonde Freundin, links ein knallroter Ferrari. Mit Olivenöl war der Mann schwer reich geworden. Eine groß aufgemachte „Tellerwäscher wird Millionär“-Geschichte. Nur dass der Tellerwäscher in diesem Fall als armer Olivenbauer angefangen hatte. Johann erinnerte sich sogar noch an den Namen des neureichen Ölbarons: Gianni Marconi. Plötzlich wurde ihm bewusst, dass die junge Frau, die ihm gegenüber saß, den gleichen Familiennamen trug. Er dachte an die exquisite Lage des Hauses, die Größe ihrer Wohnung, das Panoramafenster. Er sah Enza direkt in die Augen.

„Sagen Sie mal. Der Chef von Extravergine heißt doch Marconi; sind Sie vielleicht ...“

Enza Marconi ließ ihn nicht zu Ende reden: „Ja, er ist mein Vater.“

4. KAPITEL

SAMSTAG, 11:13 UHR

Er hatte sich entschieden. Er würde sterben. Keine Angst mehr vor den Schmerzen. Keine Gefühle. Er sah Francas totes Gesicht vor sich und spürte nur noch Leere. Es gab andere leblose Gesichter, die ihn schon so lange quälten. Er hatte Franca nie davon erzählt. Jetzt war es zu spät. Vor ihm lag nichts mehr außer dem Sprung. Und vorher der letzte Besuch bei der Nonna. Seit sieben Jahren war er nicht mehr hier gewesen. Nichts hatte sich verändert. Die Kerbe in der Haustür, die er als achtjähriger eingeritzt hatte. Für die er zehn Hiebe mit der Peitsche bekam. Die blinden Fensterscheiben, die nie geputzt wurden. Das blecherne Schild neben der Haustür, das vor einem Hund warnte, den er nie hatte haben dürfen. Haustiere waren für sie immer tabu gewesen.

Er klopfte nicht, bevor er eintrat. Er wusste, dass sie jetzt, kurz nach Sonnenaufgang, in der heiligen Kammer war. Er ging die Treppe hoch und erkannte das Knarren jeder einzelnen Stufe wieder. Sie drehte sich nicht um, als er die Türe öffnete. Sie kniete und betete. Auch hier hatte sich nichts verändert. Aber er war ein anderer geworden. Er hatte zwar keine Zukunft, aber er stand nicht mehr in ihrer Macht. Mit drei Schritten ging er durch den Raum, packte sie an der Schulter und riss sie zu sich herum. Sie sah ihm ins Gesicht, überrascht, dass er es war. Aber sie blieb still.

Er schrie sie an: „War es das, was du wolltest? Sollen alle sterben? Alle für ihn?“ Er zeigte auf den Schrein.

Sie antwortete nicht. Ihr Blick irrlichterte an ihm vorbei.

Er schlug ihr mit voller Wucht ins Gesicht. Das erste Mal in seinem Leben. Er hatte so viele Schläge von ihr bekommen. In ihrem Mundwinkel war Blut. Sie schaute ihn jetzt wieder an, sagte aber weiterhin kein Wort. Er schlug noch einmal zu. Sie stürzte zu Boden. Er brüllte, völlig außer sich:

„Wir hatten ein neues Leben. Sie hat dir nichts getan. Ihr hättet uns in Ruhe lassen können. Ihr habt alles vernichtet."

Sie blieb liegen, sah ihm weiter stumm ins Gesicht.

Er schrie: „Ich hasse dich."

Endlich sprach sie, heiser und unerbittlich: „Du bist nicht wichtig. Deine Hure ist nicht wichtig. Ich habe dir immer gesagt, was wichtig ist. Aber du warst nicht hart genug, um deine Aufgaben zu erfüllen."

Ihm wurde kalt. Seine Wut erlosch. Plötzlich wurde ihm bewusst, dass sie wahnsinnig war. Dass sie ihn zu ihrem Werkzeug gemacht hatte, fast sein ganzes Leben. Dass es keinen Sinn mehr machte zu reden. Es war vorbei. Er drehte sich um und ging.

5. KAPITEL
SAMSTAG, 14:34 UHR

Johann war nicht bei der Sache. Er lag im Bett mit Veronica, dachte aber an Enza. Nicht in sexueller Hinsicht, obwohl er sie durchaus attraktiv fand. Nein, ihn quälte die Frage, was die Tochter von Gianni Marconi vor ihm verbarg. Warum hatte sie nicht sofort erzählt, wo Franca arbeitete, als er das Olivenöl in ihrer Lunge erwähnte? Warum hatte sie ihn mehr oder weniger rausgeworfen, nachdem das Gespräch auf ihren Vater gekommen war? Bis zu diesem Zeitpunkt hatte er das Gefühl gehabt, dass Enza die Wahrheit sagte. Aber jetzt? Versuchte sie, ihren Vater zu schützen?

„Was ist los? Woran denkst du?“ Veronica küsste ihn neckisch auf die Nase. „Wollen wir Sex haben, oder willst du lieber ein Kuschelpuschelprogramm?“

Er fühlte sich ertappt. Aber er sah, dass sie lächelte, und er wusste, dass er bei Veronica nur wenig falsch machen konnte.

„Ja, ich geb‘s zu. Mir lässt ein Fall keine Ruhe.“

Veronica richtete sich auf, stützte sich auf einen Ellbogen.

„Komm, wir machen eine Pause. Erzähl mir davon.“

Johann sah sie an. Veronica war nicht eigentlich hübsch, aber ungemein intensiv. Ihre Augen leuchteten tiefschwarz in einem matt dunkelbraunen Gesicht. Ihre Lippen waren außen hellbraun, weiter innen dunkelrosa. Wenn sie lächelte, dann strahlten ihre Zähne so perfekt wie in einer kitschigen Zahnpastawerbung. Aus irgendeinem Grund war das Johanns Assoziation gewesen, als er ihr das erste Mal begegnet war. Ein wirklich bescheuerter Vergleich, dachte er amüsiert. Aber diese Beziehung war eben alles andere als konventionell. Der Leiter der Gerichtsmedizin im Bett mit einer schwarzafrikanischen Prostituierten. Ob das in Genua wohl als direkter Kündigungsgrund ausreichte? Die Tatsache, dass er ihr regelmäßig von seinen Leichen erzählte, war auf jeden Fall ein grober Verstoß gegen seine Schweigepflicht.

Denn Veronica interessierte sich für jedes noch so Grauen erregende Detail seiner Sektionen. Mit ihrem leicht gutturalen Akzent in fast fehlerfreiem Italienisch stellte sie bei jedem ihrer wöchentlichen Treffen eine Frage nach der anderen. Wie sah die Wunde aus? Hatte die Haut sich schon verfärbt? Hast du Maden im Fleisch gefunden? Johann wusste natürlich, dass es psychisch schwer gestörte Menschen gab, die sich an solchen eigentlich perversen Details sexuell erregten. Aber das war definitiv nicht Veronicas Interesse. Sie hörte aufmerksam zu, schloss manchmal die Augen, als wolle sie sich das Beschriebene bildlich vorstellen, blieb immer ganz ruhig. Diese Frau konnte nichts schocken. Johann fragte sich oft, ob das mit den Erlebnissen ihrer Kindheit in Afrika zusammen hing. Doch darüber sprach sie nie.

Johann wusste fast nichts über Veronica, und trotzdem fühlte er sich bei ihr ungemein wohl. Sie hatte ihm eine Geschichte erzählt: vom jungen Mädchen aus Nigeria, dem die Familie ein Ticket auf einem Flüchtlingsboot kaufte, das irgendwie zwischen verdursteten Leichen die Fahrt über das Mittelmeer überlebte, das über Lampedusa in Italien landete und vergeblich Arbeit suchte. Schließlich hatte sie als Prostituierte angefangen. So konnte sie jetzt ihrer Familie regelmäßig Geld schicken. Ob all das so stimmte, ob sie einen Zuhälter hatte oder ob eine Organisation dahinter steckte? Johann hatte keine Ahnung. Irgendwann akzeptierte er, dass sie auf solche Fragen nicht antwortete. Und trotzdem vertraute er ihr. Schließlich hatte sie ihm zu Beginn ihrer Bekanntschaft den Arsch gerettet, vielleicht sogar das Leben.

Er erinnerte sich gut an die erste gemeinsame Nacht. Ziemlich naiv war er in den Wochen nach seiner Ankunft in Genua regelmäßig spazieren gegangen. Und war dabei in Gefahr geraten. Ihn faszinierten die „carruggi“, die engen, steilen Gassen der Altstadt, wo die Häuser beim Blick nach oben fast zusammen stießen und kaum Licht nach unten ließen. Wo kein Platz für Autos war und sich die Menschen auf ein Meter breiten Wegen aneinander vorbei zwängten.

Johann mochte die krassen Gegensätze, das dichte Aufeinandertreffen von geschäftig schickem Alltag und zwielichtigem Nachtleben. Eitle Männer in Designeranzügen, mit auffällig gepflegten Haaren und perfekt gestutztem Schnurrbart, stolzierten vorbei an Schwarzafrikanern in Nieten-verzierten Designer-Jeans und krachweißen Joggingschuhen. Schlanke Damen, deren braun gebrannte Beine vom knappen Business-Kostüm perfekt zur Geltung gebracht wurden, spazierten auf hohen Absätzen über das Schieferpflaster. Keines Blickes gewürdigt von dunkelhäutigen Frauen mit müden Augen, die in viel zu engen Nylonkleidern an Häuserecken herumlungerten oder auf Hockern vor einer Haustür saßen.

Zu Beginn hatte ihn all das immer wieder überrascht. Aber eines Tages begriff er, wie Genua tickte. Es war im „Palazzo Rosso“, einem gigantischen Adelspalast aus dem 17. Jahrhundert, dem bekanntesten Museum der Stadt auf der berühmten Via Garibaldi. Eben hatte er noch das „Portrait eines jungen Mannes“ von Albrecht Dürer bewundert. Dann fiel sein Blick aus einem Fenster auf zwei Frauen, die an der nächsten Ecke des Vico Boccanegra standen: lange schwarze Perücken, dazu High Heels und Strapse. Die linke Dame trug sie in blau, die rechte in rot. Warten auf Kundschaft, ein schönes farbiges Stillleben hinter einer Leine mit frisch aufgehängter Wäsche. So nah, so selbstverständlich lagen Prachtstraße und Gassenstrich in dieser Stadt zusammen. Dass dieses Miteinander auch kriminelle Seiten hatte, entdeckte er in der Nacht, als er Veronica begegnete.

Kollegen hatten ihn vor Genuas dunklen Ecken gewarnt. Er wollte die Warnungen nicht ernst nehmen. Bei einem seiner nächtlichen Ausflüge entlang der Via Maddalena war er morgens gegen 2 Uhr voller Entdeckerdrang in eine der dunklen Gassen abgebogen. Und stand plötzlich vor drei Typen, die gerade dabei waren, irgendeine grünliche Masse – wahrscheinlich Marihuana – in kleine Plastiktüten abzufüllen. Bevor er einen klaren Gedanken fassen konnte, ließ einer der Männer ein Springmesser ausschnappen und baute sich bedrohlich vor ihm auf. Aus einem Reflex heraus brüllte ihm Johann ins Gesicht und lief dann, so schnell er konnte, davon. Er hörte, dass die drei ihn verfolgten, rannte panisch durch die Gassen, bog mal links ab, mal rechts, einfach immer weiter, bis er das Gefühl hatte, die Verfolger abgeschüttelt zu haben. Irgendwo im Labyrinth der Carruggi blieb er stehen, versuchte sein Keuchen zu unterdrücken und zu lauschen. Er hatte sich getäuscht. Er hörte Schritte und laute Rufe; offenbar hatten sich die Männer aufgeteilt und versuchten jetzt ihn einzukreisen. Gerade als die Panik in ihm wieder hochkam, fühlte er den festen Griff einer Hand, die ihn in einen unbeleuchteten Hauseingang zog. Die Hand war dunkel, so dunkel wie die Frau, die ihn gerettet hatte. Sie schloss die Tür, hielt den Finger mahnend vor ihre Lippen und zog ihn weiter in eine Wohnung im ersten Stock. So hatte er Veronica kennen gelernt.

„Ist es ein Mann oder eine Frau?"

Veronica fragte jetzt nach seinem aktuellen Fall und sah ihn erwartungsvoll an.

„Eine junge Frau. Sie wurde von Piranhas angefressen." Er erzählte ihr die ganze Geschichte. Und wie immer fragte sie genau nach, hörte ruhig zu, verzog keine Miene. Wie im Beichtstuhl, dachte sich Johann plötzlich. Und erinnerte sich an seine verklemmte katholische Kindheit in Deutschland. Er fühlte sich tatsächlich zunehmend befreit, fast gereinigt, während er im Bett mit Veronica die gruseligen Details der Sektion beschrieb. Warum vertraute er ihr so sehr? Das Risiko war eigentlich untragbar. Er musste davon ausgehen, dass sie illegal in Italien lebte. Jederzeit konnte sie festgenommen und ausgewiesen werden. Ganz abgesehen von der kriminellen Organisation, die wahrscheinlich ihre Einnahmen kassierte. Johann war nicht so naiv zu denken, dass da niemand im Hintergrund agierte. Aber er hatte ihre Gegenwart von Anfang an genossen und alles andere ausgeblendet. Schon in der ersten Nacht hatte er mit ihr geschlafen. Und war überrascht gewesen, als sie ihn danach nicht aufgefordert hatte wieder zu gehen.

Seitdem besuchte Johann sie fast jeden Samstag. Er zahlte die üblichen 70 Euro für eine halbe Stunde, blieb aber meistens die ganze Nacht. Sie hatten Sex, er erzählte von seiner Arbeit. Sie hörte zu, stellte Fragen, sprach ansonsten wenig. Das schmale Bett in ihrer schäbigen Zweizimmerwohnung war immer frisch bezogen. Normalerweise, so hatte sie ihm erzählt, verrichte sie ihre Arbeit in einem Stundenhotel in der Via Maddalena, zwei Gassen weiter. Wenn er sie fragte, warum sie ihn nicht wie jeden anderen Freier auch behandelte, sagte sie nur: „Du bist netter als die anderen."

Veronica war die erste Prostituierte in Johanns Leben. Alles an ihr war warm und weich. Wenn er in sie eindrang, umschlang sie ihn fest und atmete ruhig weiter. Für mehr Erregung war in ihrem Leben ganz offensichtlich kein Platz. Johann hatte das schnell akzeptiert. Wenn er ehrlich war, dann musste er zugeben, dass Veronica Ruhe und Entspannung in sein Liebesleben gebracht hatte. Er war Single, nicht unbedingt aus Überzeugung, aber wenn er ehrlich war, fühlte er sich so ganz wohl. Vielleicht hatte er einfach noch nicht die Richtige getroffen. Auf der anderen Seite fand er Beziehungen schnell anstrengend, wenn sich ausnahmsweise mal etwas in dieser Richtung entwickelte. Lag es an ihm? Lag es an den Frauen? Sie waren immer wieder attraktiv, intelligent und lustig. So wie er die Frau seiner Träume rein rational definierte. Doch Schmetterlinge im Bauch konnte er nie fühlen. Wenn er ganz ehrlich war, dann hatte das auch mit seinen Ängsten zu tun. Angst vor zu viel Nähe, Angst vor Verbindlichkeit, Angst vor Verlust.

Nach dem Trauma mit Hülya hatte er regelmäßig unter Panikattacken gelitten. Sie überfielen ihn immer wieder nachts in Folge eines Alptraums, kamen aber auch tagsüber einfach so aus dem Nichts. Auf dem Weg zur Arbeit in der Straßenbahn, während der Visite im Krankenhaus, einmal sogar während einer komplizierten Operation, bei der er assistierte. Sein Chef war gerade dabei, die zersplitterten Unterschenkelknochen eines Motorradfahrers zu richten, als es losging: Plötzlich fing Johanns rechte Hand, mit der er gerade nach einem Skalpell gegriffen hatte, unkontrolliert an zu zittern. In seiner Brust staute sich ein schier unvorstellbarer Druck. Dazu ein Sausen in seinen Ohren und das Gefühl, dass alles Blut langsam aus seinem Kopf nach unten floss. Der Chefarzt schien irgendetwas zu ihm zu sagen, doch dessen Gestalt und alles um ihn herum schienen sich langsam ins Nichts aufzulösen. Wie in Zeitlupe wurde es schwarz vor seinen Augen. Und er fühlte nur noch eines: unvorstellbare Angst. Angst davor ohnmächtig zu werden. Angst, nichts mehr tun zu können. Angst, die Kontrolle zu verlieren.

Hinterher schickte ihn der Chefarzt nach Hause und gab ihm sehr direkt den Rat, sich in Therapie zu begeben. Doch Johann suchte sich lieber eine andere Abteilung mit einem anderen Chef. Er hatte genug Psychologie studiert um zu wissen, dass er das Problem damit verdrängte. Aber so war er eben. Und letztlich war er so auch mit Frauen. Wenn es anstrengend wurde, wenn er konfrontiert wurde, dann suchte er das Weite. Irgendwann mied er jede Verbindlichkeit.

In Berlin war das kein Problem gewesen. Er hatte lose Freundinnen, dann und wann einen One-Night-Stand, nie etwas Ernstes. Die meisten gaben sich damit zufrieden. In Italien war das anders. Die Frauen hier schienen auf ihn zu fliegen. Fast jedes Gespräch war wie ein einziger erotisch angehauchter Flirt. Das war durchaus spannend, aber sobald er auch nur in die Nähe eines ersten Kusses kam, wurde die Sache kompliziert. Plötzlich zogen sich die Damen zurück und fingen irgendwie an mit ihm zu spielen. Als wollten sie austesten, wie ernsthaft sein Interesse war. Dabei war er immer ehrlich und sagte offen, dass er eben nicht auf der Suche nach einer festen Beziehung sei. Aber ganz offensichtlich wollten ihm die Frauen nicht glauben.

Zweimal hatte er tatsächlich mit italienischen Frauen eine Nacht verbracht. Und es hinterher bitter bereut. Sein erstes Date hieß Claudia, eine junge Staatsanwältin am Bezirksgericht. In einer Bar im „Centro Storico" hatte sie ihn angesprochen. Und ihn danach nicht mehr losgelassen. Es wurde eine aufregende Nacht. Aber als er sich am Morgen danach verabschiedete, schaute sie ihn erst ungläubig an und setzte dann zu einer hysterischen Schimpftirade an. Er sei kein richtiger Mann, ein Schwächling, im Bett eine Nullnummer. Wenn er jetzt gehe, dann brauche er niemals wiederzukommen. Er ging trotzdem und versuchte es, viele Wochen später, noch ein zweites Mal. Paola war Englischlehrerin an einem Gymnasium. Ihre schönen braunen Augen hatten im öffentlichen Bus so oft seinen Blick gesucht, dass er sie ansprach und zum Abendessen einlud. Danach wollte sie unbedingt die Aussicht von seiner Dachterrasse erleben, die er ihr schwärmerisch beschrieben hatte. Auch diese Nacht war intensiv und schön. Doch am nächsten Morgen war es schnell vorbei mit der fröhlichen Leichtigkeit. „Wann sehen wir uns wieder?", fragte Paola. Er versuchte es mit einer witzigen Antwort: „Wer weiß? Vielleicht treffen wir uns wieder mal im Bus." Sie schaute ihn traurig an, packte still ihre Sachen zusammen und ging ohne ein weiteres Wort. Er fühlte sich mies. Danach ging er erotischen Abenteuern aus dem Weg. Italienische Frauen blieben ihm ein Rätsel.

„Glaubst du, ihr Freund hat sie getötet?" Veronica hatte gut zugehört. „Vielleicht wollte er das Kind nicht."

Johann erinnerte sich an das, was Enza ihm erzählt hatte.

„Ich glaube es eigentlich nicht. Obwohl viele Indizien gegen ihn sprechen. Es war zum Beispiel definitiv sein Sperma, das wir gefunden haben. Das hat der Vergleich mit der DNA aus seiner Zahnbürste ergeben. Also war er auch der Vater des Kindes. Aber was mich viel mehr beschäftigt, ist diese Zahnlücke. Wir hätten den

Zahn doch eigentlich irgendwo finden müssen, in ihrem Mund oder im Aquarium."

Veronica schien nachzudenken. Dann sagte sie bedächtig:

„Weißt du, bei uns in Afrika haben Zähne eine besondere Bedeutung. Wenn ein Krieger einen Löwen oder Leoparden getötet hat, dann bricht er ihm die Zähne heraus und trägt sie um den Hals. Er glaubt, dass die Kraft des Tieres auf ihn übergeht."

Johann überlegte kurz, ob irgendjemand Interesse daran haben könnte, sich den Schneidezahn der jungen Frau um den Hals zu hängen. Er schüttelte den Kopf.

„Ehrlich gesagt bringt mich das auch nicht weiter. Seltsam ist aber auch, dass sie in einer Firma gearbeitet hat, die Olivenöl herstellt. Da muss es einen Zusammenhang geben. Die Polizei muss in diese Richtung ermitteln."

Er hörte plötzlich den Nachhall seiner eigenen Stimme. Unwillkürlich war er laut geworden; er merkte, wie sehr ihn der Tod von Francesca Ermia beschäftigte. Veronica fixierte ihn mit einem seltsamen Blick.

„Seit wann kümmerst du dich eigentlich um das, was die Polizei tut?", fragte sie. „Wieso interessiert dich dieser Fall mehr als andere?"

Johann hätte es ihr erzählen können. Dass die Tote aus dem Piranhabecken genauso aussah wie die Frau, die er damals nicht hatte retten können. Dass er sich bis heute Vorwürfe machte, in Panik geraten zu sein. Dass ihn dieser Fall verfolgte, weil sein Dasein damals eine Wendung genommen hatte, weg vom Leben hin zum Tod. Dass seine Angst zurückgekehrt war. Aber er wollte mit Veronica nicht darüber sprechen.

„Hallo, Herr Gerichtsmediziner! Wovon träumen Sie?" Veronica tätschelte ihm sanft die Wange.

„Von dir."

Er legte ihr einen Finger auf die Lippen und begann ihren Busen zu küssen. Sie kicherte und zog ihn an sich.

6. KAPITEL

SONNTAG, 13:05 UHR

Er war am Ende seines Weges. Er stand auf dem Gipfel, fast 1500 Meter hoch, und sah das Meer am Horizont. Franca liebte diesen Ort. Sonntags waren sie manchmal hier gewandert. Vier anstrengende Stunden über steinige Bergpfade, aber es hatte sich immer gelohnt. Wenn sie hier oben saßen, mit einem Glas Rotwein und ein paar Scheiben Salami, dann machten sie Pläne. Viel Geld organisieren und dann nach Übersee, das war ihr Traum. Vielleicht nach Australien oder Neuseeland, auf jeden Fall einen Ozean weit weg von Castelbianco, dem Dorf und seiner unerträglichen Geschichte. Sie hätten es fast geschafft. Franca hatte das Geld besorgt. 150.000 Euro, ihr Boss hatte tatsächlich gezahlt. Bald wären sie aufgebrochen. Seine Tochter wäre weit weg von der Vergangenheit auf die Welt gekommen. Vorbei. Er fühlte sich leer, aber auch leicht. Er hatte sich alles von der Seele geredet. Ob der Pfaffe es für sich behalten würde, das war ihm jetzt gleichgültig. Er ging die fünf Meter bis zum Abgrund und schaute in die Tiefe.

20 Kilometer weiter südlich jauchzte Johann Sorbello vor Freude. Nirgendwo konnte er so gut von allem abschalten wie auf dem Surfbrett. Der Wind wehte immer noch mit fünf bis sechs Beaufort. Er hing im Trapez unter seinem viereinhalb-Quadratmeter-Segel und raste mit bestimmt 50 Stundenkilometern über die Wellenkämme.

Sein Kopf war wie befreit. Keine schweren Gedanken von Tod und Schuld. Keine Angst. Er fühlte nur den Wind, die Gischt und die Geschwindigkeit.

Der Mann zögerte. Plötzlich spürte er sie wieder, die unendliche Last, die Trauer und die Schuld. Er weinte. Er sprang. Er schrie. Dann war es still, bis auf das Zwitschern der Vögel und das Rauschen des Windes.

In der Bucht vor Genua drehte Johann eine Powerhalse. Er fragte sich kurz, ob jemand das rasante Manöver gesehen hatte. Doch die anderen Surfer waren zu weit weg. Er lächelte innerlich über seine eigene Eitelkeit. Und dann sah er die Welle. Zehn Meter voraus, mindestens anderthalb Meter hoch, mit einer perfekten Neigung. Er erreichte sie, kurz bevor sie brach. Er hob ab. La Vita è bella. Das Leben war schön.

7. KAPITEL
MONTAG, 7:10 UHR

Es war am frühen Montagmorgen im öffentlichen Hallenbad, als sich Johann Sorbello endlich an die Geschichte mit der Zahnlücke erinnerte. Zweimal pro Woche kraulte er dort morgens um 7 Uhr seine 40 Bahnen. Als ehemaliger Leistungsschwimmer brauchte er die zwei Kilometer als Minimum, um ein bisschen die Form zu halten. Während ihm das Wasser in den Ohren rauschte, versuchte er, seine Gedanken zu sortieren. Eine Frage nach der anderen schoss durch seinen Kopf. Welche Rolle spielte Enza? Welche ihr Vater, der Olivenöl-Baron? Gab es so etwas wie ein Öl-Becken, in dem man ertrinken konnte? Und wo war Toni, Francas Freund?

Ein Fußtritt ins Gesicht brachte ihn kurz aus der Fassung. Die ältere Dame, die ihn gerade getreten hatte, beschimpfte ihn lautstark. Er hatte sie einfach übersehen. In Momenten wie diesen sehnte er sich manchmal nach der guten alten deutschen Ordnungsliebe, die zum Beispiel dazu führte, dass in öffentlichen Bädern Bahnen für Schnellschwimmer reserviert waren. Er überholte die schimpfende Dame und gab sich wieder seinem Grübeln hin. Durch seine Schwimmbrille sah er schräg vor sich eine junge Frau mit stromlinienförmigem Körper. Sie erinnerte ihn an Enza. Welchen Sport sie wohl betrieb? Sie hatte definitiv eine gute Figur. Seit langem war sie die erste Italienerin, die er anziehend fand.

Als er unter der Dusche stand und sich das Chlor von der Haut wusch, fiel sein Blick auf einen alten Mann unter dem Wasserstrahl gegenüber. Er hatte sich gut gehalten. Bestimmt 80 Jahre alt, kaum Fett am faltigen Bauch, seine Schultermuskulatur wirkte sehnig, aber gut trainiert. Der Mann merkte, dass Johann ihn beobachtete, und lächelte ihn an. Es war ein schiefes Lächeln durch drei Zahnlücken hindurch. Eigentlich nichts Besonderes, Johann hatte schon oft bemerkt, dass sich viele Italiener keinen Zahnersatz leisten konnten. Aber diesmal machte es plötzlich Klick in seinem Gedächtnis: Die andere Leiche mit der Zahnlücke, er hatte das Bild wieder vor Augen. Und er begriff jetzt auch, warum er sich daran nur so schwer erinnern konnte. Es war nämlich gar nicht seine Leiche. Und er hatte den Körper auch nie zu Gesicht bekommen. Es war der Fall seines Berliner Chefs gewesen. Fünf oder sechs Jahre musste das schon her sein. Johann war damals stellvertretender Institutsleiter gewesen. Professor Thomas Wohlscheid hatte ihm ein Foto gezeigt von einer Wasserleiche. Ein Mann mit gut erhaltenem Gebiss, dem der zweite Schneidezahn oben rechts fehlte. Johann erinnerte sich jetzt an ein paar Details. Auffällig war, dass die Leiche keinerlei Verletzungen im Mundbereich aufwies. Sie hatten darüber diskutiert, ob jemand den Zahn absichtlich heraus gebrochen hatte. Johann wusste noch, dass der Zahn nie gefunden wurde. Aber er konnte sich nicht mehr daran erinnern, wie der Mann eigentlich zu Tode gekommen war. Geschweige denn, ob der Fall jemals aufgeklärt wurde.

Beim Frühstück versuchte er, auf andere Gedanken zu kommen. Carla, die grauhaarige Chefin seiner Lieblings-Focacceria, empfahl ihm wie immer etwas Süßes, diesmal die frisch gebackene Torta della Nonna mit Pinienkernen. Wie immer wählte er statt dessen etwas Herzhaftes, zwei große Stücke der goldbraunen Farinata mit Zwiebeln und Pilzen.

„Voi tedeschi siete proprio matti! Ihr Deutschen seid wirklich verrückt“, sagte sie mit ihrer von vielen Zigaretten aufgerauten

Reibeisenstimme. „Zum Frühstück verschlingt Ihr, was wir zu Mittag essen. Wann kann ich Sie endlich mal zu etwas Süßem verführen?"

Sie zwinkerte ihm zu. Er zwinkerte zurück.

„Wenn es Torta della Carla gäbe, dann würde ich vielleicht irgendwann schwach."

Mit einem herben Lachen schob sie Essen und Cappuccino über die Theke. Er setzte sich nach draußen und genoss die Morgensonne. Die Focacceria lag an der Piazza delle Fontane Marose am nördlichen Rand der Altstadt. Um ihn herum toste der Verkehr, dominiert von den knatternden Motorinos, den Moped- und Vespafahrern, die jede sich bietende Lücke zwischen den Autos nutzten um schneller voranzukommen. Johann nahm einen Bissen von der Farinata und kaute genüsslich. Ein Brotersatz gebacken aus Kichererbsenteig, früher Arme-Leute-Essen, als Weizenmehl zu teuer war, mittlerweile Genueser Spezialität. Johann nahm sich die Zeit, in Ruhe zu essen und seinen Cappuccino zu trinken. Obwohl seine Gedanken schnell wieder um den Fall mit der Zahnlücke kreisten.

Eine halbe Stunde später saß er am Schreibtisch und rief seinen ehemaligen Chef in Berlin an. Die Sekretärin stellte ihn sofort durch.

„Wohlscheid".

Er erkannte die hanseatisch näselnde Stimme des Ex-Hamburgers.

„Hi Thomas, hier spricht dein verlorener italienischer Sohn."

Sie hatten sich immer gut verstanden. Johann verdankte seinem Mentor viel.

„Ciao bello", rief der Mann am anderen Ende der Leitung ins Telefon. Johann wusste: Das waren so ziemlich die einzigen italienischen Worte, die Wohlscheid kannte, aber dafür um so häufiger benutzte. „Wie geht es dir?"

Sie tauschten ein paar Nettigkeiten aus. Dann kam Johann zur Sache und fragte ihn nach dem Fall mit der Zahnlücke. Wohlscheid blieb ein paar Sekunden still und dachte nach.

„Ich erinnere mich nur vage. Warum fragst du danach? Hat es mit deiner Piranha-Leiche zu tun?"

Ganz offensichtlich hatten die Schlagzeilen über das traurige Schicksal von Francesca Ermia auch den Weg nach Deutschland gefunden.

Johann antwortete: „Ja, ihr fehlt der gleiche Zahn. Und er ist verschwunden."

Wohlscheid war skeptisch: „Aber wo soll da ein Zusammenhang liegen? Es gibt bestimmt dutzende oder sogar hunderte von Leichen mit irgendwelchen Zahnlücken."

„Keine Ahnung, nur so ein Gefühl", sagte Johann.

Wohlscheid versprach, in seinem persönlichen Archiv nachzuschauen und sich dann wieder zu melden. Johann blieb eine Weile still sitzen und dachte nach. So ging es nicht weiter. Er musste eine Entscheidung treffen. Was er seit ein paar Tagen tat, verstieß gegen alle Grundregeln der Arbeitsethik eines Gerichtsmediziners. Erst besuchte er Enza, die beste Freundin der Frau, die er obduziert hatte, und gab ihr vertrauliche Informationen. Jetzt fing er an selbst zu recherchieren. Ohne Wissen der ermittelnden Behörden und, wenn er ehrlich zu sich selbst war, ohne klare Beweggründe, warum er das eigentlich machte.

Er stand auf und ging ins Erdgeschoss. Im Labor fragte er nach den Ergebnissen der Ölanalyse. Der Assistent dort zuckte mit den Schultern und sagte patzig: „Wir haben hier alles. Blut, Serum, Sperma, aber bestimmt kein Olivenöl."

Johann ärgerte sich. Nach einem halben Jahr an der Spitze dieses Instituts hatte er immer noch das Gefühl, ständig gegen Windmühlen anzurennen. Auch dieser Mitarbeiter gab ihm das Gefühl unerwünscht zu sein. Formal benahmen sich alle korrekt. Aber in den Zwischentönen sendeten die meisten klare Signale. Und die waren negativ.

Er blieb ruhig und sagte bestimmt: „Mir ist durchaus bewusst, dass wir hier kein Olivenöl untersuchen. Aber Sie sollten eigentlich wissen, dass wir im Fall Ermia eine Ölprobe an das Institut für Pflanzengenetik in Perugia geschickt haben. Und so langsam sind die Ergebnisse überfällig."

Der Assistent reagierte mit einem aufgesetzten Lächeln und gab nach: „Ach so, das meinen Sie. Ich werde gleich mal in Perugia anrufen und nachfragen."

Johann ließ ihn stehen und ging weiter in Richtung Leichenhalle. Die Obduktionstische waren noch leer. Die erste Leichenöffnung des Tages war für 11 Uhr angesetzt. Der Raum roch nach scharfen Desinfektionsmitteln. Johann sah sich um, er war alleine. Er öffnete eine der acht Edelstahlglänzenden Kühlschranktüren und zog die Bahre heraus. Die Leiche darauf war mit einem weißen Tuch zugedeckt. Er schlug es zurück und sah auf das, was vom Gesicht der Frau übrig geblieben war. Er starrte auf die Stümpfe der beiden Sehnerven in den leeren Augenhöhlen, auf die gräulich verfärbten Reste des ebenfalls angefressenen Zungenmuskels. Natürlich hatte Johann all das schon mehrfach eingehend studiert. Doch als er jetzt versuchte, diesen Anblick mit den schönen Gesichtszügen von Francesca Ermia in Einklang zu bringen, wurde ihm zum ersten Mal bewusst, wie schrecklich, wie gruselig, wie schockierend dieser Rest eines Gesichts aussah. Plötzlich war der Wissenschaftler Johann Sorbello ganz weit weg. Und der Schmerz war wieder da. Francesca Ermia auf dem Foto vermischte sich mit Hülya Demirek vor seinem inneren Auge. Er sah Hülya noch einmal sterben, fühlte die Panik und die Hilflosigkeit von damals. Dazu der Druck, die Atemnot, unendliche Angst.

„Dottore, geht es Ihnen nicht gut?"

Johann schreckte hoch. Er fühlte sich, als wäre er aus einer Ohnmacht erwacht. Guido stand vor ihm. Unter dem weißen Kittel schauten die perfekt gebügelten Falten einer dunkelgrünen Anzughose hervor. Aber am Gesichtsausdruck seines jungen Assistenten konnte Johann ablesen, dass dieser ganz offensichtlich peinlich berührt war. Erst jetzt merkte er, dass er den Kopf der Leiche mit beiden Händen gepackt hatte. So wie damals den Kopf von Hülya. Die Panikattacken, die vor ein paar Jahren endlich aufgehört hatten, waren zurückgekommen.

Verlegen hob er die Hände und versuchte wieder ruhiger zu atmen: „Ach, wissen Sie, das ist eine lange Geschichte. Aber das gehört nicht hierher."

Guido sah auf seine Uhr und antwortete: „Ich will mich nicht aufdrängen. Aber bis zur ersten Obduktion sind es noch anderthalb Stunden. Ich höre gerne zu."

Johann starrte ihn überrascht an. So ruhig und abgeklärt hatte er seinen jungen Assistenten noch nicht erlebt. Was für eine absurde Situation, dachte er, und setzte an zu einer freundlichen Ablehnung. Doch dann stockte er. Er spürte, dass er mit irgendjemandem darüber reden musste. Nur, mit wem? In den sechs Monaten Genua hatte er keine Freunde gefunden. Ein paar lose Bekanntschaften mit Männern, die schwierigen Erfahrungen mit Frauen. Auch Veronica war nicht die richtige Gesprächspartnerin. Er schlief mit ihr und zahlte dafür. Und Guido? Wenn es an diesem Institut jemand gab, der auf seiner Seite stand, dann war es dieser bunte Vogel. Er hatte ihn von Anfang an gemocht.

Er überlegte immer noch, was er sagen sollte. Er fing an: „Ich muss gestehen, dass ich Ihnen gegenüber vor ein paar Tagen nicht ehrlich war." Und dann brachen bei ihm alle Dämme. In kurzen Zügen erzählte er die Geschichte, die sein ganzes Leben auf den Kopf gestellt hatte. Die Geschichte vom Einser-Abiturient, auf den die Mutter so stolz war, vom einzigen Sohn, der immer schon Arzt werden wollte. Der im Medizinstudium stets der Beste war. Der davon träumte, Leben zu retten. Unfallchirurg, das war sein großes Ziel. Aber schon in der Ausbildung zum Facharzt war er gescheitert.

„Es war am 23. Juni 2002. Ich war als junger Notarzt mit dem Rettungswagen unterwegs. Im Einsatzbefehl hieß es: Frau durch Schüsse verletzt. Aus irgendeinem Grund waren wir noch vor der Polizei dort. Die Frau lag auf der Straße. Später erfuhr ich, dass sie Hülya Demirek hieß und 23 Jahre alt war. Sie blutete aus drei Schusswunden."

In seiner kurzen Karriere als Notarzt hatte Johann bisher das Glück gehabt, keinen Patienten zu verlieren. Er hatte immer das richtige getan. Dass seine Patienten auch sterben könnten, war abstrakte Möglichkeit geblieben. Jetzt stand er vor seiner schwersten Aufgabe. Und er versagte.

„Ich musste mich entscheiden, welche Wunde ich zuerst versorgte. Sie hatte einen Schuss ins Bein, eine Kugel in die Schulter und eine in den Bauch bekommen. Sie verlor viel Blut. Ich wusste, es geht um jede Sekunde."

Später hatte sich herausgestellt, dass Hülya von ihrem eifersüchtigen Ehemann angeschossen worden war. Der Polizei war es schon kurz darauf gelungen ihn festzunehmen. Aber das hatte das Leben der jungen Frau nicht mehr retten können. Johann beschrieb seinem jungen Kollegen schonungslos, wie er plötzlich den totalen Blackout erlebt hatte. Er fühlte sich gelähmt, unfähig, eine Entscheidung zu treffen. Er sah das Blut fließen und wusste, er musste etwas tun. Er entschied sich für den Bauch, versuchte, die Blutung dort mit einem Verband zu stoppen. Und merkte zu spät, dass das nichts nützte. Als die Polizei eintraf, war Hülya tot. Er selbst hielt ihren Kopf mit beiden Händen und wiederholte unablässig die Worte: „Du darfst nicht sterben. Du darfst nicht sterben." Er, der Notarzt, im Schock. Es tat bis heute weh, sich daran zu erinnern.

„Die Sachlage war klar. Ich hätte sie erkennen müssen. Die Wunde im Bein war die einzige, die lebensbedrohlich war. Die Kugel hatte die große Schlagader zerfetzt. Wenn ich dort sofort einen Druckverband angelegt hätte, wäre sie nicht gestorben."

„Aber Dottore", Guido schaute ihn mit großen Augen an. „Jeder macht doch mal einen Fehler in seinem Leben."

„Nein, Guido. Solche Fehler darf man einfach nicht machen. Ich war für ihren Tod verantwortlich." Johann hielt kurz inne. Dann sprach er leise weiter. „Und dann starb meine Mutter."

Johann ersparte ihm die Einzelheiten. Hülyas Tod hatte ihn schon völlig aus dem Gleichgewicht gebracht. Kurz darauf diagnostizierten die Ärzte bei seiner Mutter Bauchspeicheldrüsenkrebs. Unheilbar, er wusste das sofort. Auf alles, was er erreicht und was er noch vor sich hatte, war sie so stolz gewesen. Sie starb innerhalb von sechs Wochen. Plötzlich sah er keinen Sinn mehr in allem, was er plante. Das Leben hatte verloren. Der Tod war stärker. Und er entwickelte eine Riesen-Angst davor, dass sich die Dinge wiederholen könnten. Dass er wieder und wieder ein Leben verlieren würde. Immer öfter lähmten ihn Panikattacken, wie er sie gerade wieder erlitten hatte. Bis er seine Karrierepläne über den Haufen warf.

„Ich merkte, dass ich diese Angst nicht besiegen konnte. Deshalb entschied ich mich dafür, Gerichtsmediziner zu werden. Meine Kollegen und Professoren waren entsetzt. Aber ich sagte mir: Ich werde keine Leben mehr retten, aber ich werde auch keine mehr verlieren. Tote können nicht mehr sterben. Also änderte ich mein Leben."

Stille. Dann ein leises Räuspern. Guido wollte offensichtlich etwas fragen. Johann kam ihm zuvor.

„Und jetzt liegt plötzlich die Piranha-Leiche auf meinem Tisch, mit diesem Gesicht wie aus einem Horrorfilm. Und ich muss feststellen, dass diese Italienerin genauso aussah wie die Deutsch-Türkin, die damals in meinen Händen verblutete."

Er zog das Foto aus der Tasche und zeigte es Guido. Dann flüchtete er sich in Sarkasmus:

„Tja, das sind wohl die so genannten Launen des Schicksals."

„Und jetzt kommt alles wieder hoch?"

Guidos Stimme stockte. Johanns Erzählung hatte ihn ganz offensichtlich tief berührt.

„Ja, das kann man wohl sagen. Wie Sie gerade selbst gesehen haben, durchlebe ich intensive Tagträume. Ich rede mit Beteiligten über streng geheime Einzelheiten. Und ich zweifle an der Weitsicht der Polizei. Mit Professionalität hat das alles wenig zu tun."

Guido nickte.

„Was die Polizei angeht, zweifle ich mit Ihnen. Aber was wollen Sie jetzt machen?“

Johann sah ihn nachdenklich an und wurde sich plötzlich der Surrealität des Augenblicks bewusst. Der Leiter des Instituts für Gerichtsmedizin hatte gerade seinem jüngsten Assistenten gegenüber eine Art Lebensbeichte abgelegt. Zwischen ihnen lag eine grausam entstellte Leiche. Gleichzeitig hatte sich wie durch ein Wunder ein Moment der großen Nähe und Intimität ergeben. Was also wollte er tun? In diesem Moment erkannte er, dass er sich längst entschieden hatte. Er würde versuchen herauszufinden, wer Francesca Ermia getötet hatte. Wenn er schon keine Leben retten konnte, dann wollte er wenigstens dabei helfen, dass diejenigen, die mordeten, dafür bestraft wurden. Er war bereit.

„Vielleicht spiele ich ein bisschen Detektiv“, sagte er zu Guido. „Und wenn sie Lust haben, spielen Sie mit.“

Guido strahlte ihn an.

„Ich bin dabei.“

TEIL II

OLIVENÖL

8. KAPITEL

DIENSTAG, 9:03 UHR

Das riesige goldene Schild über dem Portal war so protzig, wie ihr Vater es liebte. „Extravergine – Marconi Enterprises“ stand in gewaltigen Lettern darauf. Der alte Angeber, sagte Enza leise voller Spott. Bevor sie auf die Klingel drückte, dachte sie darüber nach, wie gut oder wie schlecht sie ihren Vater kannte. Dass er egozentrisch, aufbrausend und gewissenlos war, wusste sie seit langem. Auch dass er jede Menge krimineller Energie entwickeln konnte, hatte sie immer wieder gehört und gelesen. Aber war er fähig, einen Menschen zu töten?

Seit über zwei Jahren hatte sie ihn nicht mehr gesehen. Das Gebäude war ganz offensichtlich vor kurzem aufwändig renoviert worden. Auch die Hausnummer rechts vom Eingang war jetzt auf einer golden schimmernden Platte eingraviert: Via Giovanni Bettolo Nummer 8. Hier hatte der Aufstieg des Gianni Marconi endgültig begonnen. Ende der 80er Jahre war es Enzas Vater gelungen, das viereinhalb Stockwerke hohe Gebäude für eine lächerliche Summe zu kaufen. Fast zwei Jahrzehnte lang hatte das ehemalige Speicherhaus im Hafen vorher leer gestanden. Eines von unzähligen Symbolen der Krise, die Genua damals im Griff hatte.

Heute war die Wirtschaftskrise Geschichte, und Enza wusste, dass die Firmenzentrale im Schatten des berühmten Leuchtturms „Lanterna“ mittlerweile auf rund 20 Millionen Euro taxiert wurde, tausend mal so viel, wie ihr Vater bezahlt hatte. Sie schaute hoch zum Wahrzeichen der Stadt. Aus ihrer Schulzeit erinnerte sie sich noch daran, dass im Mittelalter die erste Laterne dort oben, 117 Meter hoch, mit Olivenöl befeuert worden war. Der Flüssigkeit, um die sich gerade alles drehte.

Aus der Ferne hörte sie das Tuten einer Fähre, vermischt mit dem Schreien der Möwen, die über dem Kielwasser eines Fischerbootes kreisten. Enza konnte den Lauf des Bootes nicht weit hinter der Mole verfolgen. Die beiden Fischer saßen mit nacktem Oberkörper am Ruder, unterhielten sich und lachten miteinander. Wahrscheinlich hatten sie einen guten Fang an Bord. In der Sonne glitzerte die Gischt der Heckwelle, dahinter leuchtete das Mittelmeer in verschiedenen Schattierungen: tiefblau am Horizont verwandelte es sich zum Strand hin in ein opalisierendes Farbenspiel aus Hellblau- und Türkistönen. Seit ihrer Kindheit faszinierte sie dieser Anblick der Riviera.

„Pronto?" Eine Stimme meldete sich über die Sprechanlage.

„Buongiorno. Ich bin's, Enza Marconi. Ich habe einen Termin mit meinem Vater."

Es war eine Lüge. Sie hatte ganz bewusst nicht vorher angerufen. Sie wollte ihren Vater überraschen, um seine spontanen Reaktionen auf ihre Fragen zu erleben. Seit dem Besuch des Gerichtsmediziners nagte in ihr ein böser Verdacht.

Der Summer ertönte sofort. Sie trat ein und staunte nicht schlecht. Seit ihrem letzten Besuch war die Empfangshalle in einen funkelnden Schicki-Micki-Palast verwandelt worden. Enza musste unwillkürlich grinsen. Dass die chromblitzenden Bauhaus-Ledersessel alles andere als gut zu den vergoldeten Kaffeehaustischen passten, hatte ihren Vater bestimmt nicht gestört. Hauptsache teuer, das war schon immer sein Motto gewesen. Auch das frisch verlegte Olivenholz-Parkett musste ein Vermögen gekostet haben. Ganz zu schweigen von der Riesenskulptur in der Mitte des Raums. Dort stand tatsächlich ein gewaltiger Olivenbaum, annähernd fünf Meter hoch, eingepflanzt auf einem kleinen Flecken Erde. Enza widerstand dem Impuls hinzugehen und die Blätter anzufassen. Verglichen mit diesem Hingucker war das goldene Firmenschild draußen ein Klacks. Wie um Himmels Willen hatten die Arbeiter den Baum samt Wurzel in den Raum hinein bekommen?

„Das war der erste Baum, den ich als 14jähriger gepflanzt habe", sagte eine Stimme, die sie kannte, aus dem Hintergrund. „Wir mussten das gesamte Portal und noch ein Stück Mauer heraus reißen, um ihn hier herein fahren zu können."

Offensichtlich hatte Gianni Marconi ihre Gedanken gelesen. Enza drehte sich um und sah ihren Vater an. Stechende dunkle Augen im tief gebräunten Gesicht, die grauen Haare nach hinten gegelt, kein Lächeln. Er trug weiße Lederslipper zur englisch karierten Stoffhose, darüber ganz leger ein pinkes Lacoste-Hemd, unter dem sich ein gewaltiger Bauch wölbte. Er hatte zugenommen, sich sonst aber nicht verändert: Eitel, zynisch und eiskalt, so hatte sie ihn ein Leben lang ertragen.

„Warum hast du den Baum nicht einfach da stehen lassen, wo es ihm immer gut ging", fragte sie kampfeslustig.

„Weil er hier viel mehr Eindruck macht", antwortete Gianni Marconi. „Stell dir das mal vor, wir mussten vorher ein fünf mal vier Meter tiefes Loch in den Boden graben. Dann haben wir diese extrem starken Tageslicht-Leuchten installiert." Er zeigte auf zwei futuristisch aussehende Lampen an der Decke. „Und das war immer noch nicht genug. Wir brauchten auch noch eine spezielle Klimaanlage, die für Tag und Nacht wechselnde Luftfeuchtigkeiten produziert."

Er kam auf sie zu. Widerwillig ließ sie sich zur Begrüßung auf beide Wangen küssen. Dann entzog sie sich seiner Berührung und fragte: „Was hat dich der Spaß gekostet?" Im gleichen Moment ärgerte sie sich über sich selbst. Das war genau die Art von Frage, die ihr Vater liebte.

Er verzog seine Lippen zu einem stolzen Grinsen. „Wenn du es genau wissen willst: 87.000 Euro. Aber es hat sich gelohnt. Meine Gäste machen noch größere Augen, als du sie gerade gemacht hast."

Enza hasste seine selbstzufriedene Art. Sie konterte mit einem schneidenden Unterton: „Oh, deine Gäste. Das sind bestimmt wichtige Leute. Sind sie dann so geblendet, dass du sie leichter bescheißen kannst?"

Sein Grinsen verschwand. Er drehte sich wortlos um und ging auf die Tür zu, durch die er vorher herausgetreten war. „Komm, lass' uns in mein Büro gehen. Ich nehme an, du bist nach zwei Jahren Sendepause nicht hierher gekommen, um mit mir über Olivenbäume zu streiten."

„Ich will mit dir über Franca reden", sagte sie, nachdem er die Tür seines Arbeitszimmers geschlossen hatte. Gianni Marconi setzte sich hinter seinen Schreibtisch und schaute sie überrascht an: „Was hast du damit zu tun? Kanntest du sie etwa?"

Enza wunderte sich nicht über seine Reaktion. Ihr Vater hatte sich nie für ihr Leben interessiert.

„Sie war meine beste Freundin. Du hast sie mir vor Jahren vorgestellt. Egal, ich wollte dich fragen, ob dir irgend etwas aufgefallen ist. Ob es vielleicht irgendwelche Spannungen zwischen euch gab?"

Gianni Marconi musterte sie düster und schüttelte langsam den Kopf.

„Was willst du eigentlich? Ich habe dich zwei Jahre nicht gesehen. Dann kommst du einfach an, behauptest, du hättest einen Termin und willst mir plötzlich Fragen zu einem Mordfall stellen. Wie wäre es mit: Papa, wie geht es dir?"

Enza hatte das Gefühl, dass ihr Vater gar nicht sauer war, sondern Zeit gewinnen wollte. War sie auf der richtigen Fährte? Sie hakte nach:

„Ich kann sehen, wie es dir geht: Du hast Geld gescheffelt ohne Ende, wie immer. Also noch mal: War da irgend etwas zwischen euch?"

„Enza, also wirklich! Das Ganze ist schon schrecklich genug. Ich habe mehrere Stunden mit der Polizei gesprochen. Dann musste ich tagelang die Typen von der Presse abwimmeln. Und jetzt kommst du auch noch an. Warum?“

Enza vermied eine Antwort. „Wusstest du, dass in Francas Lunge Olivenöl gefunden wurde?“

Sein Gesicht blieb völlig unbeweglich. Er schaute sie lange an. Dann antwortete er: „Nein, das wusste ich nicht. Aber woher weißt du das? Und willst du damit sagen, ich hätte etwas mit ihrem Tod zu tun?“

„Keine Ahnung. Hast du etwas mit ihrem Tod zu tun?“ Sie lächelte ihm dreist ins Gesicht, und als er nichts sagte, fuhr sie fort: „Ich darf dir nicht sagen, woher ich meine Informationen habe. Aber ich hatte in den letzten Wochen das Gefühl, dass Franca mit dir irgendeinen Stress hatte.“

„Ich finde das nicht lustig“, sagte er nach einer langen Atempause. „Nein, wir hatten keinen Stress. Wir hatten übrigens auch keinen Sex miteinander, falls dich das interessiert. Wahrscheinlich stand sie eher auf Frauen.“ Wieder zog er sein dämliches Grinsen auf.

Enza ließ sich nicht provozieren. Seine ständig wechselnden Freundinnen waren ihr schon lange egal. Seit dem Tod ihrer Mutter vor acht Jahren hatte er nie mehr länger als ein paar Monate mit derselben Frau verbracht. Seine aktuelle Flamme war offenbar blond und hatte große Brüste. Diesen Eindruck vermittelte jedenfalls das Foto auf seinem Schreibtisch. Sie ignorierte also seine letzte Bemerkung und fragte weiter:

„Hat Franca vielleicht etwas von dir gewollt? Hat sie dich irgendwie unter Druck gesetzt?“

An der Reaktion des Vaters merkte sie sofort, dass sie ins Schwarze getroffen hatte. Sein eben noch herausforderndes Lächeln verzerrte sich zu einer seltsamen Grimasse. Er wirkte plötzlich unsicher, wich ihrem Blick aus, sprach leiser.

„Was meinst du? Wovon redest du da?“ Seine Stimme wurde wieder fester. „Womit hätte sie mich unter Druck setzen können? Ich sagte doch, da war nichts zwischen uns.“

Sie ging endgültig zum Angriff über.

„Irgendetwas mit der Firma. Franca hatte doch bestimmt einen guten Einblick in deine besonders schmutzigen Geschäfte."

Enzas Frage war ein reiner Bluff. In Wirklichkeit hatte sie keine Ahnung, mit welchen Deals ihr Vater zur Zeit seine Millionen einfuhr. An die Anfänge von ‚Extravergine' erinnerte sie sich gerne. Sie war noch ein Kind gewesen, als Gianni Marconi seine erste Ölmühle gekauft und darin die Oliven seines Schwiegervaters gepresst hatte. Oft war die Familie zusammen am Wochenende aufs Land gefahren. In die Berge oberhalb von Genua, wo die Olivenhaine vom Nonno, ihrem Großvater, lagen. Sie erinnerte sich an den Geruch von wilder Zitronenmelisse, an silbrig glänzende Blätter, durch die ab und zu ein Sonnenstrahl hindurch blitzte, und natürlich den prall gefüllten Picknickkorb ihrer Mutter. „Du weißt ja, unsere Oliven sind die besten", hatte sie immer zu ihr gesagt und ihr eine mildwürzige Taggiasca-Olive in den Mund gesteckt. Enza war seit vielen Jahren nicht mehr dort gewesen.

Erst als sie älter geworden war, hatte sie langsam begriffen, wie Gianni Marconi tickte. Mit 18 war sie auf die Barrikaden gegangen. Ihr Geschichtslehrer am Gymnasium hatte sie für die Ideen der Globalisierungsgegner fasziniert. Sie nahm an ein paar Treffen teil und wagte endlich die Revolte. „Du bist eines von den kapitalistischen Raubtieren, an denen wir alle zugrunde gehen." Diese Worte hatte sie ihrem Vater, dem Eisblock, als erstes ins Gesicht geschleudert. Und damit endlich einmal ein echtes Gefühl ausgelöst: nackte Wut. Die Szene war furchtbar. In der Mitte saß die damals schon schwer kranke Mutter, die sich gerade von ihrer ersten Chemotherapie erholte. Drum herum in wechselnden Positionen Vater und Tochter, die sich wütend Argumente an den Kopf warfen. Bis die Situation völlig eskalierte, beide sich nur noch atemlos anschrien und Enza schließlich die Türe hinter sich zuschlug, um nicht mehr zurückzukehren.

Sie wusste, dass sie Recht hatte. Der Reichtum ihrer Familie war das Ergebnis einer rücksichtslosen Expansion. Marconi hatte mit dem Geld seines Schwiegervaters günstig einen Olivenhain nach dem anderen gekauft, mehrere Ölmühlen übernommen und schließlich eine gigantische Marktmacht aufgebaut. Dadurch konnte er die Preise drücken, bis andere Olivenbauern in wirtschaftliche Not gerieten und ihr Land an ihn verkaufen mussten. Enza wusste auch, dass er im Verdacht stand, Behörden zu bestechen, um sein Monopol immer weiter ausbauen zu können. Bewiesen wurde natürlich nie etwas. Aber sie machte sich keine Illusionen. Wenn ihr Vater ein Ziel hatte, dann war er auf dem Weg dorthin zu allen Schandtaten bereit.

„Meine Geschäfte sind sauber." Gianni Marconi hatte sich wieder in der Gewalt. Er war aufgestanden und sah ihr direkt in die Augen. „Und mit Francas Tod habe ich nicht das geringste zu tun."

Enza glaubte ihm kein Wort. Was hatte Franca bloß im Sinn gehabt? In den Monaten vor ihrem Tod war die Freundin seltsam gewesen. Sie hatte begonnen, alle möglichen Fragen zu Gianni Marconi und seiner Firma zu stellen. Enza hatte sich gewundert; schließlich war die Freundin dem Vater viel näher gewesen als sie selbst. Als Franca irgendwann Andeutungen machte, dass sie bald viel Geld haben werde, war sie endgültig stutzig geworden. Doch auf ihre Fragen, was dahinter stecke, hatte Franca immer nur gelächelt und den Finger an ihre Lippen gelegt: „Das möchtest du nicht wissen."

Enza stand ebenfalls auf. Die Audienz beim Big Boss war offenbar vorbei. Aber sie war noch nicht fertig: „Darf ich mir ihren Arbeitsplatz ansehen?"

„Du darfst alles, was du willst, Töchterchen", sagte Marconi herablassend. „Ich will nur, dass du mir glaubst. Allerdings wirst du da nicht viel finden. Die Polizei hat schon alles durchsucht und ihren Computer mitgenommen." Gianni Marconi führte sie ins Nebenzimmer. „Du musst mich leider entschuldigen. Ich habe einen wichtigen Termin und muss weg. Wenn du vorher angerufen hättest, hätte ich mehr Zeit für dich gehabt."

Enza setzte sich hinter den Schreibtisch ihrer toten Freundin. Ein Blick genügte um zu sehen, dass ihr Vater Recht hatte. Hier gab es nichts mehr von Interesse. Eine unbeschriebene Schreibtischunterlage, das LAN-Kabel vom Computernetzwerk und ein paar Stifte. Doch sie interessierte sich für etwas anderes.

„Ciao Papa", sagte sie kalt zu ihrem Vater, der daneben stand und sie beobachtete. Nachdem er schließlich gegangen war, saß sie reglos zwei Minuten lang auf Francas Platz. Dann schlich sie zurück in das Zimmer ihres Vaters und setzte sich an seinen Computer. Sie probierte das Passwort, das sie vor Jahren bei ihm ausspioniert hatte. Es funktionierte immer noch. Sie steckte die mobile Festplatte, die sie mitgebracht hatte, in den USB-Anschluss und begann Dateien herunterzuladen.

9. KAPITEL

DIENSTAG, 11:32 UHR

Der Computer jodelte. Johann Sorbello sah genervt von seiner Akte auf. Irgendein gewitzter Systemverwalter hatte das Jodeln damals als Mail-Geräusch auf seinem Rechner installiert. Vielleicht als Willkommensgruß für den neuen Chef aus Deutschland, womöglich auch als Witz, oder es war der einzige deutsch klingende Sound, den der Computerfachmann gefunden hatte. Das Ergebnis war jedenfalls mehr als lästig. Jedes Mal, wenn eine Mail eintraf, jodelte der Computer. Johann hatte versucht, den Sound zu ändern. Aber er hatte keine Zugriffsrechte. Also hatte er mehrmals in der Systemverwaltung angerufen und um Hilfe gebeten. Doch der versprochene Mitarbeiter war nie in seinem Büro aufgetaucht. Johann hatte den Verdacht, dass auch diese Abteilung seinem Vorgänger hinterher trauerte und ihn deshalb schikanierte.

Doch als er jetzt den Absender der Mail erkannte, war er plötzlich bester Laune. Post aus Berlin. Sein früherer Chef Wohlscheid schickte ihm die versprochene Akte, die Leiche mit der Zahnlücke.

„Hi Johann, du hast schon Recht", schrieb Wohlscheid. „Irgend etwas war seltsam an dem Fall. Bis heute wurde kein Täter ermittelt. Aber dass es einen Zusammenhang mit deiner Piranhaleiche gibt, kann ich mir beim besten Willen nicht vorstellen."

Johann öffnete den Anhang. Er hatte sich richtig erinnert. Die Leiche war im April 2008 am Ufer des Schlachtensees von einem

Jogger gefunden worden: Helmut Bergmann, pensionierter Lehrer, 82 Jahre alt. Verschwunden war er an einem Sonntag im November 2007. Die Gerichtsmediziner nahmen an, dass Bergmann schon am Tag seines Verschwindens gestorben war und die ganze Zeit im Wasser gelegen hatte. Aufgrund der niedrigen Temperaturen war die Leiche wohl unter der Oberfläche getrieben, bis das Wasser mit dem Frühjahr wärmer wurde. Dann erst setzte die Leichenfäulnis ein, und der Körper bekam durch die Gasbildung Auftrieb.

Identifizieren konnten ihn die Ärzte über seinen Zahnstatus. Johann erkannte das Foto wieder, das ihm Wohlscheid damals gezeigt hatte. Für sein Alter hatte Martin Bergmann auch nach fünf Monaten im Wasser ein auffällig gutes Gebiss gehabt. Nur dass eben ein Schneidezahn fehlte. Stumpfe Gewalt ohne sichtbare Verletzung, so lautete die Ursachenanalyse bezogen auf die Zahnlücke. Wobei Prof. Wohlscheid in seinem Gutachten nicht zu 100 Prozent ausschließen wollte, dass der Zahn erst im Wasser herausgebrochen sein könnte.

Was die Ursache seines Todes anging, war die Antwort ziemlich klar: Martin Bergmann war höchstwahrscheinlich ertrunken, da seine Leiche keine sonstigen Verletzungen aufwies. Alles andere allerdings blieb ein Rätsel. Seiner Familie zufolge war der Mann weder lebensmüde noch körperlich schwach gewesen. Vielmehr galt er trotz seines fortgeschrittenen Alters als guter Schwimmer, der außerdem regelmäßig abends um den Schlachtensee joggte. Die Polizei entwickelte deshalb die Theorie, dass ihn jemand beim Sport in den See gestoßen haben könnte. Doch es gab weder ein mögliches Motiv, noch irgendwelche Zeugen. Alle Ermittlungen liefen ins Leere.

Johann seufzte frustriert. Er musste Wohlscheid insgeheim Recht geben. Der Fall Bergmann hatte ganz offensichtlich nicht das Geringste mit dem Mord an Francesca Ermia zu tun. Und doch dachte er unwillkürlich noch einmal an Veronicas Worte: Raubtierzähne, die als Trophäen um den Hals getragen wurden. Er druckte die Akte aus, rief Guido zu sich und zeigte ihm das Foto.

„Fällt Ihnen etwas auf?", fragte er seinen Assistenten, der unter seinem offenen Kittel heute ausnahmsweise schlichtes, eng anliegendes Schwarz trug.

„Es fehlt der gleiche Zahn. Gibt es da einen Zusammenhang?" Guido schaute ihn erwartungsvoll an.

„Ich fürchte nein. Es ist nur ein Fall, an den ich mich erinnert habe."

Johann war sich plötzlich nicht mehr sicher, was er von Guido eigentlich hören wollte. Wenn es einen europäischen Serienmörder geben sollte, der die Schneidezähne seiner Opfer als Trophäen sammelte, dann hätte sich das ja wohl mittlerweile herumgesprochen. Eine absurde Idee. Eigentlich. Er schüttelte den Kopf und sprach weiter:

„Aber man kann ja nie wissen. Vielleicht haben Sie Lust, ein bisschen Aktenstudium zu betreiben. Es gibt mit ziemlicher Sicherheit in Italien keine zweite Leiche, die in einem Piranha-Becken gefunden wurde. Aber falls es andere Fälle mit ähnlichen Zahnlücken geben sollte, dann wäre es gut, darüber Bescheid zu wissen."

Guido wirkte alles andere als begeistert.

„Glauben Sie nicht, dass die Polizei so etwas schon überprüft?"

„Ich weiß es nicht. Aber Commissario Moreno hat mir nicht das Gefühl vermittelt, dass er irgendein Interesse an der Zahnlücke hätte. Ich glaube, die Polizei geht fest davon aus, dass Francesca von ihrem Freund ermordet wurde."

„Was ja auch nahe liegt", sagte Guido. „Das Kind war von ihm, seine DNA war im Körper des Opfers. Und er ist geflohen."

„Oder nur verschwunden." Johann seufzte. „Auf jeden Fall gibt es kein erkennbares Motiv."

„Okay, ich werde mich morgen ins System einloggen und nach Zahnlücken suchen."

Guido war deutlich anzumerken, dass ihn dieser Auftrag nicht gerade euphorisierte. Doch dann hellte sich seine Miene plötzlich auf. Er zog einen braunen Briefumschlag aus seiner Kitteltasche hervor und sagte:

„Aber ich habe noch eine Überraschung für Sie, Dottore. Vielleicht bringt uns das hier weiter. Post vom Institut für Pflanzengenetik aus Perugia"

Johann blickte fassungslos auf den Poststempel. Jetzt wusste er, warum die Rückmeldung so lange gedauert hatte.

„Wir haben hier den spektakulärsten Mord der letzten Jahre, und die schicken ihre Analyse mit der italienischen Post, die für die 400 Kilometer von Perugia nach Genua 4 Tage braucht. Unglaublich."

Er öffnete den Umschlag und zog drei eng bedruckte Seiten heraus. Die Analyse der Olivenölexperten war gespickt mit Fachbegriffen, die selbst dem Gerichtsmediziner fremd waren. Polyphenole, Hydroxytyrosole, Oleocanthale, Tocopherole – fasziniert verfolgte Johann, welche Inhaltsstoffe in einem ganz normalen Olivenöl enthalten waren. Wobei es sich hier ganz offenbar nicht um ein normales Öl handelte. Er war aufrichtig überrascht: Die Pflanzengenetiker nutzten tatsächlich das gleiche Instrumentarium wie Gerichtsmediziner. Sie hatten den genetischen Fingerabdruck des Olivenbaums analysiert, aus dessen Früchten das Öl gepresst worden war.

„Verstehe ich das richtig", fragte er Guido, „dass die DNA unserer Ölprobe wohl nicht aus Italien stammt?"

Sein Assistent hatte sich über ihn gebeugt und mitgelesen. Er buchstabierte laut:

„C – H – E – M – L – A – L – I. Eine Olivensorte, die benannt wurde nach einer kleinen Stadt in Tunesien. Wird vor allem im Süden Tunesiens angebaut."

Guido schaute ihn mit großen Augen an.

„Ja, Dottore, Sie haben Recht. Das Olivenöl, das wir in Francesca Lunge gefunden haben, kommt aus Afrika."

10. KAPITEL
MITTWOCH, 10:15 UHR

Sie trug wieder Stöckelschuhe, auch hier auf dem Dorffriedhof von Castelbianco. Leichtfüßig und elegant ging sie langsam hinter der Trauergemeinde her. Enzas blonder Schopf überragte die meisten Menschen, die zur Bestattung von Francesca Ermia gekommen waren. Den Sarg trugen vier Männer auf ihren Schultern. Dahinter ein Priester in schwarzer Soutane mit gefalteten Händen. Ein älteres Paar folgte ihm, der Mann blickte starr geradeaus, die Frau weinte, wahrscheinlich Francas Eltern.

Johann hatte das Gelände nicht betreten. Er stand etwa 30 Meter entfernt, leicht erhöht auf einer Gartenterrasse, und hatte einen guten Blick. Der Friedhof lag am Rande des Dorfes inmitten von Olivenhainen. Rechts von den Trauernden am Berghang standen, etwa vier Meter hoch gemauert, die eigentlichen Gräber. Johann war immer wieder fasziniert von der hiesigen Friedhofsarchitektur. Hier wurde nicht beerdigt, sondern eingemauert. Weil der Platz für Erdgräber nicht reichte, hatte man Dutzende von Fächern übereinander zementiert. Jedes Fach in der Größe eines Sarges, wie eine gewaltige Schubladen-Wand. Das Grab für Franca stand offen, ein rechteckiges Loch, etwa einen Meter hoch, sozusagen in der zweiten Etage. Sobald der Sarg hinein geschoben war, würde ein Maurer die Öffnung luftdicht verschließen und mit einer Marmorplatte verdecken. Darauf der Name, die Lebensdaten und ein Bild von Francesca Ermia. Johann hoffte insgeheim, dass die Angehörigen ein anderes Foto wählen würden als das, was ihn so sehr an sein traumatisches Versagen als Notarzt erinnerte.

Links zum Tal hin wurde das Friedhofsgelände von einer niedrigen Mauer begrenzt. Dahinter lagen sanft geschwungene grüne Bergrücken in der Morgensonne, ein idyllischer Blick, der allerdings von etwa 20 Reportern gestört wurde. Auf die Mauer gestützt fotografierten sie unablässig jede Bewegung, jede Geste, jede Träne, die sie mit den Teleobjektiven einfangen konnten. Der Piranha-Mord, der genau genommen kein Piranha-Mord war. Egal, es war die größte Crime-Story des Jahres.

„Na, auch keine Lust, von den Geiern fotografiert zu werden?"

Johann drehte sich um und erblickte Commissario Moreno, der sich leise von hinten genähert hatte. Der Leiter der Mordkommission trug ein Fernglas in der Hand, mit dem er jetzt die Trauergemeinde musterte.

„Glauben Sie wirklich, der Mörder kommt zur Bestattung seines Opfers?", fragte Johann. „Ich dachte, so etwas gibt es nur in billigen Krimis."

Moreno ignorierte seine Frage.

„Eines muss man ihr lassen. Die Zicke ist vielleicht unfreundlich, aber sie sieht echt scharf aus. Haben Sie eigentlich mit ihr gesprochen?"

Johann begriff, dass er von Enza sprach.

„Ja, ich habe sie besucht. Danke noch mal für die Adresse."

„Und? Hat sie Ihnen etwas Spannendes erzählt?"

Johann zögerte. Morenos ordinäre Art ging ihm auf die Nerven. Er hatte immer weniger Lust mit ihm zusammen zu arbeiten. Auf der anderen Seite interessierte ihn, was die Polizei mittlerweile herausgefunden hatte. Er zwang sich also zu einer freundlichen Antwort:

„Ich bin mir nicht sicher, ob das spannend ist. Enza glaubt auf keinen Fall, dass Francas Freund Toni der Mörder ist. Aber das wissen Sie ja schon. Ich finde auf jeden Fall interessant, dass das Opfer in einer Firma gearbeitet hat, die Olivenöl produziert. Sie nicht?"

Moreno schaute weiter durch sein Fernglas und antwortete erst nach ein paar Sekunden:

„Sie meinen wegen des Öls in ihrer Lunge? Ehrlich gesagt, finde ich das ziemlich nebensächlich. Wir haben natürlich mit Marconi gesprochen. Er hat nichts besonderes bemerkt, und er hat ein Alibi. Ich glaube fest daran, dass Antonio Testa unser Mann ist. Wer weiß, vielleicht kommt er ja wirklich nach Hause zurück um sich anzuschauen, was er angerichtet hat. Wir haben auf jeden Fall ein paar Leute positioniert."

„Haben Sie mit den Leuten hier im Dorf gesprochen?"

Moreno scannte jetzt mit dem Fernglas die umliegenden Oliventerrassen ab. Wahrscheinlich hatten sich seine Polizisten dort verteilt. Als er antwortete, klang er gereizt.

„Was glauben Sie denn? Natürlich, das ist ja unser Job. Die Eltern von Francesca Ermia haben sie seit Jahren nicht mehr gesehen. Sie wussten nicht einmal, dass sie mit ihrem Freund Toni zusammen lebte. Und die Eltern von Toni sind schon seit Ewigkeiten tot. Sie starben bei einem Autounfall kurz nach seiner Geburt. Ansonsten keine Verwandten außer einer schrulligen Oma. Mit der haben wir versucht zu sprechen. Aber sie wirkt ziemlich meschugge. Das einzige, was wir aus ihr herausbekommen haben, ist, dass sie Toni seit Jahren nicht mehr gesehen hat. Sie hat nicht mal ein Foto von ihm. Unsere Fahndung läuft also mit einem beschissenen uralten Passfoto."

Johann hatte das Fahndungsfoto in der Zeitung gesehen und sich schon gewundert. Auf dem Bild war Toni ein pickliger, vielleicht 17jähriger Schüler mit langen Haaren gewesen. Auf dem Abzug, den Enza ihm gegeben hatte, sah man dagegen einen sonnengebräunten Mann mit markanten Zügen und kahl rasiertem Kopf. Ganz offensichtlich hatte Enza dieses Bild der Polizei nicht gegeben. Das machte die Fahndung mit Sicherheit nicht leichter. Möglicherweise hätte Moreno seinen Hauptverdächtigen gar nicht erkannt, wenn er sich tatsächlich unter die Trauernden gemischt hätte. Johann überlegte. Er hatte das Foto dabei. Sollte er es dem Commissario zeigen?

Moreno unterbrach seine Gedanken: „Irgend etwas stinkt an diesem Fall. Wir haben noch verschiedene andere Leute im Dorf befragt. Keiner weiß was, keiner sagt was. Außer, dass die beiden schon lange weg waren und nie wieder gesehen wurden."

Die beiden Männer sahen eine Weile stumm der Zeremonie zu.

„Ich will Sie ja nicht nerven", sagte Johann nach einer Weile. „Aber wir haben Ihnen gestern das Ergebnis der Ölanalyse rübergefaxt. Sie haben es bestimmt gesehen: Das Olivenöl stammt aus Tunesien. Vielleicht ist das eine Spur, die uns weiter bringt."

Moreno sah ihn jetzt scharf an.

„Wenn überhaupt, bringt es die Polizei weiter. Sie, Dottore, haben mit der Fahndung nichts zu tun. Und was hinter Ihrem ach so privaten Interesse steckt, das kann ich mir schon denken."

Er machte eine vulgäre Geste, schlug mit der flachen rechten Hand auf die zur Faust geballte linke und nickte mit seinem Kopf Richtung Trauergemeinde.

Johann ignorierte die offensichtliche Anspielung auf Enza, obwohl ihn die provozierenden Sprüche des Commissario ärgerten. Er hatte sich schon oft gefragt, was Moreno eigentlich gegen ihn hatte. In Berlin war er daran gewöhnt gewesen, eng mit der Polizei zusammenzuarbeiten. Bei seinen Obduktionen war einer der ermittelnden Kommissare immer zugegen, auch wenn es manchem Kollegen sichtlich schwer fiel. Johann wusste, dass diese Vorgehensweise auch im italienischen Kriminalsystem üblich war. Doch Moreno hatte seinen Seziersaal bisher noch kein einziges Mal betreten. Er holte sich lieber hinterher die Ergebnisse ab, nicht ohne dabei deutlich zu machen wie gering er sein Gegenüber schätzte. War es persönliche Abneigung? Mochte der Commissario einfach keine Gerichtsmediziner? Hatte es mit Johanns Vorgänger zu tun, der unter zwielichtigen Umständen gefeuert worden war? Irgendwann würde er ihn fragen und konfrontieren müssen. Heute hatte er keine

Lust dazu. Und ein besseres Fahndungsfoto von Toni würde Moreno schon selber auftreiben müssen.

Mit einem knappen „ciao“ ließ er den Polizisten stehen und ging zurück zum Dorf. Er hatte gesehen, dass Enza die Bestattung offenbar verlassen wollte, bevor sie zu Ende war. Er begegnete ihr am Friedhofstor. Sie starrte ihn entgeistert an, wie vor den Kopf geschlagen.

„Was machen Sie denn hier?“

Sie trug ein schlichtes schwarzes Kleid, das ihre schlanke Taille betonte. Sie hatte geweint. Er fand, dass sie umwerfend gut aussah. Zumindest in dieser Angelegenheit musste er dem Commissario Recht geben. Johann überlegte, was er sagen sollte. Er entschied sich ehrlich zu sein:

„Ich hatte Ihnen ja gesagt, dass der Fall mich persönlich berührt. Und ich habe insgeheim gehofft, Sie hier wiederzutreffen.“

...

Enza sah dem Gerichtsmediziner ins Gesicht. Sie fühlte sich überwältigt von einem Strudel gegensätzlicher Gefühle. Alles hier war ihr fremd. Francas Eltern, die sie noch nie gesehen hatte. Der Priester, der von einer jüngeren Franca sprach, die sie so nie kennen gelernt hatte. Die Menschen aus dem Dorf, die sie anstarrten wie eine Außerirdische. Plötzlich hatte sie erkannt, dass sie nicht miterleben wollte, wie der Sarg ihrer Freundin eingemauert wurde. Sie war einfach gegangen. Und jetzt stand er vor ihr. Mit seinem anziehenden Lächeln, das sie gleichzeitig daran erinnerte, was sie ihm alles nicht erzählt hatte. Seitdem sie den Computer ihres Vaters gefilzt hatte, waren noch ein paar Geheimnisse dazugekommen. Doch bevor sie darüber redete, wollte sie erst herausbekommen, was dahinter steckte.

Sie versuchte zu lächeln, merkte aber, dass ihre Gesichtsmuskeln ihr nicht gehorchten. Dann spürte sie plötzlich, dass sie trotz allem froh war, an diesem Ort nicht mehr alleine zu sein.

„Können Sie mich mit nach Genua nehmen? Ich bin mit dem Bus hierher gekommen."

„Gerne. Aber ich wollte erst noch einen Besuch machen. Ich habe gerade erfahren, dass Tonis Großmutter hier irgendwo wohnt. Wollen Sie mitkommen?"

Enza war überrascht. Toni hatte mal erzählt, dass seine Eltern schon lange tot waren. Dass es noch eine Nonna gab, hatte er nie erwähnt. Etwas zog sich in ihr zusammen. Ihre Trauer wich einem großen Unbehagen, aber sie spürte auch Neugierde. Warum bloß hatten weder Franca noch Toni jemals über diesen Ort geredet?

„Ja, gerne. Wo müssen wir hin?" antwortete sie und folgte ihm.

Er ging mit ihr durch Castelbianco, über steile, mit Flusskieseln gepflasterte Gassen, unter romantischen, mittelalterlichen Bogengängen hindurch, vorbei an violett blühenden Bougainvilla-Sträuchern und Zitronenbäumen voller reifer Früchte. „Schön hier", sagte Enza. Doch mit jedem Schritt wuchs ihre Spannung: Welches dunkle Geheimnis lag über diesem idyllischen Dorf?

11. KAPITEL

MITTWOCH, 11:53 UHR

Das Haus sah von weitem so aus, als wäre es vor vielen Jahren verlassen worden. Nur noch wenige graue Putzreste klebten an den Natursteinmauern. Ein paar große Steine waren irgendwann herausgefallen. An der Tiefe der Löcher konnte Johann ahnen, dass die Mauern fast meterdick sein mussten. Ein alte Frau auf dem Dorfplatz hatte ihnen den Weg gewiesen, er war weiter und anstrengender geworden als erwartet. Tonis Oma wohnte mehr als einen Kilometer außerhalb. Johann und Enza mussten einen steinigen Pfad bergan laufen. Für sie mit ihren hochhackigen Schuhen war es alles andere als ein Spaziergang. Ab und zu hörte Johann sie leise fluchen. Im Augenwinkel konnte er wahrnehmen, dass ihr eleganter Gang zu einem taumeligen Auf und Ab geworden war.

Sie hatten nicht viel miteinander gesprochen. Ein paar Worte über das heiße Sommerwetter, die Schönheit der Landschaft, darüber, wie abgeschieden von der Außenwelt Tonis Oma lebte. Johann wollte das Thema Franca noch nicht anschneiden. Und er hatte das Gefühl, dass es Enza ähnlich ging.

Sie näherten sich dem Haus, schwitzend und verstaubt. Die Fensterscheiben waren praktisch blind, so lange waren sie nicht mehr geputzt worden. Dahinter konnte man schemenhaft Gardinen wahrnehmen. Der Vorgarten dagegen war gepflegt und bewässert. Diverse Gemüse- und Salatsorten standen saftig grün in sauber gezogenen Linien. Hinter dem Haus hörte man Hühner gackern. Tonis Oma versorgte sich offenbar weitgehend selbst. Sie suchten vergeblich nach einer Klingel, klopften mehrmals laut an die rissige Holztür. Niemand antwortete.

Johann zögerte und sah Enza hilfesuchend an.

„Sie glauben doch nicht, dass ich mir meine besten Schuhe ruiniere und dann einfach wieder gehe", sagte Enza.

Ihre Augen funkelten ihn an. Sie drückte die Klinke. Die Tür öffnete sich ohne jeden Widerstand. Tonis Oma hatte nicht abgeschlossen.

„Wir können da nicht einfach reingehen", sagte Johann mahnend. Ihm schossen deutsche Paragraphen durch den Kopf: Unverletzlichkeit der Wohnung, Hausfriedensbruch und so weiter. Doch Enza schien vor solchen Überlegungen gefeit.

„Sie können ja draußen bleiben und aufpassen", sagte sie schnippisch und stakste hinein ins Halbdunkel.

Johann war gegen seinen Willen beeindruckt. Er kämpfte kurz mit sich, versuchte Chancen und Risiken gegeneinander abzuwägen, merkte dann aber schnell, dass er sich etwas vormachte. Er hatte mit seinen privaten Ermittlungen sowieso schon eine Grenze überschritten. Und er wollte endlich verstehen, was passiert war. Er trat über die Schwelle.

Es dauerte ein paar Sekunden, bis seine Augen sich an die Lichtverhältnisse gewöhnt hatten. Er stand in einer großen Wohnküche. Weiter hinten führte eine Holztreppe in den ersten Stock. Darüber eine Art Empore, verkleidet mit einem seltsamen großen Spiegel, der keine Funktion zu haben schien. In der Mitte des Raums ein nackter Holztisch mit drei Stühlen. Der blankgeputzte Steinfußboden stand in einem seltsamen Kontrast zu den schmutzigen Fensterscheiben, durch die ein paar fahle Sonnenstrahlen ins Zimmer schienen. Aber das war es nicht, was ihn irritierte. Erst nach ein paar Sekunden merkte er, was seltsam war. Er fühlte sich in eine andere Zeit versetzt. Dieser Raum war wie ein Museum. Er konnte nicht ein einziges elektrisches Gerät entdecken. Gekocht und gebacken wurde hier auf einem gusseisernen Kochherd, der mit Holz beheizt wurde. Ein tiefe Pfanne stand auf der Herdplatte. Darin köchelte eine braune Flüssigkeit. Es roch nach Rosmarin und würzigem Fleisch. Auch im gewaltigen Kamin in der Ecke flackerte trotz der Sommerhitze ein Feuer, darüber hing ein großer mit Wasser gefüllter, dampfender Topf. Das Ganze wirkte auf ihn, als hätte die Hausherrin vor hundert Jahren mal kurz das Zimmer verlassen.

Eine Schublade quietschte laut, er zuckte zusammen. Aber es war Enza, die das Geräusch verursacht hatte. Sie stand vor dem mächtigen Küchenschrank und hatte offenbar eine Art Durchsuchung begonnen. Bei Johann klingelten wieder die Alarmglocken.

„Das kannst du nicht machen. Sie kann jederzeit wiederkommen."

Sie öffnete ungerührt die nächste Schublade und fragte ihn: „Ist dir auch etwas aufgefallen?"

„Was meinst du? Dass hier die Zeit stehengeblieben zu sein scheint?"

Johann merkte plötzlich, dass sie angefangen hatten sich zu duzen. Warum auch nicht. Immerhin waren sie jetzt Komplizen. Sie waren gerade zusammen in ein fremdes Haus eingebrochen.

„Nein, das findest du immer wieder mal in den Dörfern." Enza schloss die Schublade und sah ihn an. „Aber ich habe noch nie eine italienische Wohnung ohne jeden persönlichen Schmuck gesehen. Normalerweise hängen da immer jede Menge Familienfotos, Widmungen, Glückwünsche, Grußkarten. Hier ist nichts davon. Sie muss doch mal einen Mann gehabt haben, vielleicht ein paar Kinder, mindestens ein Enkelkind. Und du siehst keine Spur davon."

Sie öffnete die dritte Schublade und kramte darin herum. Was sie sagte, stimmte. Johann hatte sich schon oft über die mit Bildern bepflasterten Familienaltäre amüsiert, wenn er bei italienischen Bekannten zu Gast war. Dieses Zimmer aber wirkte trotz des Essens auf dem Herd merkwürdig unbelebt. Plötzlich knarrte es wieder, diesmal hinten auf der Treppe. Er fuhr herum und hielt unwillkürlich den Atem an. Langsam, Schritt für Schritt, Stufe für Stufe, löste sich eine Figur aus dem Schatten des Obergeschosses. Dürre Beine in dunklen Wollstrümpfen, darüber ein schwarzer Rock, eine weiße Bluse und schließlich ein Gesicht dazu: faltig und doch straff, tiefliegende Augen, auf jeden Fall alt, vielleicht sogar sehr alt. Allerdings wirkte diese Greisin kein bisschen gebrechlich. Sie war schlank, hielt sich kerzengerade und trug weder Stock noch Brille. Die weißen Haare hatte sie streng nach hinten gebunden. Jede ihrer Bewegungen wirkte bestimmt und kontrolliert. Tonis Nonna, wenn sie es denn war, strahlte vor allem eines aus: Disziplin.

„Wer sind Sie? Was tun Sie in meinem Haus?"

Ihre Stimme klang schrill, doch sie wirkte auf Johann alles andere als nervös. Eigentlich erstaunlich angesichts von zwei fremden Menschen, die gerade ihre Wohnküche durchstöberten. Er suchte nach Worten, um das gemeinsame Eindringen zu erklären. Enza kam ihm zuvor.

„Buona sera, Signora. Entschuldigen Sie unsere Störung. Aber die Türe stand offen, wir haben laut gerufen, und nichts passierte. Da wollten wir nachsehen, ob alles in Ordnung ist."

Ihr Lächeln strahlte über ihre Lügen hinweg. Johann sah, dass hinter ihr die Schublade, in der sie eben noch gewühlt hatte, immer noch offen stand. Die alte Frau verzog keine Miene, ging zum Kamin, griff nach der Spaltaxt, die dort auf einem Stapel Holzscheite lag, und wiederholte ihre Frage:

„Wer sind Sie? Was wollen Sie hier?"

„Wir sind Freunde von Toni und machen uns Sorgen. Wissen Sie, wo er sich aufhält."

„Toni, wen meinen Sie?"

Die Frau sprach den Namen aus, als hätte sie ihn noch nie gehört. Sie nahm ein Stück Holz, hackte es mit einem einzigen energischen Hieb in zwei Stücke und schürte das Feuer damit. Enza schaute irritiert zu Johann. Waren sie im falschen Haus? Johann kam ihr zu Hilfe:

„Wir suchen Antonio Testa. Wir dachten, er wäre Ihr Enkel. Sind wir hier nicht richtig bei Gina Testa?“

„Doch, das bin ich. Sie meinen also Antonio, meinen Schatz. Er war ein schönes Kind. Und so klug. Aber er ist schon lange tot. Schon fünf Jahre. Oder sechs?“

Sie sprach nicht weiter, fasste sich plötzlich an die Stirn, als wollte sie in ihrer Erinnerung kramen. Johann erinnerte sich an die Worte des Commissario. Offensichtlich hatte Tonis Großmutter tatsächlich Probleme mit ihrem Gedächtnis. Er versuchte es noch einmal:

„Nein, Signora, Sie müssen sich irren. Antonio lebte bis vor einer Woche noch in Genua. Er arbeitete im Aquarium und hatte eine Freundin namens Francesca. Aber jetzt ist er verschwunden. Wir suchen ihn dringend.“

Sie sah ihn verständnislos an. „Mein Antonio hat eine Freundin? Nein, das kann nicht sein. Er hat mir versprochen, dass er niemals in Sünde leben wird. Bevor er starb.“ Ihr Blick flackerte wie ein Irrlicht durch den Raum, landete auf Enza. „Oder ist er noch nicht tot? Ich habe ihn so lange nicht mehr gesehen. Viele, viele Jahre.“ Plötzlich wirkte sie müde und zittrig. Sie setzte sich auf einen der Stühle.

Johann versuchte es noch einmal: „Wann war Antonio denn zum letzten Mal hier bei Ihnen?“

Die Alte blickte nur kurz auf, zuckte mit den Schultern und brabbelte etwas unverständliches in sich hinein. Dann schien sie in sich zu versinken, wippte unablässig vor und zurück, reagierte auf keine Frage mehr.

Johann sah hilflos zu Enza hinüber. Sie wirkte hochkonzentriert und schien die Szenerie immer noch intensiv in sich aufzunehmen. Doch er war enttäuscht. Sie waren so weit gegangen. Und hatten nichts Neues erfahren. Nach Hause in sein Dorf war Toni jedenfalls nicht geflohen. Seine Großmutter lebte ganz offensichtlich alleine mit ihrer verwirrten Erinnerung.

Sie entschuldigten sich für die Störung und machten sich auf den Rückweg.

„Merda, Scheiße!“ Enza ließ ihren Gefühlen freien Lauf.

„Tut mir leid, dass ich dich zu dieser Wanderung überredet habe“, sagte Johann. „Ich hatte gehofft, wir könnten aus der Nonna mehr herausbekommen als die Polizei.“

Sie schaute ihn prüfend von der Seite an. „Ich habe nur geflucht, weil ich schon wieder umgeknickt bin. Was unseren Besuch bei Signora Testa angeht, ich finde, der war hochinteressant.“

Johann blieb überrascht stehen. „Was meinst du? Ist dir irgendetwas aufgefallen?“

Enza lächelte spitzbübisch: „Du hast Ihr die Show abgenommen, nicht wahr? Typisch Mann, keinerlei Empathie für Frauen, egal welchen Alters. Ist dir nicht aufgefallen, dass sie erst in dem Moment schwachsinnig wurde, als wir nach Toni fragten?“

Johann fühlte sich herausgefordert. „Weißt du, ich habe mal Medizin studiert. In einer gewissen Phase von Altersdemenz können Menschen zwischen Klarheit und Vergessen hin und her schwanken. In einem Moment scheinen sie vollkommen lebensfähig zu sein. Im nächsten haben sie drei Viertel ihres Lebens vergessen.“

„Stimmt schon“, sagte Enza. „Aber in diesem Fall fand ich die Veränderung vollkommen unglaubwürdig. Ich habe mal ein Praktikum gemacht in einem Altersheim für Demenzkranke. Nach allem, was ich da erfahren habe, schaffen es Menschen mit dieser Krankheit nicht mehr, ein unabhängiges Leben zu führen. Sie vergessen, wie man sich den Hintern abwischt. Sie denken nicht daran, dass sie essen und trinken müssen. Und hier haben wir eine Frau, die ihre Hühner füttert, den Nutzgarten beackert und gerade eine Fleischbrühe kocht. Glaub mir, sie hat uns etwas vorgespielt.“

Johann wollte ihr etwas entgegnen. Doch er merkte, dass sie noch nicht fertig war. Sie steckte plötzlich ihre Hand in den Ausschnitt ihres Kleides und zog etwas hervor, das sie ganz offensichtlich vorher dort versteckt hatte.

„Schau mal, was ich in der dritten Schublade gefunden habe. Das mit der Demenz kannst du vergessen."

Mit einem Blick erkannte Johann, dass sie Recht hatte. In ihrer Hand hielt sie eine Eintrittskarte für das Aquarium von Genua, abgestempelt vor drei Wochen.

12. KAPITEL

MITTWOCH, 12:43 UHR

Der Mann sah den beiden hinterher. Die dünne blonde Frau kannte er. Er hatte sie oft mit der Schlampe zusammen beobachtet. Den Typen an ihrer Seite hatte er noch nie gesehen. Jetzt zog die Frau etwas aus ihrem Ausschnitt und zeigte es ihm. Er wusste nicht, was es war. Aber er hatte genau gesehen, dass sie es aus der Schublade gestohlen hatte, als die Nonna die Treppe hinunter ging. Wie gut, dass es den Spiegel gab, hinter dem er alles beobachten konnte. Vor vielen Jahren schon hatte er ihn installiert. Damals, als das mit den Aufgaben los ging. Seitdem wusste er: Er musste immer auf alles vorbereitet sein. So wie jetzt auf diesen überraschenden Besuch.

Er öffnete die Schublade. Seine Schublade, darin bewahrte er alles auf. Er wühlte sich durch die Unterlagen, aber er konnte nicht erkennen, was fehlte. Er sah wieder aus dem Fenster und dachte nach. Der Mann nahm die Frau an der Hand. Waren die beiden ein Paar? Egal, er würde sie im Auge behalten müssen. Er spürte: Die beiden waren eine Bedrohung. Vielleicht würden sie irgendwann zur Aufgabe werden.

„Wer war das?" Die Nonna saß immer noch auf dem Stuhl und schaute ihn düster an.

„Keine Ahnung." Er wusste, dass sie sich nicht wirklich dafür interessierte. Vor vielen Jahren schon hatte er begriffen, dass sie in der Vergangenheit lebte. Dass es in ihrem Dasein nur einen Sinn gab. Und er war kurz davor, alles zu vollenden.

„Mach dir keine Sorgen, Nonna", sagte er leise und öffnete den Wandschrank. Gut, dass die Blonde mit ihrer Neugierde nicht so weit gekommen war. Er überlegte kurz und wählte die 9 Millimeter Beretta. Die Bockflinte war ihm zwar lieber. Aber er wollte es nicht riskieren, mit einem 1 Meter 16 langen Gewehr über die Grenze zu fahren.

„Spätestens übermorgen bin ich wieder da." Mit diesen Worten griff er nach seiner Tasche, legte die Pistole hinein und verließ das Haus der Nonna. Er schaute sie nicht mehr an. Wenn er zurück kam, würde sie mit ihm zufrieden sein. Das war es, wofür er lebte.

13. KAPITEL

MITTWOCH, 12:58 UHR

Seine Hand war trotz der Hitze trocken und fest. Enza fühlte Hornhautschwielen und Kraft. Erstaunlich, dachte sie, wie bei einem Maurer, der jeden Tag einen Backstein nach dem anderen anfasst. Als sie zum wiederholten Mal über ihre dämlichen Absätze gestolpert war, hatte Johann plötzlich nach ihrer Hand gegriffen um sie zu stützen. Erst war sie überrascht, dann merkte sie, dass es ihr gefiel. Enza riskierte einen Seitenblick. Der Gerichtsmediziner sah stoisch geradeaus.

Die Nachmittagssonne stand schon tief, die Hügel warfen lange Schatten, in der Ferne lag, wie ein blauer Dunst, das Meer. Der Weg zurück zum Dorf führte durch wild zugewucherte Gartenterrassen. Enza erkannte, dass sie durch eine ehemalige Olivenplantage gingen. Doch die Bäume ragten jetzt wie geheimnisvolle Urzeitwesen in den Himmel, schon lange nicht mehr beschnitten und vollkommen bedeckt von einem zotteligen Kleid aus Efeu und Brombeerranken. Nur der Pfad zum Haus der Nonna wurde ganz offensichtlich regelmäßig frei geschnitten. Schwer vorstellbar, dass die alte Frau noch die Kraft hatte, hier die Machete zu schwingen. Enza fragte sich, wer sie wohl mit dem Nötigsten versorgte, seitdem ihr Enkel vor sieben Jahren in die Stadt gezogen war.

Sie diskutierten darüber, was die Eintrittskarte zum Aquarium bedeuten mochte. Weder Enza noch Johann konnten sich einen

Reim darauf machen. Toni arbeitete im Aquarium, er brauchte also kein Ticket. Außerdem war er angeblich seit Jahren nicht mehr hier im Dorf gewesen. Hatte die Großmutter ihren Enkel vielleicht im Aquarium besucht und deshalb Eintritt gezahlt? Enza rief sich das Verhalten der alten Frau noch einmal in Erinnerung. Irgend etwas an dieser Nonna war definitiv unheimlich.

„Kannst du dir vorstellen, dass die Großmutter etwas mit Francas Tod zu tun hat?", fragte sie.

„Keine Ahnung. Mal angenommen, du hast Recht. Sie ist nicht dement und spielt uns und der Polizei etwas vor. Dann hätte sie also etwas zu verbergen. Aber nach allem, was wir wissen, hatte sie seit Jahren keinen Kontakt mehr zu Toni."

Enza musste ihm Recht geben: „Stimmt. Aber weißt du noch, wie sie gesagt hat: Mein Enkel wird niemals in Sünde leben."

Sie imitierte die schrille Stimme der Großmutter. Johann musste lachen. Enza fuhr fort:

„Die Alte ist total gruselig. Kein Wunder, dass Toni hier abgehauen ist. Stell dir mal vor, deine Eltern sind tot, und du wirst von dieser Hexe erzogen. Es muss so schlimm gewesen sein, dass er nie darüber reden wollte."

Sie dachte an Toni, seine stille, aber fröhliche Art, sein glückliches Lächeln, wenn er seiner und ihrer Freundin über den Bauch streichelte. Plötzlich war sie wieder traurig.

...

Schweigend, jeder in sein Grübeln versunken, erreichten sie Castelbianco. Johanns Gedanken waren mittlerweile wieder bei der Frau an seiner Seite. Ihre Frechheit und Geistesgegenwart beim Besuch der Nonna hatten ihm gefallen. Er fühlte sich immer mehr von ihr angezogen. Dann musste er an ihren Vater denken und seine Firma Extravergine. Ein paar Mal schon hatten ihm die Fragen auf der Zunge gelegen, die ihn seit seinem ersten Zusammentreffen mit

Enza in ihrer Wohnung beschäftigten: Warum hast du mir nicht sofort erzählt, dass Franca bei deinem Vater in der Olivenölfabrik gearbeitet hat? Was hat dein Vater damit zu tun? Was verschweigst du mir?

Er hatte die Fragen nicht ausgesprochen. Er ärgerte sich über seine Feigheit. Doch ihm war auch klar, was ihn davon abgehalten hatte. Er wollte das intensive Gefühl der Nähe, das sich zwischen Enza und ihm entwickelte, nicht gefährden.

Sein Auto stand auf dem Dorfplatz. Schon von weitem sah Johann, dass sie erwartet wurden. Lässig an die Motorhaube gelehnt rauchte ein Mann eine Zigarette. Als sie näher kamen, registrierte Johann den hellen Sommeranzug, dem er schon am Morgen gegenüber gestanden hatte: Commissario Moreno. Johann spürte, wie Enza plötzlich nach seiner Hand griff und sie fest drückte. Auch sie hatte den Polizisten erkannt. Er fragte sich, was wohl hinter dieser heftigen Abneigung stecken mochte.

Moreno grinste breit: „Was für ein schönes Paar! Und? Habt Ihr zwei Hübschen etwas aus der Alten herausbekommen?"

Johann wurde schlagartig klar, dass Morenos Späher offensichtlich jeden Schritt von ihnen überwacht hatten. Er überlegte, ob er dem Commissario von der Eintrittskarte erzählen sollte. Enza kam ihm mit gepresster Stimme zuvor:

„Nein, die hat sie ja nicht mehr alle. Die Frau hat ja schon vergessen, ob sie selbst noch am Leben ist."

Ganz offensichtlich wollte sie weder Fotos noch Informationen mit der Polizei teilen. Johann beschloss, ihr nicht zu widersprechen, und blieb stumm. Moreno schien nichts anderes erwartet zu haben. Er schnippte seinen Zigarettenstummel auf den Boden und sagte betont beiläufig:

„Ach übrigens, Ihre privaten Ermittlungen können Sie sich jetzt endgültig sparen. Der Fall ist nämlich aufgeklärt."

Johann sah ihn fragend an und wartete auf eine Erklärung. Der Commissario fuhr fort:

„Eigentlich geht es Sie ja nichts mehr an. Aber ich habe gerade einen Anruf erhalten. Eine Überwachungskamera im Aquarium konnte jetzt endlich ausgewertet werden. Sie hat in der Mordnacht einen Mann gefilmt, der das Gebäude mit einem großen Bündel auf der Schulter betritt und vier Stunden später ohne Bündel wieder verlässt."

Moreno machte eine dramatische Pause.

„Und jetzt raten Sie mal, wer der Mann ist. Ganz eindeutig Antonio Testa, der Freund des Opfers. Wir müssen ihn nur noch finden."

14. KAPITEL

MITTWOCH, 13:41 UHR

Auf der Fahrt nach Genua schwiegen sie beide. Johann konzentrierte sich auf die enge Straße, die in einer Haarnadelkurve nach der anderen langsam ins Tal führte. Kaum zu glauben, dass hier ein öffentlicher Bus hindurch passte. Ab und zu fuhren sie durch ein Dorf, vorbei an uralt aussehenden Olivenbauern mit zerfurchten Gesichtern und geknoteten Kopftüchern. Immer wieder musste Johann knatternde Apen überholen: Zweitakter auf drei Rädern, vorne Motorroller mit Führerhaus, hinten Mini-LKW mit atemberaubend gestapelten Gemüse- oder Reisigtürmen auf der Ladefläche. Wann immer Johann im Hinterland von Genua unterwegs war, fühlte er sich versetzt in eine idyllisch anmutende Vergangenheit. Die Legende vom einfachen, aber zufriedenen Leben auf dem Lande.

Enzas Ausbruch erschreckte ihn.

„Dieses Arschloch!" Sie schrie ihre Wut laut heraus. „Der hat doch überhaupt keine Ahnung."

Johann begriff schnell, dass sie nicht von Toni sprach, sondern von Moreno.

„Ich mag ihn ja auch nicht besonders. Aber was hast eigentlich du gegen den Commissario?"

Enza sah ihn an und ignorierte seine Frage. „Johann, wir müssen Toni finden. Ich kenne ihn. Er hat das nicht getan."

Johann ließ sich nicht ablenken: „Warum hast du dem Commissario das Foto nicht gegeben, das du mir gegeben hast?"

Enza sagte ein paar Kurven lang nichts. Dann antwortete sie: „Ich bin dem Mistkerl schon mal begegnet. Er ist eine faschistische Sau, ein Sadist, ein Arschloch eben. Aber das ist eine lange Geschichte."

Johann verstand. Es war eine Geschichte, über die sie nicht reden wollte. Zumindest jetzt nicht. So langsam häuften sich die Tabuthemen zwischen Enza und ihm: ihr Vater und seine Olivenölfirma, sein Trauma rund um Hülyas Tod, ihre früheren Erfahrungen mit der Polizei. Irgendwann würden sie sich einiges erzählen müssen. Er war sich sicher, dass es nur eine Frage der Zeit war. Denn obwohl er so wenig von Enza wusste, fühlte er sich doch mit ihr verbunden. Durch einen gruseligen Mord, unausgesprochene Geheimnisse und eine große gegenseitige Anziehungskraft. So viel verstand er dann doch von Frauen. Er spürte, dass sie ihn mochte. Und er fand sie so faszinierend, wie er schon lange keine Frau mehr wahrgenommen hatte.

Er lenkte das Gespräch zurück auf den Fall: „Wenn Toni in dieser Nacht wirklich im Aquarium war, dann gibt es keinen Zweifel mehr. Dann muss er mit dem Mord an Franca zu tun haben."

„Vielleicht hat ihn jemand dazu gezwungen?"

Enza sah ihn flehend an. Sie wünschte sich ganz offensichtlich eine logische Erklärung, die Toni irgendwie entlastete. Er versuchte ihr zumindest ein bisschen Hoffnung zu geben.

„Gib mir nachher die Eintrittskarte, die du aus der Schublade genommen hast. Ich kann sie im Institut auf genetische Spuren untersuchen lassen. Vielleicht bringt uns das neue Erkenntnisse. Allerdings könnte es sein, dass zu viele Menschen sie schon in der Hand gehabt haben."

Johann sprach es nicht aus, aber er fürchtete noch etwas anderes. In dem Moment, da er mögliche Indizien in der Gerichtsmedizin untersuchen ließ, ohne die Ermittlungsbehörden zu informieren, machte er sich endgültig angreifbar.

„Eigentlich muss ich mit Moreno darüber sprechen“, sagte er leise.

„Auf keinen Fall!“ Enzas Antwort kam prompt und entschieden. „Du hast ja gemerkt, dass er seinen Mörder schon gefunden hat. Er hat doch überhaupt kein Interesse daran, die Wahrheit herauszufinden.“

Johann gab ihr Recht. Von der Polizei konnten sie keine Unterstützung erwarten. Wobei er sich eingestehen musste, dass die Wahrheit, von der Enza sprach, möglicherweise doch recht simpel war. Fast alles sprach im Moment dafür, dass hinter dem Mord an Franca ein gewöhnliches Eifersuchts- und Beziehungsdrama steckte, dass Moreno also auf der richtigen Fährte war. Alle Zweifel daran stützten sich vor allem auf Enzas Intuition. Und vielleicht noch auf das Rätsel mit dem Olivenöl.

„Habe ich dir schon erzählt, dass das Öl, das wir in Francas Lunge gefunden haben, aus Tunesien stammt?“

Er staunte über sich selbst, wie leicht es ihm mittlerweile fiel, dieser Frau geheimste Ermittlungsergebnisse anzuvertrauen. Im Augenwinkel schien es ihm, als wäre Enza auf dem Beifahrersitz zusammengezuckt. Aber der Gegenverkehr auf der engen Straße forderte gerade seine volle Konzentration.

Sie antwortete jedenfalls erst nach mehreren Sekunden: „Aus Tunesien? Und was bedeutet das?“

„Keine Ahnung. Aber ich kenne jemand, der viel über Olivenöl weiß. Den werde ich in den nächsten Tagen mal besuchen.“

Beide schwiegen, bis Johann vor ihrem Haus parkte. Die Stille war mit Händen zu greifen. Wieder das Tabuthema Olivenöl. Er brachte sie zur Haustür. Dort überraschte sie ihn, sie griff wieder nach seiner Hand:

„Magst du mit nach oben kommen? Du könntest mir erklären, warum dich dieser Fall so beschäftigt. Und vielleicht erzähle ich dir von meiner ersten Begegnung mit Moreno.“

Sie schenkte ihm ein einladendes Lächeln. Er zögerte.

...

Enza glaubte zu spüren, dass seine Hand anfing zu zittern. Aber bevor sie sich ganz sicher war, ließ er ihre Hand los. Da wusste sie, dass er nein sagen würde. Sie war nicht enttäuscht. Aber sie verstand ihn nicht.

„Vielleicht ein anderes Mal", sagte er, und seine Augen wichen ihrem Blick aus. „Wir haben doch Zeit, oder?"

Sie nickte ihm zu und ging ohne ein weiteres Wort ins Haus. Oben in der Wohnung öffnete sie ihren Laptop. Sie wollte sich ablenken, also klickte sie sich gedankenverloren durch die Dateien, die sie vom Computer ihres Vaters heruntergeladen hatte. Die Fülle von uninteressanten Informationen zu überfliegen, war monoton und langweilig. Doch es war immer noch besser, als über Johanns seltsam zurückhaltende Reaktion nachzugrübeln.

Ein Ordner erregte ihre Aufmerksamkeit. Er trug den seltsamen Titel: AIMRE. Die Buchstaben lösten irgend etwas in ihr aus, aber was? Plötzlich begriff sie. Es war Francas Nachname rückwärts buchstabiert: Ermia wurde zu Aimre. Voller Spannung klickte sie auf das Symbol. Darunter abgespeichert waren mehrere Mails, die Franca an ihren Vater geschrieben hatte. Sie begann zu lesen.

15. KAPITEL
DONNERSTAG, 9:27 UHR

Die Leiche stank schlimmer als gewöhnlich. Guido hatte den Raum schon zweimal kurz verlassen, immer mit der Begründung, er müsse auf die Toilette. Aber Johann kannte ihn mittlerweile gut genug um zu wissen, dass der junge Assistent frische Luft brauchte. Insgeheim musste er ihm Recht geben. Der Körper, dessen Brusthöhle sie gerade mit einer Rippenschere geöffnet hatten, war der eines sehr alten Mannes, wahrscheinlich weit über 80. Er hatte sich ganz offensichtlich erhängt. Jedenfalls steckte sein Kopf in einer Schlinge aus einem blau-gelb geflochtenen Kunststoffseil, an dessen Ende noch das Preisschild klebte. Weil ihn niemand vermisste, hatte er so lange in seiner Wohnung gehangen, bis Nachbarn sich über den schrecklichen Gestank beklagten. Johann schätzte, dass mindestens sechs bis acht Wochen vergangen waren, bevor die Polizei endlich die Türe aufgebrochen hatte. Die Leiche war entsprechend dunkelgrün verfärbt und von Maden übersät. An den Geruch hatte auch Johann sich nach all den Jahren nie gewöhnen können. Irgendwie süßlich, nach überreifen Früchten, verfaultem Fleisch. Schwer mit Worten zu beschreiben und eben noch schwerer zu ertragen.

Als Guido zurück kam, heute trug er unter dem Kittel eine violett schimmernde Jeans und ein olivgrünes T-Shirt, versuchte Johann ihn abzulenken. Er war jetzt schon so gut wie überzeugt, dass der Mann auf dem Tisch sich tatsächlich das Leben genommen hatte.

Bisher gab es keine Anzeichen für irgendeine Fremdeinwirkung, reine Routine also.

„Wie läuft es mit Ihrem Aktenstudium, Guido?"

Der Assistent, der gerade den Herzbeutel des alten Mannes mit einem Scherenschnitt eröffnete, schaute ihn verständnislos an.

„Was meinen Sie? Welche Akten?"

„Na, unsere kleine Zahnrecherche. Sie wissen doch: zweiter Schneidezahn oben rechts. Haben Sie schon Zeit dafür gefunden?"

Johann entnahm eine Gewebeprobe des Herzens für die spätere histologische Untersuchung.

„Ach so! Ja, gestern Nachmittag habe ich mich vor den Computer gesetzt. Darin sind immerhin alle Todesfälle der Provinz Ligurien bis ins Jahr 2000 erfasst. Wenn wir noch weiter zurück gehen wollen, muss ich in den Keller. Dort stehen alle gerichtsmedizinischen Akten seit dem zweiten Weltkrieg in irgendwelchen Regalen. Vor 1945 gibt es nichts mehr. Offenbar ist das Archiv bei einem Bombenangriff der Amerikaner in Flammen aufgegangen."

Johann war kurz irritiert. Warum um Himmels Willen hatten amerikanische Flugzeuge Genua bombardiert? Dann fiel es ihm wieder ein. Im Jahre 1943 hatte das bis dahin mit Deutschland verbündete Italien seinen Diktator Mussolini abgesetzt und mit den Alliierten einen Waffenstillstand abgeschlossen. Danach war das ganze Land von Hitlers Truppen besetzt worden. Fast zwei Jahre brauchten Amerikaner, Briten und italienische Widerstandskämpfer, um das Land von Süden nach Norden freizukämpfen. Und in dieser Zeit wurde gerade die strategisch bedeutsame Hafenstadt Genua regelmäßig aus der Luft bombardiert.

„Ich glaube, so weit in die Vergangenheit müssen wir nicht recherchieren", sagte er mit einem Lächeln zu Guido. „Was hat denn der Computer ausgespuckt?"

„Na ja, jede Menge heraus gebrochener Zähne natürlich. Leider kann ich in der Suchmaske nicht diesen ganz konkreten Zahn eingeben. Als Ergebnis bekomme ich deshalb alle Fälle der vergangenen 12

Jahre, bei denen irgendwelche Zahnlücken festgestellt wurden. 247 Akten, um genau zu sein." Guido holte tief Luft, fing an zu husten und schaute seinen Chef flehend an. „Entschuldigung, ich muss noch mal kurz auf die Toilette."

Johann beendete die Leichenschau ohne seinen Assistenten. Er öffnete Kopf und Bauchhöhle, entnahm von allen Organen Proben für die spätere histologische Untersuchung und sprach die entsprechenden Befunde in sein Diktaphon. Er hatte richtig gelegen. Die Blutstauungen der inneren Organe passten zum Tod durch Erhängen. Es gab weder Anzeichen für ein Tumorleiden noch für eine andere schwerwiegende Erkrankung. Vor ihm lag ein alter, lebensmüder Mann, der seine letzten Kraftreserven zusammengerafft hatte, um sich im Baumarkt einen Strick für 5,89 Euro zu kaufen, damit auf einen Stuhl zu steigen, den Kopf in die Schlinge zu legen und schließlich in ein extrem brutales Ende zu springen. Es war eine traurige Geschichte. Aber sie berührte ihn nicht weiter. Er hatte einfach schon zu viele solcher Leichen auf seinem Tisch liegen gehabt. Und überhaupt: Seine Gedanken waren ausnahmsweise auf einen lebendigen Menschen gerichtet. Seit dem verkorksten Abschied von Enza am Vorabend hatte er vor allem mit der Frage gerungen, warum er ihrer Einladung ausgewichen war.

Am frühen Morgen war er heftig keuchend aus einem seltsamen erotischen Traum erwacht. Er steht am Rande eines Wasserbeckens, als Enza, nackt und verlockend, aus dem Wasser auftaucht und die Arme nach ihm ausstreckt. Er ist ungeheuer erregt und will sich gerade von ihr ins Wasser ziehen lassen, als er plötzlich bemerkt, dass Enza aus unzähligen Wunden blutet. Zwei Piranhas haben sich in ihre Brüste verbissen und zerren wild daran herum. Das Wasser um sie herum schäumt. Unzählige Fische versuchen nach ihm zu schnappen. Er hört das Reiben der Zähne, sieht das Wasser immer röter werden. Enza, mittlerweile aus Mund und Nase blutend, zieht ihn weiter ins Wasser. Er wehrt sich, schreit – und wacht auf. Kriegt keine Luft, spürt den Druck, fühlt die Unfähigkeit sich zu bewegen, zittert in seinem Bett, hat unendlich große Angst.

Die nächste Panikattacke. Seitdem Guido ihn im Leichensaal mit Francas Schädel zwischen seinen verkrampften Fingern angetroffen hatte, kamen die Anfälle jede Nacht. Und natürlich wusste er, warum er nicht mit Enza in ihre Wohnung gegangen war. Er hatte einfach Angst gehabt vor allem, was da kommen könnte. Vor dem Miteinander, vor dem Danach, vor der Zukunft, vor der nächsten Attacke.

Im Umkleideraum traf er Guido wieder. Der tupfte sich gerade vor dem Spiegel sorgfältig das Gesicht mit einem mattierenden Wattebausch ab und fühlte sich offenbar ertappt.

„Entschuldigen Sie, Dottore. Ich bin ins Schwitzen gekommen. Die Luft im Seziersaal war so…", Guido suchte nach Worten. „So dumpf, so stickig."

„Machen Sie sich keine Sorgen, Guido. An den Geruch gewöhnt man sich nie. Aber irgendwann lernt man ihn auszublenden. Man konzentriert sich so sehr auf seine Arbeit, dass man plötzlich gar nichts mehr riecht. Sie werden das erleben."

Johann ersparte ihm kritische Worte, dass er nach seiner angeblichen Toilettenpause nicht mehr zurückgekommen war. Er kam lieber auf das Zahnlücken-Thema zurück:

„Haben Sie denn schon irgendeinen spannenden Fall im Computer gefunden?"

„Ich muss die Obduktionsprotokolle eines nach dem anderen durchgehen. Gestern habe ich fast 50 geschafft. Viele durchaus spannende Fälle."

Guido war mit der Tönung seiner Gesichtshaut wieder zufrieden und wendete sich Johann zu.

„Einer Leiche zum Beispiel fehlten alle oberen Schneidezähne. Der Mann war gefallen und mit dem Oberkiefer auf die Badewannenkante geschlagen. Danach ertrank er in seinem Badewasser." Er machte eine melodramatische Pause und fuhr fort: „Alle Zähne wurden im Wasser oder auf dem Fußboden gefunden. Dann gab es eine bedauernswerte Frau, die von ihrem Mörder bestialisch gequält wurde. Er hat ihr mit einer Rohrzange einen Zahn nach dem anderen heraus gebrochen."

Johann unterbrach ihn leicht genervt:

„Guido, machen Sie es kurz. Irgendetwas dabei, das mit unserem Fall zu tun haben könnte?"

„Bisher leider nicht. Ich habe noch knapp 200 Protokolle vor mir. Aber glauben Sie wirklich, dass uns das irgendwie weiter bringt? Die beiden Fälle mit den Zahnlücken liegen fünf Jahre und mehr als 1000 Kilometer auseinander. Es fällt mir offen gestanden schwer, darin mehr als eine zufällige Übereinstimmung zu sehen."

Johann seufzte.

„Tja, wenn ich ehrlich bin, zweifle ich auch an meiner Intuition. Vor allem, seit mir Moreno erzählt hat, dass der Fall aus seiner Sicht endgültig gelöst ist."

Er berichtete von der Überwachungskamera im Aquarium. Guido sah ihn mit großen Augen an:

„Dottore, ganz ehrlich, das ist doch der letzte Beweis. Was um Himmels Willen spricht denn jetzt noch dagegen, dass Toni Franca getötet hat?"

Johann erzählte ihm lieber nicht, dass es vor allem die beste Freundin des Mordopfers war, die nicht daran glauben wollte. Deren Abneigung gegenüber der Polizei noch heftiger war als seine. Mit der er sich intensiv verbunden fühlte. Von dieser emotionalen Verstrickung seines Chefs brauchte Guido nichts zu erfahren. Also wählte er das letzte Argument, das ihm noch zur Verfügung stand.

„Das Öl. Warum sollte Toni ausgerechnet zu afrikanischem Olivenöl greifen, um seine Verlobte zu ermorden? Das ergibt doch keinen Sinn."

Guido reagierte mit einem triumphierenden Lächeln: „Also was das Chemlali-Öl aus Tunesien angeht, da habe ich abends noch ein bisschen im Internet recherchiert. So exotisch scheint diese Ölsorte gar nicht zu sein."

Johann war völlig überrascht. „Was meinen Sie damit? Ich habe gestern mal im Supermarkt ins Regal geguckt. Da standen ausschließlich italienische Olivenöle."

„Ja, das stimmt schon. Aber vor ein paar Monaten gab es einen großen Skandal. Es scheint, als würden viele Firmen das Öl hemmungslos panschen. Sie kaufen billiges Öl aus Spanien und Afrika und verkaufen es dann teuer als original italienisches Produkt."

In Johanns Kopf überschlugen sich die Gedanken. Hatte Commissario Moreno womöglich doch Recht? Er versuchte sich die Szene vorzustellen: Toni und Franca beim Abendessen, ein heftiger Streit, Toni greift zur Karaffe und lässt das Öl in den Hals seiner Freundin laufen. Zufällig ein gepanschtes Öl, das gar nicht aus italienischen Oliven gepresst wurde. Und um möglichst viele Spuren zu verwischen, entsorgt er die Leiche im Piranhabecken.

Aber dann erschien plötzlich ein anderes Bild vor seinem inneren Auge: Gianni Marconi, Multimillionär durch Olivenöl. Hatte Enzas Vater vielleicht mit gepanschtem Öl gehandelt? Und wenn ja, welche Rolle spielte seine Sekretärin Franca dabei?

16. KAPITEL
DONNERSTAG, 10:55 UHR

Enza Marconi starrte ungläubig auf den Monitor: Die Figur mit dem großen Bündel über der Schulter sah tatsächlich aus wie Toni. Sie schüttelte zweifelnd den Kopf, sagte dann aber leise:

„Er ist es wirklich."

Der Mann, der neben ihr vor der Überwachungsanlage des Aquariums saß, gab ihr Recht:

„Ja, kein Zweifel. Obwohl es merkwürdig ist, wie fremd Menschen, die man eigentlich gut kennt, auf solchen Überwachungsbildern wirken."

Sie spürte seinen Atem im Nacken. Er war dicht an sie heran gerückt, näher, als ihr angenehm war. Dann sprach der Mann weiter:

„Aber was ich gar nicht verstehe: Er weiß doch genau, wo die Kamera hängt. Jeden Morgen, wenn wir zur Arbeit gingen, haben wir uns einen Spaß daraus gemacht, vor dem Objektiv irgendwelche Fratzen zu schneiden. Er müsste also eigentlich versuchen sich zu maskieren oder wenigstens sein Gesicht abzuwenden. Aber nein, er tut geradezu alles um erkannt zu werden."

„Ja, das ist wirklich seltsam", antwortete Enza. Der Mann hatte sich noch näher an sie heran geschoben. So nah, dass sie seine Körperwärme spürte. Wie zufällig berührte er beim Sprechen mit der Hand leicht ihren nackten Oberschenkel. Sie versuchte, seine Aufdringlichkeit zu ignorieren, und konzentrierte sich auf das Monitorbild.

Toni schaute direkt in die Kamera, ernst, angestrengt, irgendwie gehetzt. Es war ein fremder, aggressiver, fast schon irrer Gesichtsausdruck, den sie von ihm nicht kannte und der ihr einen Stich versetzte. Das Bündel, das er trug, war in eine dunkle Decke gewickelt und hätte eine Teppichrolle sein können. Aber am Rande des Bildes sah sie Datum und Uhrzeit eingestanzt: 12. September, 0:43 Uhr, die Nacht, in der Franca starb. Sie schaute auf den anderen Monitor: Das zweite Standbild zeigte den Mann von hinten beim Verlassen des Aquariums. Dasselbe Datum, 1:59 Uhr, Toni trug die Decke zusammen gerollt in der rechten Hand. Seine Arme in dem kurzärmeligen T-Shirt wirkten von hinten muskulöser, als sie in Erinnerung hatte.

Fieberhaft versuchte sie, den Bildern einen Sinn zu geben. Wenn Toni hier tatsächlich Francas Körper ins Aquarium trug, dann war ihm ganz offensichtlich alles egal. Hatte er die Leiche nur gefunden und war darüber in einen emotionalen Ausnahmezustand geraten? Verzweifelt, unzurechnungsfähig, auf einem absurden Rachetrip? Aber warum brachte er sie dann hierher zu den Piranhas?

Enza rieb sich verzweifelt die Augen. Als ließe sich so das Bild auf dem Monitor einfach wegwischen. Doch von dort schaute sie immer noch Toni an. Hatte sie ihn falsch eingeschätzt? War er in Wirklichkeit ein kaltblütiger Mörder und hatte allen nur etwas vorgespielt. War er nur hinter dem Geld her gewesen? Aber warum verbarg er dann sein Gesicht nicht vor der Kamera?

Ihre Gedanken rasten, bis sich alles vor ihren Augen drehte: Die Bilder auf den Monitoren, der spartanisch eingerichtete, fensterlose Raum, der junge Mann, der sie hierher geführt hatte und gerade irgendetwas zu ihr zu sagen schien. Wie durch eine Nebelwand drangen die Worte an ihr Ohr:

„Kann ich noch etwas anderes für dich tun?“

Sein lüsterner Blick wanderte ihren Körper hinab. Zum zweiten Mal strich er mit einem Fingerrücken über ihren nackten Schenkel. Sie konnte sich gut vorstellen, was er gerne mit ihr machen wollte.

Sie zwang sich zur Ruhe und schaute ihn nachdenklich an. Das hatte sie jetzt davon.

Es war leicht gewesen ihn zu überreden. Wie eine Touristin hatte sie morgens in der Menschenschlange vor dem Aquarium gewartet, war dann zum riesigen Delfinbecken gegangen und hatte sich das Fütterungs-Spektakel angesehen. Simultan erhoben sich die beiden großen Tümmler meterhoch aus dem Wasser, drehten Pirouetten, sprangen Salti. Enza wusste: Der Mann, der diese Kunststücke mit den Tieren eingeübt hatte, hieß Carlo Grasso. Toni hatte manchmal von ihm als seinem besten Kumpel erzählt. Von Carlo erhoffte sie sich deshalb Hilfe.

Nachdem die Show zu Ende war, ging sie neben dem Schaubecken die schwarze Wand entlang, bis sie einen Notausgang erreichte. Ein leuchtend gelber Aufkleber warnte jeden, der hierdurch wollte, vor dem automatischen Alarmsignal. Enza zögerte, dachte einen Moment über mögliche Ausreden nach, drückte dann aber entschlossen die Klinke und glitt durch die Türe in den Personalbereich. Sie hielt inne, kurz davor, sich die Ohren zuzuhalten, doch nichts passierte. Nach ein paar Schritten erreichte sie das Bassin und hatte wieder Glück. Der Delfintrainer war alleine. Er trug einen Neoprenanzug und stieg gerade aus dem Wasser. Ein großer, breitschultriger Kerl mit langen, im Salzwasser blond gebleichten Haaren, die er nach hinten zu einem Pferdeschwanz gebunden hatte. So wie er mit Kennermine ihren Körper musterte, war er ganz offensichtlich ein Frauentyp.

Sie hatte sich am Morgen ihr kürzestes Kleid mit einem gewagten Ausschnitt angezogen. Eine simple Strategie, die schnell Erfolg zeigte. Ehrlich und offen erzählte sie ihm, warum sie gekommen war. Dass sie mit Toni und Franca befreundet war, dass sie einfach nicht glauben konnte, dass Toni seine Freundin ermordet hatte, dass sie unbedingt die Bilder von der Überwachungskamera sehen musste. Carlo Grasso war sofort Feuer und Flamme. Er zog sich um und organisierte mit ein paar Haustelefonaten, dass sie in den Video-Raum hinein durfte, selbstverständlich in seiner persönlichen Begleitung. Den Anlagen-Techniker schickte er schon bald in die Pause und erwartete jetzt offenbar, dass sie sich dafür erkenntlich zeigte. Was für ein Blödmann, dachte Enza. Sie war kurz davor ihn anzublaffen. Doch dann bremste sie sich, vielleicht brauchte sie ihn noch. Also setzte sie ein betont trauriges Lächeln auf.

„Carlo, ich bin Ihnen sehr dankbar. Aber meine beste Freundin lag vor einer Woche hier halb aufgefressen im Piranhabecken. Sie können sich sicherlich vorstellen, dass ich immer noch völlig aufgewühlt bin. Traurig, wütend und ratlos. Ich begreife einfach nicht, was hier passiert ist."

„Tja, das verstehen wir alle nicht. Toni war wirklich ein netter Kerl. Keine Ahnung, was in ihn gefahren ist."

Carlo sah ihr zum ersten Mal an diesem Tag ein paar Sekunden lang in die Augen. Er hatte die Message offenbar verstanden.

„Wenn Ihnen noch irgend etwas nachträglich auffällt, egal wie unwichtig es Ihnen erscheint, dann würde ich mich freuen, wenn Sie mir Bescheid sagen würden."

Enza gab ihm ihre Handynummer und wollte sich verabschieden. Doch Carlo hielt ihre Hand fest und fragte:

„Darf ich auch anrufen, wenn ich Sie einfach nur wiedersehen möchte?"

Sie schüttelte den Kopf und seufzte, Carlo Grasso war ein hoffnungsloser Fall.

Enza verließ das Aquarium über den Personalausgang und bahnte sich ihren Weg durch die schwitzenden Touristenmassen, die im Porto Antico vor dem Panoramaaufzug „Bigo" Schlange standen. Mit ein paar schnellen Schritten überwand sie den Corso Maurizio, dröhnend und stinkend vom niemals stillstehenden Durchgangsverkehr, und ging hinein in die Stille der Altstadt. Mit starrem Blick eilte sie vorbei an der üblichen Melange von elegant gekleideten Geschäftsleuten, herumlungernden Straßenhändlern und schwarzafrikanischen Prostituierten. In ihrem Hirn hatte sich das Durcheinander auf einen einzigen klaren Gedanken reduziert: Sie musste herausfinden, ob das Geld noch da war.

Die Wohnung von Franca und Toni lag in einer düsteren Nebengasse des Vico delle Mele. Enza schaute nach oben. Zwei winzige Zimmer im fünften Stock, die Nachbarhäuser standen so dicht, dass hier niemals ein Sonnenstrahl einfiel. Das Küchenfenster war gerade mal anderthalb Meter von der gegenüber liegenden Mauer entfernt. Franca und Toni hätten sich ein besseres Zuhause leisten können. Doch Enza hatte es immer wieder von ihnen gehört: Die beiden wollten jeden Cent zurück legen, für eine Zukunft, die sie nun nicht mehr erleben würden.

Die Wohnungstür war versiegelt. Vor ein paar Tagen hatte die Polizei hier alles durchsucht. Mit dem Survival-Messer, das sie seit 11 Jahren in ihrer Tasche bei sich trug, schnitt Enza das Siegel der Justiz in der Mitte durch. Ihr Herz klopfte. Nicht wegen des dämlichen Siegels, sondern angesichts dessen, was sie hinter dieser Tür erwarten mochte. Sie nahm den Schlüssel, den Franca ihr vor langer Zeit zum Blumengießen gegeben hatte, und steckte ihn ins Schloss.

17. KAPITEL

DONNERSTAG, 12:21 UHR

Etwa zur gleichen Zeit verließ Johann das gerichtsmedizinische Institut. Er war nervös. Einerseits wollte er unbedingt mehr erfahren über das erstaunlich komplexe Geschäft mit italienischem Olivenöl. Er kannte nur einen Menschen, der damit Erfahrung hatte und dem er vertrauen konnte. Er hatte ihn angerufen und sich für den Nachmittag mit ihm verabredet. Andererseits merkte er jetzt, dass er diesem Treffen gerne aus dem Weg gegangen wäre.

Auf dem Weg zu seinem Auto, lenkte ihn eine helle Stimme ab: „Entschuldigung, können Sie mir vielleicht kurz einen Gefallen tun?“

Johann blickte in das fein geschnittene Gesicht einer attraktiven Frau Anfang 30. Ihre dunklen Locken hatte sie straff nach hinten zusammen gebunden. Die rechte Hand wuselte in einer großen Prada-Tasche herum, die sie ihm wie zur Erklärung entgegen streckte. Sie trug ein knapp geschnittenes Sommerkleid und kam ihm bekannt vor, irgendwann musste er ihr schon einmal begegnet sein. Aufgeregt gestikulierend redete sie auf ihn ein:

„Ich arbeite im Institut nebenan, Neurologie, wissen Sie?“ Sie zeigte auf ein Gebäude mit barockem Stuck über dem Eingang zwei Häuser weiter. „Ich mache da meine Ausbildung zur Fachärztin. Und jetzt will ich eigentlich nach Hause fahren, aber ich kann mein Handy nicht finden.“

Johann erinnerte sich plötzlich daran, wo er der Frau begegnet war. Eine Woche zuvor, noch bevor der Mord an Franca sein Leben auf den Kopf gestellt hatte, war er mit Guido in ein Restaurant um die Ecke Mittagessen gegangen. „Linguine al nero di seppia con calamari", kleine zarte Tintenfischchen in einer leichten Weißweinsoße auf schwarzen Nudeln, es hatte vorzüglich geschmeckt. Die hübsche Frau war ihm ein paar Tische weiter aufgefallen. Sie hatte dort mit Kollegen gesessen und immer wieder seinen Blick gesucht. Ihr Lächeln wirkte auch jetzt nett und sinnlich. Allerdings hatte er keinen Schimmer, was sie von ihm wollte:

„Und wie kann ich Ihnen jetzt helfen?"

„Könnten Sie mein Handy anrufen? Wenn es dann irgendwo hier klingelt, dann weiß ich, dass alles in Ordnung ist."

Sie verzog ihre dunkelrot gemalten Lippen zu einem extrabreiten Lächeln und klimperte übertrieben mit ihren Augen. Schön, aber aalglatt, dachte sich Johann plötzlich. Trotzdem nahm er sein Handy aus der Tasche und ließ sich von ihr die Nummer diktieren. Nach wenigen Augenblicken ertönte in der bauchigen Ledertasche eine dumpfe Melodie. Demonstrativ überrascht fing sie an, in ihrer Tasche zu wühlen. Als sie ihr Smartphone endlich gefunden hatte und es heraus nahm, erkannte er die Klingeltonmusik: „Piu bella cosa" von Eros Ramazzotti. Kitschiger geht's kaum, dachte er bei sich und hatte auf einmal das Gefühl, Opfer eines einstudierten Schauspiels zu sein. Sie bedankte sich überschwänglich, hauchte ihm, bevor er sich versah, einen leichten Kuss auf die Wange und sagte zum Abschied mit vielsagendem Blick:

„Sie können mich jederzeit wieder anrufen. Sie haben ja jetzt meine Nummer. Ich bin Raffaella, ich würde mich wirklich freuen."

Johann sah ihr hinterher. Die angehende Fachärztin für Neurologie hatte schlanke, sportliche Beine. Sie drehte sich noch einmal um und winkte ihm zu. Er schüttelte nachdenklich den Kopf und begriff endlich: Sie hatte ganz offensichtlich hier auf ihn gewartet, um ihm dieses eindeutige Angebot zu machen. Interessanter Anmach-Trick, dachte er bei sich und speicherte ihre Nummer trotzdem in seinem Telefon ab. Es klingelte. Nein, es war nicht die Nervenärztin, sondern Guido, von dem er sich vor ein paar Minuten erst verabschiedet hatte.

„Entschuldigen Sie Dottore, dass ich noch einmal störe. Aber es ist wichtig."

„Kein Problem, was gibt es?"

„Die Eintrittskarte zum Aquarium, ich habe gerade das Ergebnis aus dem Labor bekommen."

Johann war überrascht. So schnell? Er hatte Guido am frühen Morgen ins Vertrauen gezogen und ihm das Ticket zur DNA-Analyse gegeben. Offensichtlich hatte er es noch vor der ersten Leichenöffnung ins Labor gegeben und dort entsprechend Druck gemacht.

„Jetzt bin ich aber gespannt. Erzählen Sie."

„Wir haben Glück. Unter all den genetischen Spuren, die dem kleinen Stück Pappe anhafteten, war tatsächlich auch die von Toni. Wir können also davon ausgehen, dass er die Karte in der Hand gehabt hat." Guido machte eine kurze Pause, dann fragte er: „Können Sie sich einen Reim darauf machen?"

Johann dachte nach. Natürlich gab es denkbare Erklärungen. Vielleicht hatte die verwirrte Großmutter einfach vergessen, dass Toni sie vor vier Wochen ins Aquarium eingeladen und ihr dafür ein Ticket gekauft hatte.

„Nicht wirklich", antwortete er. „Hier passt einfach nichts zusammen. Alle sagen, dass Toni seit Jahren nicht mehr in Castelbianco war. Je mehr wir Detektiv spielen, desto rätselhafter wird das Ganze."

„Noch etwas, Dottore." Durch das Telefon hindurch konnte Johann spüren, dass es Guido unangenehm war, worauf er jetzt zu sprechen kam. „Garzetti hat mich gefragt, ob er das Ergebnis gleich an die Mordkommission weiter schicken soll. Ich habe ihm gesagt, dass Sie das persönlich machen wollen. Er hat mich so komisch angeguckt. Ich glaube, er hat Verdacht geschöpft."

„Das lassen Sie mal meine Sorge sein. Ich kümmere mich darum."

Johann beendete das Gespräch und stieg endlich in sein Auto. Auf der Fahrt in die Berge grübelte er über die Situation im gerichtsmedizinischen Institut nach. Giuseppe Garzetti war der Leiter des forensischen Labors. Ein kleiner, ewig unzufriedener Mann Mitte 50, pedantisch bis zur Zwanghaftigkeit und beseelt von der Überzeugung, dass früher alles besser war. Auch ihn hatte Johann von seinem Vorgänger „geerbt". Auch dieser Untergebene begegnete ihm mit kühler bis ablehnender Höflichkeit. Johann musste befürchten, dass Garzetti die Polizei hinter seinem Rücken informieren würde. Über das neue, bisher unbekannte Puzzlestück in der Mordsache Ermia, eine Eintrittskarte ins Aquarium, die Johann Sorbello persönlich bei seinen privaten Ermittlungen gefunden hatte.

Würde er ihm damit schaden? Johann wusste, dass er sich auf dünnem Eis bewegte. Aber ihm wurde plötzlich auch klar, dass er sich, trotz aller Sorgen und Ängste, seit Ewigkeiten nicht mehr so lebendig gefühlt hatte wie in dieser Woche. Einfach so aufzugeben kam für ihn deshalb nicht in Frage. Das Verhältnis zu Commissario Moreno konnte sowieso kaum schlechter werden.

Er fuhr mit offenen Fenstern, fühlte die laue Sommerluft auf seiner Haut. Er mochte diese Landschaft. Sanft geschwungene Hügel, die nur selten schroff in die Höhe stiegen. Hellgrün, fast weißlich glänzend, wo Oliven angebaut wurden, dunkler und intensiver grün mit gelben Sprenkeln, wenn Steineichen, Brombeerranken und wilde Ginsterbüsche zu einem undurchdringlichen Geflecht zusammen wuchsen. Von seinen gelegentlichen Ausflügen wusste er, dass diese Berge von einem Netz enger Bauernpfade durchzogen wurden, auf denen jetzt vor allem Wildschweine unterwegs waren. Dem Wanderer allerdings bot sich von dort aus immer wieder eine fast unwirklich schöne Aussicht auf das Mittelmeer.

Als Johann sich seinem Ziel näherte, spürte er, wie die Nervosität zurück kam. Er hielt vor einem geschmackvoll renovierten alten Bauernhaus. Den Mann, der hier wohnte, hatte er seit fünf Monaten nicht mehr besucht. Mit klopfendem Herzen klingelte er an der Tür. Sie öffnete sich sofort, als hätte die hagere Gestalt, die ihm jetzt reserviert die Hand entgegen streckte, direkt dahinter gewartet.

„Ciao Papa", sagte Johann und küsste seinen Vater zur Begrüßung auf beide Wangen.

18. KAPITEL

DONNERSTAG, 15:13 UHR

„Du willst Olivenöl begreifen. Dann musst du dir anschauen, wo es herkommt“, sagte Domenico Sorbello zur Begrüßung. Er bat seinen Sohn nicht ins Haus, sondern griff nach einem bereits gepackten Rucksack und zog die Tür gleich wieder hinter sich zu. Dann führte er Johann durch den Ort hindurch hinab ins Tal.

Johanns Vater lebte in Casanova, einem Bauerndorf in den Bergen, 30 Kilometer nördlich von Genua. Von hier aus war das Meer nicht mehr zu sehen. Entsprechend uninteressant war die Gegend für Touristen, die näher an der Küste nach idyllischen Feriendomizilen suchten. Johann konnte die Armut fast mit Händen greifen. Statt pittoresk hergerichteter Natursteinhäuser standen hier einfache, schmucklos verputzte Gebäude. Der staubige Fußweg, auf dem die beiden bergab gingen, war nicht mit schönen weißen Flusskieseln gepflastert, sondern in grauem Zement gegossen. Ab und zu verrieten blinde oder kaputte Scheiben, dass hier schon lange niemand mehr wohnte. Am Ende des Dorfes war ein ganzer Gebäudekomplex vor langer Zeit in sich zusammen gestürzt. Zwischen den dicken Grundmauern wucherte in einem Durcheinander von Müll und alten Balken die Macchia, das wilde Unterholz.

„Bevor ich nach Deutschland ging, war hier jedes Haus bewohnt. Und fast alle meine Nachbarn waren Olivenbauern“, erzählte der

Vater. „Du erinnerst dich vielleicht: Noch vor 30 Jahren bestand der ganze Berg rund um das Dorf aus gepflegten Oliventerrassen.

Johann nickte, aber in Wirklichkeit konnte er sich nicht erinnern. Als er sechs Jahre alt gewesen war, hatten seine Eltern sich getrennt. Der Vater war zurückgegangen nach Italien. Johann hatte dreimal in Folge hier in Casanova die Sommerferien verbracht, abgeliefert von der Mutter bei diesem Mann, der ihm jedes Jahr fremder erschien. Die Erinnerung daran war wie ein graues Tuch, das alle Bilder verhüllte, dafür aber prall gefüllt war mit Gefühlen: Langeweile, Einsamkeit und einem zunehmend unerträglichen Heimweh, das immer schlimmer wurde, obwohl er mit jedem neuen Sommer eigentlich älter und reifer hätte werden müssen. An seinem zehnten Geburtstag sagte er seiner Mutter, dass er nicht mehr dorthin wollte. Es sollte 17 Jahre dauern, bis sich Vater und Sohn wiedersahen.

Nach dem Tod der Mutter hatte Johann ihn kontaktiert. Er war 27 Jahre alt, als er zum vierten Mal nach Casanova reiste. Er hatte verzweifelt versucht, in diesem verknitterten, spröden, alten Mann einen Teil von sich selbst wiederzuentdecken. Mit jedem Besuch hatte er das aufs Neue probiert. Und wenn er ganz ehrlich war, versuchte er das heute, mit 36 Jahren, immer noch. Sein Vater war ihm fremd geblieben.

Domenico Sorbello: 65 Jahre alt, etwa einen Meter 80 groß, dabei schlank und drahtig, immer noch eine attraktive Erscheinung. Sein Gesicht sah nach einem Leben in der Sonne aus, wettergegerbt mit tiefen Furchen auf Stirn und Wangen. Er konnte herzlich sein, er machte gerne Witze und lachte ab und zu sein typisches, kurzes, heiseres Lachen. Die Frauen liebten ihn, und er liebte die Frauen, meistens allerdings nur kurz. Beziehungen waren ihm zu anstrengend. „Frauen wollen immer nur spazieren gehen und hören: Ich liebe dich", so simpel hatte er es in einem der seltenen Vater-Sohn-Gespräche formuliert. Manchmal hatte Johann das Gefühl, dass er bei seinem Vater in derselben Beziehungsschublade wie die Frauen steckte:

irgendwie anstrengend, bedürftig und ewig unzufrieden. Will von Papa hören: Ich liebe dich.

Wollte er das wirklich? Johann versuchte sich darüber klar zu werden, was er sich von seinem Vater eigentlich wünschte. Eine feste Umarmung, ein liebes Lächeln, eine warme Berührung. Jede kleine Geste hätte ihm dabei geholfen, ein Gefühl von Nähe zu entwickeln. Doch Domenico Sorbello war ihm gegenüber mit Gefühlen genauso karg wie mit Worten. Insgeheim fürchtete Johann, dass der Vater dem Kind nie verziehen hatte, damals den Kontakt abgebrochen zu haben.

Als Johann vor einem halben Jahr die Stelle des obersten Gerichtsmediziners von Genua bekommen hatte, war es ihm wie ein Wink des Schicksals vorgekommen. Entsprechend aufgeregt und fröhlich hatte er seinen Vater kurz nach dem Amtsantritt besucht. Voller Hoffnung, ihm jetzt aus der räumlichen Nähe heraus tatsächlich näher kommen zu können. Doch er war wieder gegen diese Mauer aus Fremdheit und Gleichmut geprallt. Falls Domenico Sorbello sich darüber freute, dass sein einziger Sohn jetzt in der direkten Umgebung lebte, ließ er es sich jedenfalls nicht anmerken.

Nachdenklich beobachtete Johann seinen Vater, wie er mit sehnigem Arm die sichelförmig gebogene Machete hin und her schwang, um den Weg von dicken Brombeerranken zu befreien. Mittlerweile wanderten sie durch verwilderte Olivenhaine. Immer wieder ging es bergab, über steile Pfade oder auf uralten Schieferstufen, die wie vorstehende Zähne in die Terrassenmauern hinein montiert waren.

„Warum kümmert sich niemand mehr um die Oliven hier“, fragte Johann.

Sein Vater antwortete ohne anzuhalten oder sich umzusehen:

„Das sind die Terrassen vom alten Alfio. Er ist vor einem Jahr gestorben. Sein Haus steht leer, seine Kinder sind an die Küste gezogen, wie fast alle jungen Menschen. Ihnen ist die Arbeit zu schwer. Und es bringt nicht genug Geld ein.“

„Ich dachte immer, ligurische Oliven sind etwas besonders feines."

„Warte, wir sind gleich da."

Sie erreichten eine frisch gemähte grüne Wiese. Die Olivenbäume standen unregelmäßig verteilt im Abstand von fünf bis sechs Metern, mit kurzen Stämmen, die aussahen wie knorrige Urgestalten. In den Ästen darüber hingen die grünen Früchte, noch winzig und hart; erst in drei Monaten, kurz vor Weihnachten, würde geerntet werden. Domenico Sorbello nahm eine Flasche Rossese und zwei Gläser aus seinem Rucksack. Er setzte sich auf ein Mäuerchen, schenkte ein und reichte seinem Sohn ein Glas. Dann sprach er:

„Das hier sind unsere Oliven. Also, was möchtest du wissen, Giovanni?"

Johann trank einen Schluck von dem herben Rotwein und wägte seine Worte ab.

„Eine junge Frau ist ermordet worden. In ihrer Lunge haben wir Olivenöl gefunden. Die Analyse hat ergeben, dass es sich um Öl aus Afrika handelt, wahrscheinlich aus Tunesien, die Sorte heißt Chemlali. Die Frau hat für Extravergine gearbeitet, sie war die Sekretärin von Gianni Marconi." Er registrierte, dass sein Vater die Erwähnung des Namens mit einem verächtlichen Lächeln quittierte, und fuhr fort: „Ich habe gehört, dass manche Firmen mit gepanschtem Olivenöl betrügen. Und ich frage mich, ob diese kriminelle Energie auch dafür ausreicht, einen Menschen zu töten."

Sein Vater sah ihn eine Weile schweigend an. Dann zuckte er die Achseln und fing an zu sprechen:

„Wenn du mich fragst, ob Gianni Marconi ein Betrüger ist, dann bin ich mir ziemlich sicher, die Antwort heißt: ja. Wenn du von mir wissen willst, ob er deshalb morden würde", er zögerte und hob die Hände Hilfe suchend Richtung Himmel, „keine Ahnung. Ich würde es ihm zutrauen, ganz bestimmt. Er hatte nie irgendwelche Skrupel, wenn es darum ging, seinen Profit zu vergrößern."

„Aber was hätte er denn zu verbergen oder zu verlieren?"

„Es geht immer ums Geld. Ich versuche dir das mal vorzurechnen. Schau dir diesen Baum an.“ Domenico ging zur nächsten Olive und rüttelte an einem Ast voller grüner Früchte. „So ein Baum liefert rund 20 Kilogramm Oliven. Das ergibt etwa drei Liter Öl. Ein guter Pflücker schafft sechs Bäume am Tag, also genügend Oliven für 18 Liter Öl. Für diese Arbeit zahle ich ihm rund 100 Euro. Umgerechnet bedeutet das: Alleine die Ernte von einem Liter Öl kostet mehr als fünf Euro. Und mit dem Pflücken ist es ja noch nicht getan. Ich muss die Bäume schneiden, düngen und vielleicht auch bewässern. Ich muss ab und zu neue Bäume pflanzen. Ich muss die Oliven noch am Tag der Ernte zur Mühle fahren und dort pressen lassen. Am Ende kostet mich deshalb die Produktion von einem Liter Öl weit mehr als diese fünf Euro. Vielleicht sieben oder acht oder sogar neun Euro. Und jetzt rate mal, was ich auf dem Rohstoffmarkt von Bari für diesen Liter hochwertiges extra natives Olivenöl bekommen würde.“

„Keine Ahnung. Sag‘ du es mir.“

„Ziemlich genau 2 Euro. Jetzt verstehst du vielleicht, warum hier niemand mehr Oliven pflegen will.“

Johann schaute seinen Vater überrascht an. „Wieso ist der Preis so niedrig?“

„Weil der Markt eben brutal ist. Weil die großen Produzenten tricksen, täuschen und betrügen und sich dadurch gegenseitig im Preis unterbieten. Weil der Kunde im Supermarkt sein Öl für 2,99 Euro kaufen will. Ich nenne dir noch ein paar andere Zahlen. Die italienischen Haushalte verbrauchen pro Jahr 700.000 Tonnen Olivenöl. Zusätzlich exportieren wir noch etwas mehr als 250.000 Tonnen ins Ausland. Das sind also insgesamt knapp eine Million Tonnen italienisches Olivenöl. Und jetzt kommt der Haken an der Geschichte: Sämtliche in Italien geernteten Oliven reichen nur für 500.000 Tonnen Öl. Wir verkaufen also doppelt so viel italienisches Öl, wie wir produzieren.“

Johann erinnerte sich an den Skandal, von dem Guido ihm erzählt hatte, und fragte:

„Das bedeutet, italienisches Olivenöl kommt oft gar nicht aus Italien?“

„Nein, das Ganze ist ein großer Schwindel. Das Öl wird hier abgefüllt in Flaschen und Blechcontainer. Aber das Produkt selbst kommt zu einem großen Teil aus anderen Ländern. Und genau da können Leute wie Marconi ihre Profite machen. In Spanien kostet Olivenöl gerade mal 50 Cent pro Liter, in Tunesien sogar nur 23 Cent.“

Da war es wieder: Tunesien und das Chemlali-Öl, die Sorte, an der Franca erstickt war. Johann versuchte vergeblich, all die neuen Informationen zu einer logischen Mordtheorie zusammenzufügen. Dann stellte er die Frage, die ihm buchstäblich auf der Zunge lag:

„Aber schmeckt man da keinen Unterschied?“

Domenico Sorbello lachte sein seltenes heiseres Lachen.

„Wenn man es zum Beispiel mit meinem Öl vergleicht, dann schon.“

Er griff nach seinem Rucksack und nahm eine dunkelgrüne Flasche ohne Etikett sowie ein weiteres Glas heraus. Er goss es halbvoll mit dem grünlich-gelben Öl und reichte es seinem Sohn.

„Probier mal. Dieses Öl ist wirklich nativ extra, oder wie wir sagen: extra vergine. Also direkt und kalt gepresst aus frisch geernteten Oliven. Zuerst musst du riechen, dann schmecken.“

Johann steckte vorsichtig seine Nase in das Gefäß und atmete ein. Überrascht registrierte er intensive Gerüche: frisches Gras, Chlorophyll, vielleicht ein Hauch von Kräutern. Dann betrachtete er widerwillig den dickflüssigen Inhalt. Öl trinken? Der Gedanke war ihm fremd. Zögernd nippte er an dem Glas.

Sein Vater unterbrach ihn: „Nein, nicht so. Du musst einen großen Schluck nehmen und das Öl im Mund mit Sauerstoff vermischen, wie guten Rotwein.“

Johann überwand seine Hemmungen und füllte seinen Mund mit Olivenöl. Er sog an den Mundwinkeln Luft ein, schlürfte das Öl mehrmals zwischen Gaumen und Zunge und schluckte es schließlich hinunter. Er merkte, wie die anfängliche intensive, fast schon eklige Buttrigkeit anderen Aromen Platz machte:

„Es schmeckt irgendwie nussig, vielleicht nach Mandeln? Und am Ende wird es scharf, fast schon bitter."

„Genau, du hast einen guten Gaumen, Giovanni. Die meisten Menschen wissen gar nicht, dass extra natives Olivenöl eine gewisse Schärfe und Bitterkeit im Abgang haben muss. Sie haben sich an den Geschmack von Öl aus dem Supermarkt gewöhnt. Das schmeckt immer gleich langweilig. Du kannst dir gar nicht vorstellen, wie viele Chemiker heutzutage in so einer Olivenölfabrik arbeiten. Die nehmen sogar minderwertiges Lampantöl, das eigentlich schon ranzig oder schimmelig ist. Oder sie kaufen billiges Haselnussöl und bereiten es so auf, dass es nach gar nichts mehr schmeckt. Desodorierung heißt das Zauberwort. Und dann wird gemischt und gepanscht, bis am Ende ein Geschmack erreicht ist, der den Massen zusagt. Dieses Ergebnis ist weder nativ extra, noch ist es ein italienisches Öl. Und trotzdem steht beides auf dem Etikett."

Johann nahm noch einen Schluck Olivenöl. Wieder gurgelte und schluckte er bis zum pfeffrigen Abgang. Dabei dachte er über das nach, was sein Vater ihm gerade erzählt hatte, und schlug den Bogen zu Gianni Marconi:

„Also mal angenommen, die Firma Extravergine kauft im großen Stil Öl aus Tunesien. Marconis Chemiker bearbeiten es im Labor, bis der gewünschte Geschmack erreicht ist, und dann wird das Ganze als italienisches Olivenöl bester Güteklasse verkauft. Ist das legal?"

„Das hängt davon ab. Wenn er das Öl ganz offiziell importiert und auf seine Flaschen den Vermerk ‚enthält Öl aus Tunesien' aufdruckt, dann ist das legal. Aber beides ist unwahrscheinlich. Erstens will kein Kunde Öl aus Afrika kaufen. Und zweitens sind die Importzölle so hoch, dass es sich kaum noch lohnt, das Öl einzuführen. Wenn er das Ganze aber geheim hält, dann hat er nicht nur den niedrigen Einkaufspreis, sondern er kassiert auch noch EU-Subventionen dafür, weil er ja behauptet, das Öl sei aus der Europäischen Union."

„Dann wäre er ein Betrüger im großen Maßstab."

Domenico Sorbello nickte: „Und ein Schmuggler. Wir sprechen hier also nicht nur von riesigen Geldsummen, sondern auch von möglichen Gefängnisstrafen. Und damit kommen wir zu deiner Frage vom Anfang zurück: Reicht das als Hintergrund aus, um jemanden zu ermorden?"

Johann griff den Gedanken auf: „Wenn dieser jemand damit droht alles aufzudecken. Es gibt Menschen, die haben schon für weit weniger getötet."

Das Klingeln seines Smartphones unterbrach ihn. „Enza Marconi" blinkte auf dem Display. Er entschuldigte sich bei seinem Vater und nahm das Gespräch an.

„Ciao Enza, kann ich dich später zurück rufen. Ich bin gerade in einem wichtigen Gespräch."

„Nein, bitte hör mir zu." Ihre Stimme klang aufgeregt und gepresst. Als würde sie sich bemühen, leise zu sprechen.

„Okay, was gibt's?"

„Kannst du hierher kommen?" Ihre Stimme klang flehend. „Ich habe etwas entdeckt. Ich muss dringend mit dir reden."

Johann sah seinen Vater an und wünschte sich wieder einmal, mehr Zeit mit ihm zu verbringen.

„Reicht nicht heute Abend? Ich bin in den Bergen, 30 Kilometer von Genua entfernt."

„Nein, komm bitte jetzt. Ich bin in Francas Wohnung. Sie hat ihn erpresst."

Johann fragte nicht, wen sie damit meinte. Er konnte es sich ziemlich genau vorstellen.

19. KAPITEL

DONNERSTAG, 17:42 UHR

Das Warten war eine Qual. Seitdem sie ihn angerufen hatte, starrte sie von innen auf die Wohnungstür, am Boden kauernd, unfähig sich zu bewegen. Ihr war kalt, außen wie innen. Ihre Gedanken drehten sich unablässig im Kreis. Fragen, die sie quälten, und mögliche Antworten, die sie immer weiter frösteln ließen. Fast eine Stunde lang verharrte sie in dieser Stellung, dann hörte sie sein Klopfen. Er warf einen überraschten Blick auf das durchschnittene Siegel, verlor aber kein Wort darüber. Er schloss die Tür hinter sich und umarmte sie, fest und entschieden. Enza war viel zu überrascht um sich zu wehren. Ihr Gesicht lag in seiner Halsbeuge, verschwitzt und klebrig. Sie atmete tief ein, roch eine herbe Mischung aus Schweiß und einem Hauch von After Shave. Nach kurzem Zögern legte sie die Arme um ihn und begann die Berührung zu genießen.

Er hielt sie weiter fest, als er sprach: „Ich fürchte, dein Vater hat etwas mit Francas Tod zu tun. Und offensichtlich glaubst du das auch."

Sie spürte, wie ihr die Tränen kamen und sich der Druck der letzten Tage langsam löste. Mit stockender Stimme begann sie zu erzählen. Von Francas seltsamem Verhalten kurz vor ihrem Tod, von ihren Andeutungen, dass sie bald Geld bekommen werde. Sie beschrieb, wie sie den Computer ihres Vaters ausspioniert hatte und auf welche Informationen sie dort gestoßen war.

„Zuerst habe ich die Mails gefunden. Stell dir vor: Er war so bescheuert, Post von Franca abzuspeichern, in der sie drohte, zur Polizei zu gehen und alles zu verraten. Sie forderte von ihm 150.000 Euro in bar."

Enza löste sich aus Johanns Umarmung und führte ihn in die Küche. Auf dem rosafarbenen Ikea-Tisch lag eine geöffnete Reisetasche aus Kunstleder, darin eine amorphe Masse von rötlichen Papierbündeln. Sie drehte die Tasche um, so dass sich der Inhalt auf der Tischplatte verteilte: mehrere Dutzend 50-Euro-Päckchen, umhüllt von Banderolen.

„Wo hast du das gefunden? Ich dachte, die Polizei hätte hier alles durchsucht." Johann sah sie fragend an.

„Franca hat mir mal ihr Geheimversteck gezeigt. Im Bad gibt es einen Hohlraum hinter der Badewanne, verdeckt durch eine große Kachel. Dort hat sie alles versteckt, was ihr wichtig war. Mir war klar, dass die dämlichen Bullen da nicht suchen würden."

Enza atmete tief durch. Sie fühlte sich besser. Darüber zu reden tat gut. Johann hörte ihr ruhig und konzentriert zu. Sie genoss seine Nähe und erzählte weiter:

„Ich habe das Geld noch nicht gezählt. Aber ich weiß, dass mein Vater gezahlt hat. Gestern kurz vor Mitternacht habe ich endlich den Unterordner gefunden, in dem er seine Kontoauszüge abspeichert. Er hat drei verschiedene Privatkonten. Und von jedem hat er in der Woche vor Francas Tod eine große Summe in bar abgehoben: einmal 30.000, einmal 55.000 und einmal 65.000 Euro."

Johann ließ die Scheine eines Bündels nachdenklich wie Spielkarten über seinen Daumen rattern. Dann stellte er die Frage, über die sie schon seit Stunden nachgrübelte:

„Aber wenn er bezahlt hat, dann war die Sache doch eigentlich gegessen. Warum sollte er sie dann noch umbringen?"

„Ja, ich weiß. Deshalb habe ich mich gefragt, welche Rolle Toni in der ganzen Sache spielt."

Sie berichtete von ihrem Besuch im Aquarium und dem Bild auf der Überwachungskamera.

„Toni war in der Nacht, als Franca starb, definitiv im Aquarium. Ich hatte deshalb nur noch einen Gedanken: Wenn ich mich in ihm getäuscht habe, wenn er Franca doch umgebracht hat, dann ist er einfach ein geldgieriges Schwein. Dann hat er sich mit den 150.000 Euro davon gemacht."

Sie spürte plötzlich, wie sich alle klar recherchierten Fakten wieder in einem wilden Wust von Verwirrung zusammen knäulten, und zuckte hilflos mit den Schultern.

„Aber das Geld liegt hier, Toni ist verschwunden, mein Vater lügt, und ich verstehe gar nichts mehr."

...

Johann ging es ähnlich wie Enza. Die Teile des immer komplizierter werdenden Puzzles wollten sich partout nicht zusammen fügen. Oder doch? Er entwickelte in Gedanken eine wilde Theorie: Gianni Marconi hätte also ein Motiv gehabt. Vielleicht hatte er nur deshalb gezahlt, um den Mord in Ruhe vorbereiten zu können. Weil er ganz sicher gehen wollte, dass nach der ersten Erpressung nicht noch eine zweite und eine dritte folgen würde. War es denkbar, dass er Toni mit ins Boot geholt hatte, um ihn erst zu benutzen und danach zu beseitigen?

Johann merkte plötzlich, dass Enza ihn ansah. Intensiv, abwartend, die Mundwinkel ganz leicht zu einem Lächeln verzogen. Jetzt registrierte er auch, was sie trug: ein kurzes Sommerkleid, das ihren schlanken Körper umspielte und jede Menge Bein und Brust enthüllte. Seit einer gefühlten Ewigkeit hatten beide nicht mehr gesprochen. Er fand sie zauberhaft, erotisch und fühlte sich fast schon unwiderstehlich angezogen. Ein magischer, stiller Moment, den er kurz genoss, um ihn gleich darauf zu zerstören:

„Weißt du eigentlich, womit Franca deinen Vater erpresst hat?"

Enzas Lächeln verschwand, ihr Blick wanderte ins Ungewisse.

„In den Mails stand nichts darüber. Aber es muss irgendwas mit der Firma sein." Sie nahm eine schieferfarbene Aktenmappe von der

Spüle, die Johann bis dahin noch gar nicht wahrgenommen hatte, und sprach weiter: „Hier, schau mal. In Francas Versteck habe ich noch diese Mappe gefunden. Darin sind irgendwelche Lieferscheine, mit denen ich ehrlich gesagt nicht viel anfangen kann."

„Warte, wir legen sie hier auf den Tisch."

Johann begann vorsichtig, Geldpäckchen für Geldpäckchen zurück in die Tasche zu legen. Doch Enza ließ ihn nicht zum Ende kommen. Mit einer einzigen Armbewegung wischte sie sämtliche Geldbündel vom Tisch auf den Boden. „Dreckiges Geld", sagte sie verächtlich und breitete den Inhalt der Mappe auf der Tischplatte aus. Sie setzten sich auf die beiden Küchenstühle und studierten die Papiere, die Franca so geheim hatte halten wollen. Johann erkannte schnell, worum es sich handelte. „Bill of Lading" stand jeweils als Überschrift auf den Dokumenten, die ganz offensichtlich keine Originale, sondern Kopien waren. Er überflog die insgesamt neun DIN-A-4-Blätter und ordnete sie in Dreiergruppen nebeneinander.

„Das sind keine Lieferscheine, aber etwas ähnliches. Bill of Lading bedeutet Seeladeschein. Ganz konkret haben wir es mit Frachtpapieren für Tankschiffe zu tun. Und jetzt darfst du raten, was die Tanker geladen hatten."

Enza seufzte und sprach das Tabuwort aus: „Olivenöl." Sie holte tief Luft und suchte nach den richtigen Worten. „Weißt du, ich habe meinen Vater von Anfang an verdächtigt. Schon als du das Wort Olivenöl zum ersten Mal ausgesprochen hast. Aber ich habe keine Ahnung von seinen Geschäften. Und ich wollte nicht mir dir darüber sprechen, bevor ich mir sicher war. Außerdem kannte ich dich ja überhaupt nicht. Du bist einfach hereingeplatzt in mein Leben und wolltest plötzlich die privatesten Dinge von mir wissen."

Die letzten beiden Sätze fauchte sie ihm laut ins Gesicht, als wäre er an allem Schuld. Johann legte den Finger an die Lippen um sie daran zu erinnern, dass sie in eine polizeilich versiegelte Wohnung eingebrochen waren und besser nicht die Nachbarn alarmieren sollten. Er dachte kurz an all die Spuren, die sie beide nicht nur zerstören, sondern auch hinterlassen würden, verdrängte den Gedanken dann aber ganz schnell. „Ich habe gespürt, dass du mir etwas verheimlichst. Aber das ist jetzt egal."

Er konzentrierte sich auf die Dokumente: „Schau mal, für mich sieht das so aus, als hätten wir es mit drei Lieferungen von jeweils 3.000 Tonnen Olivenöl zu tun. Die Schiffe heißen jeweils anders, aber die Herkunft ist in allen Fällen gleich: La Goulette in Tunesien, dort haben die Schiffe das Öl geladen."

Enza unterbrach ihn: „Hast du mir nicht erzählt, dass Franca an Olivenöl aus Tunesien erstickt ist?"

„Ja, das hat die genetische Analyse ergeben. Aber lass' uns bei den Dokumenten bleiben. Jetzt wird es nämlich spannend." Johann legte die ersten drei Schiffsladepapiere nebeneinander. „Hier der Frachtschein aus La Goulette: Das Schiff heißt Viking, die Ladung ist einfaches Olivenöl, die Menge 3.000 Tonnen. Der zweite Schein wurde in Istanbul abgestempelt. Dort gab es offenbar einen Zwischenstopp, warum auch immer. Dasselbe Schiff, dieselbe Ladung: 3.000 Tonnen Olivenöl aus Tunesien. Und jetzt schau dir mal den dritten Schein an, der trägt den Stempel aus Genua."

Enza brauchte nicht lange um den Unterschied zu erkennen:

„Als die Viking hier ankam, hatte sie plötzlich Olivenöl aus Apulien geladen, und zwar mit der Güteklasse Extra Vergine."

Sie griff nach dem nächsten Stapel, überflog die Einträge, danach auch den dritten Stapel.

„Du hast Recht. Jedes Mal das gleiche Spiel. Das tunesische Olivenöl fährt erst nach Istanbul und verwandelt sich dann auf der Weiterreise nach Genua in italienisches Extra-Vergine-Öl." Sie schaute ihn stirnrunzelnd an." Aber warum? Was macht das für einen Sinn?"

Johann erzählte ihr kurz und knapp, was er vor wenigen Stunden von seinem Vater erfahren hatte. Sie hörte aufmerksam zu, schwieg dann eine Weile, versuchte ihre Gedanken zu ordnen.

„Das bedeutet also: Mein Vater kauft superbilliges Öl in Tunesien ein und besticht irgendwelche Leute, um es hierher schmuggeln zu können. Offiziell handelt es sich dann plötzlich um allerbestes Öl aus Apulien, für dessen Produktion er jede Menge Subventionen von der EU kassiert. Und am Ende verkauft er das Billig-Öl teuer als italienisches Extra Vergine." Sie lächelte gequält. „Klingt ganz nach meinem Vater."

Johann sponn ihre Gedanken weiter: „Und diese Dokumente hier sind ganz offensichtlich die Beweise, mit denen Franca ihn erpresst hat. Kein Wunder, dass sie die so gut versteckt hat."

Er zögerte kurz, bevor er die nächste Frage aussprach.

„Kannst du dir vorstellen, dass dein Vater Toni zur Tat angestiftet hat? Vielleicht hat er ihm noch viel mehr Geld versprochen, als hier liegt."

„Bei meinem Vater kann ich mir fast alles vorstellen. Aber für Toni hätte ich meine Hand ins Feuer gelegt," sie atmete einmal tief durch, „bis ich heute Morgen sein Bild auf der Überwachungskamera gesehen habe. Nur, wie kommt das Öl in ihre Lunge? Und warum die Piranhas?"

„Vielleicht hat er gedacht, dass die Piranhas die Leiche auffressen und so alle Spuren verwischen. So wie Mafiosi ihre Opfer in Säure auflösen."

„Aber warum schaut er dann direkt in die Kamera, von der er weiß, dass sie da hängt?"

„Möglicherweise war das der Deal mit deinem Vater. Toni zeigt sich als Mörder und lenkt damit jeden Verdacht ab. Im Gegenzug verspricht ihm dein Vater nicht nur das Geld, sondern auch ein neues Gesicht, eine neue Identität."

Johann musste plötzlich über seine eigenen wilden Mutmaßungen lachen.

„Ganz ehrlich. Das klingt doch völlig absurd. Wie ein schlechter Mafia-Film."

„Ich fühle mich seit einer Woche wie in einem schlechten Film. Mittlerweile halte ich alles für möglich."

Enza stand auf und sah ihn an. Sie lachte nicht, aber in ihren Mundwinkeln und ihren Augen erkannte Johann wieder den intensiven, verführerischen Blick von vorhin.

„Ich glaube, wir brauchen eine kleine Auszeit von diesem ganzen Irrsinn. Du musst meinem Vater auf den Zahn fühlen. Aber vorher“, mit diesen Worten setzte sie sich rittlings auf seinen Schoß, „wirst du seine Tochter besser kennen lernen. Und du sollst wissen, dass ich ihn hasse.“

Sie küsste ihn sanft auf den Mund. Johann ertappte sich kurz bei dem Gedanken, dass es vielleicht nicht die beste Idee war, in der versiegelten Wohnung eines Mordopfers Sex zu haben, schon gar nicht wenn man der verantwortliche Gerichtsmediziner war. Dann schloss er die Augen und legte seine Arme um sie.

20. KAPITEL
DONNERSTAG, 20:27 UHR

Es war der seltsamste Kuss ihres Lebens. Zunächst dachte sie, sie habe ihm die Luft zum Atmen genommen. Johann keuchte, als wäre ihm etwas im Hals stecken geblieben. Dabei hielt er sie krampfhaft umschlungen und zitterte am ganzen Körper. Schnell wurde Enza klar, dass der Mann, auf dessen Schoß sie sich gerade gesetzt hatte, alles andere als erregt war.

„Johann, was ist los mit dir?"

Sie löste sich aus seiner Umklammerung und stand auf. Johanns Gesicht war schweißüberströmt. Seine Augen flackerten mit riesigen Pupillen hin und her. Er wollte irgend etwas sagen, doch aus seiner Kehle kam nur dieses erstickte Keuchen. Zusammengekrümmt versuchte er aufzustehen, fiel aber schwankend auf die Knie. Enza bekam es mit der Angst zu tun. Was für ein Anfall war das? Sollte sie einen Krankenwagen alarmieren? Ausgerechnet hier, in Francas Wohnung, auf deren Küchenfußboden 150.000 Euro in bar lagen? Sie versuchte noch einmal, zu ihm durchzudringen:

„Mensch Johann, sag doch was! Soll ich einen Arzt rufen?"

Seine Augen stierten immer noch durch sie hindurch. Das Zittern wurde schlimmer. Aber er schien ihre Frage gehört zu haben. Jedenfalls glaubte sie die Andeutung eines Kopfschüttelns wahrzunehmen. Was konnte sie bloß tun? Kurz entschlossen kniete sie sich hin und schlang die Arme um ihn. Sie hielt den schlotternden Oberkörper fest an sich gedrückt und merkte plötzlich, dass sie unwillkürlich angefangen hatte, ihm eine Melodie vorzusummen, wie eine Mutter, die ihr Kind beruhigen will. Mehrere Minuten lang verharrte sie so. Bis sie irgendwann spürte, dass sein Zittern langsam nachließ und er wieder Luft bekam. Sie ließ ihn los und sah ihm ins Gesicht.

Johann wirkte, als wäre er aus einem tiefen Traum aufgewacht. Er wischte sich mit beiden Händen den Schweiß aus dem Gesicht, schüttelte den Kopf, als wolle er etwas abschütteln, und sagte schließlich mit einem schiefen Grinsen:

„Tja, das war dann wohl unser erstes Mal."

„Blödmann! Mach keine Witze, ich hatte eine Riesen-Angst. Bist du Epileptiker oder was?"

Er schüttelte den Kopf. „Nein, das war eine Panikattacke. In letzter Zeit habe ich so etwas häufiger."

Enza versuchte, die Situation zu begreifen: „Aber wovor hast du Angst? Vor mir etwa? Ich habe dich doch nur geküsst."

„Ich weiß nicht, wovor ich Angst habe. Oder vielleicht doch." Er stand auf, setzte sich wieder auf den Stuhl und forderte sie auf, neben ihm Platz zu nehmen. „Das ist eine lange Geschichte. Und wenn du sie gehört hast, verstehst du vielleicht, warum mich der Tod deiner Freundin so aufgewühlt hat."

Enza hörte ihm gebannt zu. Draußen wurde es dunkel, während Johann von Hülyas Tod erzählte, vom Verlust seiner Mutter, von seinen Ängsten, seinen Panikattacken. Er endete mit seinem Wechsel in die Gerichtsmedizin, seiner Entscheidung, keine lebenden Patienten mehr behandeln zu wollen, bis hin zu dem Moment, als er das Foto von Franca erblickte, die aussah wie Hülya.

Als er ausgeredet hatte, schaute Enza lange aus dem Fenster in die diffuse Dunkelheit der engen Gasse. Sie begann zu verstehen. Der strahlend attraktive und sympathische Mann, der gerade wie ein Häuflein Elend vor ihr hockte, besaß eine dunkle, schwache Seite. Sie ahnte, dass er sein Trauma nie wirklich verarbeitet hatte, dass er in Wirklichkeit auf der Flucht vor seinen Ängsten war. Sie fragte:

„Waren die Panikattacken denn jemals weg?"

„Nachdem ich mich für die Gerichtsmedizin entschieden hatte, hörten sie langsam auf. Ein halbes Jahr später war ich sie ganz los. Bis vor einer Woche."

Enza fühlte sich seltsam berührt. Johanns neu gewähltes Lebensmotto hatte für ihn tatsächlich funktioniert: Tote können nicht mehr sterben. Also brauchte er auch keine Angst um sie zu haben. Bezogen auf Patienten oder eben Leichen war seine Entscheidung nachvollziehbar. Aber was war mit Menschen, die ihm nahe kamen? Sie erinnerte sich an sein Zögern, als sie ihn zu sich in die Wohnung eigeladen hatte. An das leichte Zittern seiner Hand, seinen ausweichenden Blick. Hatte dieser wunderbare Mensch etwa Angst vor zu viel Nähe? Im selben Moment wurde ihr bewusst, dass sie voller Zärtlichkeit über ihn nachgrübelte, dass sie dabei war, sich in Johann zu verlieben. Trotz der schrecklichen Zusammenhänge, oder vielleicht auch gerade deswegen. Sie griff nach seiner Hand.

„Geht es dir jetzt besser?"

Er lächelte mechanisch. „Ich bin mir nicht sicher. Meine Gesprächstherapie mit dir hat ja gerade erst angefangen. Normalerweise stellen sich die Erfolge erst später ein."

Typisch, er flüchtete sich in Ironie. Vielleicht hatte er sogar Angst davor, dass sie ihm den nächsten Kuss aufzwingen wollte. Egal, Enza merkte plötzlich, dass sie Hunger und Durst hatte. Es war schon 22 Uhr, und seit dem frühen Morgen war sie nicht mehr dazu gekommen, etwas zu sich zu nehmen. Sie zog Johann von seinem Stuhl hoch.

„Komm, wir gehen etwas essen. Hier um die Ecke gibt es eine kleine Trattoria. Dort gibt es die besten Trenette al Pesto von ganz Genua."

„Und was machen wir hiermit?"

Johann zeigte auf die Frachtpapiere und die Geldbündel, die über den ganzen Fußboden verteilt lagen. Sie beschlossen, alles wieder zurück zu legen und das Versteck ordentlich mit der Kachel zu verschließen. Dass ihre Fingerabdrücke und DNA-Spuren nun überall verteilt waren, ließ sich nicht mehr ändern. Irgendwann würden sie der Polizei sowieso viele Dinge erklären müssen.

„Habe ich dir eigentlich schon erzählt, dass Tonis DNA auf der Eintrittskarte klebte?“ fragte Johann im Hinausgehen.

„Nein“, antwortete Enza, während sie versuchte, das durchschnittene Siegel notdürftig mit Klebeband zu flicken. „Lass‘ uns beim Essen darüber reden.“

Als sie das Haus verließen, wirkte die düstere Gasse menschenleer. Von links hörte Enza nahende Schritte. Nervös drehte sie sich um. Etwa zehn Meter entfernt bog ein Mann in Jeans und T-Shirt um die Ecke. Sein Gesicht lag zunächst im Schatten. Doch dann trat er in den grünlich fahlen Lichtkegel einer Laterne. Enza zuckte unwillkürlich zusammen und stieß einen Schrei aus:

„Toni!“

Der Mann blieb stehen und schaute sie an. Er wirkte überrascht, stand aber völlig ruhig da. Eine unendlich scheinende Sekunde lang bohrte sich sein Blick regelrecht in ihre Augen, dann drehte er sich um und rannte davon.

„Toni, wir müssen mit dir reden“, rief Enza ihm verblüfft hinterher. Im Augenwinkel sah sie, wie Johann los lief. Sie wollte hinterher rennen, doch schon nach den ersten beiden Schritten kam sie ins Stolpern und wäre fast der Länge nach auf das Schieferpflaster gefallen. Die schillernden Neun-Zentimeter-Pumps, die sie heute Morgen für den Delfintrainer ausgewählt hatte, waren definitiv nicht fürs schnelle Laufen gemacht. Fluchend streifte sie sich die Schuhe von den Füßen und hastete barfuß hinter den beiden Männern her. Schon nach wenigen Sekunden kam ihr Johann keuchend entgegen.

„Er ist wie vom Erdboden verschluckt. Er ist um diese Ecke hier gebogen, und dann war er einfach weg. Bist du ganz sicher, dass es Toni war?“

„Ja, er war es“, antwortete Enza und spürte noch einmal den brennenden Blick in ihren Augen. Es war derselbe Blick wie auf dem

Überwachungsvideo, ein intensiv aggressives Starren, das sie von Toni nicht kannte und das sie innerlich erschauern ließ. „Meinst du, er wollte das Geld holen?“

„Keine Ahnung.“ Johann griff nach ihrem Arm und machte ihr ein Zeichen leise zu sein. „War da etwas? Vielleicht können wir noch seine Schritte hören.“

Beide lauschten in das dunkle Gassengewirr hinein. Enza hörte zunächst vor allem ihr Blut in den Ohren pochen. Aus einer Wohnung im vierten Stock kam das Geräusch einer debilen Talk-Show. Von weiter hinten das Flügelrascheln einer Taube. Unten in der Gasse waren weder Menschen zu sehen noch Schritte zu hören. Plötzlich fühlte sie sich beobachtet. Auf einmal hatte sie Angst.

21. KAPITEL

FREITAG, 6:30 UHR

Der Mann verstaute die Pistole wieder im Wandschrank. Er ging die Treppe hoch und öffnete die Tür zur heiligen Kammer. Er wartete, bis die Nonna ihr Gebet beendet hatte. Dann gab er ihr die neue Reliquie. Während sie ihm wie immer den Rücken zuwandte, den Schrein öffnete und den winzigen Gegenstand darin verstaute, dachte er über sein seltsames Leben nach.

Seine erste Erinnerung hatte mit Schmerz zu tun: die Abhärtungsübungen, wenn draußen Schnee lag. Eine Stunde lang mussten sie hinter dem Haus im Garten im Kreis laufen, nur mit einer Unterhose bekleidet. Sie waren fünf Jahre alt. Er konnte es heute noch spüren: das Brennen der Kälte an den nackten Füßen, das zunächst immer quälender wurde, bis irgendwann der magische Moment erreicht war, wenn die Sohlen gefühllos wurden. Zuerst hatte er oft weinen müssen. Doch die Nonna ließ sich von seiner Schwäche nicht beeindrucken. Sie stieß ihn zurück in den Schnee und sagte nur: „Weiter. Das macht dich stark." Wie oft hatte sie diese Worte zu ihm gesagt: „Du musst stark werden. Stärker als die anderen." Es kam die Zeit, da musste er nicht mehr weinen. Und er begriff, dass sie Recht hatte. Dass Schmerzen im Leben nicht wichtig waren, dass er sie überwinden konnte.

Am Tag, als er es schaffte, sogar die Peitschenhiebe still zu erdulden, als er ihr hinterher frech ins Gesicht grinste, war sie zum ersten Mal stolz auf ihn. Sie nahm ihn mit in die heilige Kammer, setzte sich auf die Bank, zog ihn auf ihren Schoß und belohnte ihn mit einer Umarmung. Er war verwirrt, eine Berührung, die nicht weh tat. Es fühlte sich so fremd an, eng und stickig, er bekam kaum Luft dabei, aber auch so wohlig warm. Er wünschte sich, diese Wärme würde niemals aufhören. Während die Nonna ihn in ihren Armen hielt, erzählte sie ihm, dass er auserkoren war. Er würde Gottes Werkzeug sein und das tun, was richtig war. Es war der Tag, an dem er zehn Jahre alt wurde.

Die Kälte und der Schmerz kehrten schnell zurück. Die regelmäßigen Hiebe hörten nicht auf. Die Nonna fand immer einen Grund für Strafe. Aber von Zeit zu Zeit, wenn er etwas besonders gut gemacht hatte, belohnte sie ihn wieder. Als er mit 11 Jahren seinen ersten Vogel erlegte, einen Gartenrotschwanz, damals noch mit Pfeil und Bogen. Als er mit 12 ohne jedes Zögern sein Kaninchen Beppe schlachtete, einfach weil sie es ihm befahl. Als er mit 14 das erste Wildschwein in der Drahtschlinge erstickte. Jedes Mal erlebte er die gleiche Zeremonie: Kerzen in der heiligen Kammer, die wohlige Umarmung auf dem Schoß der Nonna, und die Verheißung, dass er die gerechte Rache des Herrn ausüben würde.

Je älter er wurde, desto stärker erregten ihn diese Momente. Von Mal zu Mal fieberte er der Umarmung mehr entgegen. Wusch hinterher heimlich seine Unterhose aus, schämte sich, freute sich auf die nächste Aufgabe, die er bekommen würde. Die Jahre vergingen. Die Aufgaben wurden größer. Er wurde erwachsen und entdeckte die Welt der Prostituierten in Genua. Aber keine Frau konnte ihm die Wärme geben, die er in diesen Momenten von seiner Nonna bekam.

Ihr Gebet war zu Ende. Sie drehte sich um, strich ihm langsam über die Wange und sagte: „Jetzt ist alles gut."

Er nickte still, aber er wusste, dass sie keinen Überblick mehr hatte. Es war an ihm, alles zu vollenden. Sie brauchte nicht zu erfahren, dass es neue Probleme gab. Er hatte den Fehler gemacht, zur Wohnung zu gehen. Und war dort ausgerechnet der dünnen

Blonden und ihrem Typen in die Arme gelaufen. Jetzt war es zu spät. Sie hatten ihn gesehen. Sie waren zu neugierig. Diesen Fehler musste er korrigieren. Er verließ die heilige Kammer und lächelte. Ihm war plötzlich klar geworden, dass er sich eigene Aufgaben stellen konnte. Und dass er sich darauf freute.

22. KAPITEL

FREITAG, 16:31 UHR

Johann hielt unwillkürlich den Atem an. Unter ihm lag ein Meer aus Olivenöl, dunkelgrün schillernd und behäbig schwappend in einem gewaltigen Tank aus Edelstahl. Der Behälter musste riesig sein. Die geöffnete Luke maß bestimmt zweieinhalb Meter im Durchmesser. Und das Sonnenlicht, das durch die Öffnung fiel, beleuchtete eine Wohnzimmer-große Ölfläche, ohne irgendwo auf eine Wand zu stoßen. Wie tief der Tank wohl war? Ob man darin stehen konnte? Ziemlich angespannt fragte Johann den Mann, der ihn hierher geführt hatte:

„Wie groß ist das Becken genau?"

Gianni Marconi antwortete voller Stolz:

„Fünfzehn Meter lang, zehn Meter breit und etwa dreieinhalb Meter tief. Aber das ist nur einer von drei Tanks. Insgesamt können wir hier fast 1500 Tonnen Öl aufbewahren."

Sie standen an Deck der Nani. Ein Pflanzenöltanker, 1970 in Hamburg gebaut, der seine beste Zeit schon lange hinter sich hatte. Seit einigen Monaten lag das Schiff fest vertäut an der Mole direkt vor dem Extravergine-Gelände. Als Zwischenlager, das viel billiger war als die Investition in teure Edelstahlsilos, wie Marconi sich selbstgefällig gebrüstet hatte. Der eitle Mann war Johann von Anfang an unsympathisch gewesen. Er konnte Enzas Abneigung ihrem Vater gegenüber nachvollziehen. Aber noch ließ er sich nichts anmerken und stellte dem Olivenöl-Baron scheinbar unbefangen freundliche Routinefragen.

„Haben die Carabinieri das Schiff hier auf Spuren untersucht?“

„Nein, warum sollten sie?“

Marconi schien aufrichtig überrascht.

„Weil Francesca in Olivenöl ertrunken ist. Und genau hier könnte es passiert sein.“

Marconi schüttelte abwehrend den Kopf.

„Ach Quatsch! Sie ist nie im Leben hier auf dem Schiff gewesen. Außerdem wurde sie doch im Piranhabecken gefunden. Oder etwa nicht?“

„Doch, das stimmt. Aber mit Öl in der Lunge. Und irgendwo muss das ja hergekommen sein.“

Johann schaute sich nachdenklich um. Außer ihm und dem Extravergine-Chef war niemand zu sehen, weder am Ufer noch auf dem Schiff. Die Nani war etwa 70 Meter lang. Zwei fest installierte Stege aus Stahlrohren führten von der Mole auf das rot lackierte, rostige Deck. Links von ihnen, an Land, lag die hohe, fensterlose Wand einer Produktionshalle, rechts das Mittelmeer, eingerahmt von zwei leeren Hafenmolen. Es war ein trostloser, menschenverlassener Ort am Rande des Containerhafens. War Franca tatsächlich hier gewesen? Hatte sie womöglich mehr über das tunesische Öl herausfinden wollen? Hatte sie sich heimlich auf das Schiff geschlichen und war dabei erwischt worden?

Marconi räusperte sich:

„Kann ich Ihnen noch irgendwie weiter helfen?“

Johann verstand. Die Frage war ein klares Signal, dass dieser Besuch schon lange genug dauerte und dass der Hausherr wichtigere Dinge zu tun hatte, als irgendwelchen dahergelaufenen Gerichtsmedizinern abwegige Fragen zu beantworten. Doch Johann hatte nicht vor, seinen Besuch vorzeitig abzubrechen. Die wirklich spannenden Fragen hatte er ja noch gar nicht gestellt.

Es war leicht gewesen, den Termin bei Marconi zu bekommen. Johann hatte am Morgen angerufen und sich als leitender

Gerichtsmediziner vorgestellt, der noch ein paar Details besprechen wollte. Am Nachmittag hatte er auf die Klingel der protzigen Firmenzentrale gedrückt, die ihm Enza schon beschrieben hatte. Gianni Marconi hatte ihn sofort empfangen und höflich, aber kühl auf seine Fragen geantwortet. Nein, ihm sei in den letzten Tagen nichts besonderes an Francas Verhalten aufgefallen. Nein, seines Wissens habe niemand in der Firma Streit mit Franca gehabt. Irgendwann hatte er Johann scharf angesehen und gefragt:

„Warum stellen Sie mir eigentlich dieselben Fragen noch einmal, die ich der Polizei gegenüber schon x-mal beantwortet habe?"

Johann war ganz ruhig geblieben:

„Weil Franca Olivenöl in ihrer Lunge hatte. Weil sie am Öl erstickt ist. Weil sie in einer Firma gearbeitet hat, die Olivenöl produziert. In Ihrer Firma."

„Und deshalb fällt der Verdacht jetzt auf mich? Sie wissen doch sicher, dass ich ein Alibi habe."

So langsam hatte Marconi begonnen sich aufzuregen.

„Ja, das hat mir die Polizei gesagt. Ich versuche nur, dem Mysterium ihres Todes näher zu kommen."

Eigentlich hätte Johann jetzt seine Trümpfe auf den Tisch legen und Marconi mit den harten Fakten konfrontieren müssen: Das Öl aus Tunesien, die Erpressung, das Geld. Doch intuitiv hatte er statt dessen die Frage gestellt, die ihm ganz spontan in den Sinn gekommen war:

„Gibt es in Ihrer Firma so etwas wie einen Riesenbehälter für Olivenöl?"

„Selbstverständlich. Und damit Sie sehen, dass ich nichts zu verbergen habe, zeige ich Ihnen jetzt, sofort unser Zwischenlager."

Marconi war wutentbrannt aufgestanden und hatte ihn schnurstracks zum Öltanker geführt, durch die Hintertür an einer riesigen Produktionshalle vorbei bis zur einsamen Hafenmole. Auf dem Weg dorthin hatte er sich beruhigt und seine Selbstbeherrschung wiedergefunden. Nachdem er mit zwei Handgriffen die hydraulische

Ladungsluke geöffnet hatte, war er wieder ganz der stolze, über allem stehende Firmenchef.

„Kann ich noch etwas für Sie tun?" wiederholte Marconi jetzt seine Frage und legte seine Hand auf den Schalter für die Luken-Hydraulik. „Wissen Sie, das Sonnenlicht ist nicht gut für das Öl, und ich müsste so langsam mal wieder an meine Arbeit gehen."

„Warten Sie", unterbrach ihn Johann. „Was ich Ihnen noch nicht gesagt habe: Wir konnten das Öl aus der Lunge des Mordopfers analysieren. Interessanterweise handelt es sich um Olivenöl aus Tunesien. Die Sorte heißt Chemlali. Sagt Ihnen das irgend etwas?"

Marconi zuckte zusammen und schien für einen Moment sprachlos. Dann antwortete er brüsk:

„Nein, ich handle nur mit italienischem Öl."

Johann spürte Marconis Unsicherheit und ging endgültig zum Angriff über:

„Na, dann haben Sie ja sicherlich nichts dagegen, dass ich eine Probe von diesem Öl hier entnehme. Nur zur Sicherheit, zum Vergleichen, um sicherzugehen, dass Franca nicht hier gestorben ist. Sie sagten ja, dass Sie nichts zu verbergen haben."

Marconi war jetzt sichtlich aufgeregt, öffnete seinen Mund für eine Antwort, schloss ihn wieder, dachte nach. Dann sagte er:

„Nein, das geht leider nicht. Ich kann nicht riskieren, dass dieses Öl verunreinigt wird. Es geht hier immerhin um Olivenöl der besten Güteklasse im Wert von mehreren Millionen Euro."

Johann lächelte ihm breit ins Gesicht.

„Auch das würden wir in unserem Labor analysieren. Und wenn Sie Recht haben, wenn hier drinnen tatsächlich italienisches, extra natives Olivenöl schwimmt, dann gäbe es ja auch keinen Grund, sich um viel Geld erpressen zu lassen. Sagen wir 150.000 Euro."

Während er gespannt Marconis Reaktion beobachtete, erinnerte er sich an Enzas Worte: „Du musst ihn reizen, provozieren, bis sein Puls auf 180 geht. Ich habe das oft genug erlebt. Wenn er ausflippt, dann verliert er völlig die Kontrolle. Dann quatscht er sich um Kopf und Kragen." Johann zwang sich, nicht auf seine Brusttasche zu schauen. Dort hatte Enza heute Morgen ein zigarettenschachtelgroßes Aufnahmegerät versteckt. Sie hatten es vorher ausprobiert. Und er konnte jetzt nur hoffen, dass das Diktaphon immer noch lief. Ihm klopfte das Herz, aber er sah, dass das gebräunte Gesicht seines Gegenübers wie versteinert war.

Marconi blieb sekundenlang still, er rang ganz offensichtlich nach Luft, dann sagte er mit gepresster Stimme:

„Ich weiß nicht, wovon Sie sprechen. Für eine Probenentnahme brauchen Sie jedenfalls eine gerichtliche Anordnung. Und jetzt möchte ich, dass Sie gehen."

Doch Johann spürte, dass er ganz nah dran war, und provozierte weiter:

„Wenn wir in diesem Becken dagegen tunesisches Öl finden, dann müssten Sie einige Dinge erklären. Dann hätten Sie ein echtes Motiv, die Frau, die für Sie gearbeitet und die Sie erpresst hat, ermorden zu lassen. Wir haben übrigens Beweise für diese Erpressung gefunden. Und es wäre doch eine amüsante Idee des Mörders, sie mit der Flüssigkeit zu töten, um die sich alles dreht. Finden Sie nicht?"

Enzas Vater sagte erst einmal gar nichts. Er schaute Johann nur fassungslos an. Auf seiner Stirn hatten sich dicke Schweißtropfen gebildet, seine Augäpfel flackerten hin und her. Johann sah, dass Marconis Hände zitterten. Würde der große Mann mit dem dicken Bauch gleich explodieren? Es fehlte nicht mehr viel. Er versuchte, den Druck noch einmal zu erhöhen:

„Ich mache Ihnen einen Vorschlag. Sie lassen mich jetzt eine Probe Ihres Öls nehmen, und schon morgen wissen wir, ob Sie die Wahrheit sagen oder nicht. Ich bin mir sicher: Wir schaffen das, ohne Ihr kostbares Öl schmutzig zu machen."

Er drehte sich noch einmal zum Tank und versuchte zu schätzen, wie weit die Oberfläche des Olivenöls von der Luke entfernt war: mindestens ein Meter, wenn er hier eine Probe abschöpfen wollte, würde er ein Gefäß an einer Schnur herablassen müssen. Gleichzeitig lauschte er auf Marconis Reaktion, hörte aber nur ein seltsames Geräusch wie ein unterdrücktes Stöhnen. Dann ging alles blitzschnell. Johann wollte sich umdrehen, sah im Augenwinkel eine dunkle, schemenhafte Bewegung und bekam plötzlich einen heftigen Stoß in den Rücken. Er verlor das Gleichgewicht, versuchte sich reflexartig an der offenen Luke festzuhalten. Doch es war zu spät. Er fiel vornüber, hinein in den Tank.

Im ersten Moment fühlte es sich an wie ein Sprung ins Wasser, kalt und nass. Dann schmeckte Johann das zähflüssige Öl in seinem Mund und begriff: Er war tatsächlich gerade in ein Becken mit 500.000 Litern Olivenöl gefallen. Affektartig blitzen weitere Gedanken auf: Ärger über sich selbst. Wie hatte er so dämlich sein können? Verwunderung. War Marconi verrückt geworden? Er musste doch wissen, dass er damit nicht durchkommen würde. Und Angst. Davor, dass Marconi die Luke schließen könnte.

Er sank in die Tiefe. Erst als er den Boden des Tanks unter seinen Füßen spürte, löste sich seine Schockstarre. Er versuchte, mit ruhigen Bewegungen wieder an die Oberfläche zu schwimmen, merkte aber, dass ihn dies erstaunlich viel Kraft kostete. Das Öl schien seinen Händen und Füßen kaum Widerstand zu bieten. Johann ruderte heftiger und schaffte es keuchend an die Oberfläche. Er schnappte nach Luft, konnte aber nichts sehen, weil das Olivenöl seine Augen verklebte. Doch daran, dass es hell war, erkannte er, dass die Luke noch offen stehen musste. Dann sank er schon wieder hinab, völlig erstaunt, dass das Paddeln mit Armen und Beinen nicht ausreichte, seinen Kopf über dem Ölspiegel zu halten. Prustend kämpfte er sich wieder nach oben und begriff plötzlich: Öl war etwa 20 Prozent leichter als Wasser. Das bedeutete, er hatte 20 Prozent weniger Auftrieb, als er es gewohnt war. Er überschlug fieberhaft die Zahlen, er wog etwas über 80 Kilo, das Schwimmen war für ihn also jetzt so anstrengend wie mit einem 16 Kilogramm schweren Bleigürtel. Wie lange konnte er das durchhalten?

Heftig mit Armen und Beinen rudernd versuchte er, über sich irgendetwas zu erkennen. Nachdem er seine Augen mehrmals auf und zu gekniffen hatte, konnte er schemenhaft den runden Rand des Tanks wahrnehmen. Darüber blauer Himmel, sonst nichts. Er brüllte:

„Marconi, machen Sie keinen Scheiß. Die Polizei weiß, dass ich hier bin. Damit kommen Sie doch nicht durch."

Stille. Er brüllte noch einmal: „Marconi!" Nichts.

„Hallo, kann mich jemand hören?"

Er sah weiterhin nur den Himmel über sich und hörte kein Geräusch außer dem Tuten eines weit entfernten Schiffs. Johann konnte nicht begreifen, was geschehen war. Wenn Marconi ihn töten wollte, dann hätte er die Luke schließen müssen, schon um zu verhindern, dass jemand seine Schreie hörte. Hatte der Mann völlig die Nerven verloren und war einfach weggelaufen? Während er angestrengt paddelnd darüber nachdachte, wurde ihm plötzlich bewusst, dass er tatsächlich in Lebensgefahr schwebte. Er hatte keine Chance, mit der Hand die Luke zu erreichen, der Abstand war zu groß. Und das Schwimmen war so ermüdend, dass ihm schon bald die Kräfte ausgehen würden. Er brüllte noch einmal:

„Hilfe!"

Keine Reaktion. Wer sollte auch zufällig an dieser abgelegenen Ecke des Containerhafens vorbei kommen? Er beschloss, sein schwimmendes Gefängnis auszukundschaften. Es kostete erstaunlich viel Kraft, mit ein paar Brustzügen die stählerne Begrenzungswand des Tanks zu erreichen. Das fahle Licht reichte hier gerade noch um zu erkennen, dass es nichts gab, woran er sich festhalten konnte. Immer wieder untertauchend, weil er dabei nicht richtig schwimmen konnte, tastete er sich an den Wänden entlang. Er fand nichts als glatten Stahl. Kein Handgriff, keine Leiter, kein Vorsprung, den er irgendwie hätte fassen können. Er sank wieder nach unten, kämpfte sich zurück an die Oberfläche. Mittlerweile waren sein Mund, seine Augen, seine Ohren voller Öl. Das Gefühl war ekelhaft, schmierig und schleimig. Längst hatten sich seine Klamotten vollgesogen und behinderten jede Bewegung. Tief in seinem Bauch spürte er die Angst. Plötzlich durchfuhr ihn die Erkenntnis: Wenn er jetzt auch noch eine Panikattacke bekam, dann würde er sofort sterben.

Johann erfasste intuitiv die Situation: Er hatte nur eine Chance. Er musste sich bewegen, er musste agieren, gegen die Angst. Er holte tief Luft und hörte auf zu schwimmen. Während er auf den Boden des Tanks hinab sank, öffnete er Gürtel, Knopf und Reißverschluss seiner Jeans und versuchte, sich die Hose von den Beinen zu streifen. Zu spät erkannte er, dass er überhastet gehandelt hatte. Die Hosenbeine blieben an seinen Sportschuhen stecken. Er musste erst die Schuhe ausziehen. Fieberhaft nestelte er an den Schnürsenkeln herum. Die Zeit wurde knapp, er brauchte dringend Sauerstoff. Der Druck auf seinen Ohren und in seiner Brust wurde unerträglich. Er musste, er wollte auftauchen. Doch er merkte, dass er mit heruntergelassener Hose auf den Knöcheln gar nicht schwimmen konnte. Endlich rutschte der erste Schuh vom Fuß, beim zweiten verknotete sich die Schleife. Johanns Lunge fühlte sich an, als würde sie jeden Moment platzen. Er konnte dem Zwang einzuatmen kaum noch widerstehen. In seinem hämmernden Hirn blitzte der Gedanke an Franca auf. So also war es, wenn man ertrank.

Doch er wollte noch nicht sterben. Mit einer fast übermenschlichen Willensanstrengung zerriss er den Schnürsenkel, streifte den Schuh vom Fuß und die Hose von den Knöcheln. Mit letzter Kraft stieß er sich vom Boden ab und kämpfte sich nach oben. Er atmete ein, hielt sich mit hektischen Schwimmbewegungen krampfhaft an der Oberfläche und versuchte, trotz der extremen Anstrengung ein bisschen Kraft zu sammeln.

Das Hemd, das er trug, war das kleinere Problem. Er hielt sich nicht mit den Knöpfen auf, sondern riss es einfach auf und zog es von den Armen. So fiel ihm das Schwimmen leichter, auch wenn es immer noch erstaunlich anstrengend war. Er kraulte zurück zur Luke. Dabei fiel ihm auf, dass es ihn weniger Kraft kostete vorwärts zu schwimmen, als sich auf der Stelle zu halten. Noch einmal versuchte er es mit Brüllen:

„Hallo, hört mich jemand?"

Keine Antwort. Er hatte das Gefühl, dass es langsam dunkler wurde. Die Vorstellung, im Finsteren durch diesen Tank zu schwimmen, ängstigte ihn zusätzlich. Immerhin blieb die Panik aus. Er dachte nach. Es gab nur einen Mensch, der wusste, dass er Marconi besucht hatte: Enza. Seine einzige Hoffnung bestand darin, dass sie nach ihm suchen würde. Aber wie sollte sie ahnen, dass er nicht im Büro ihres Vaters saß, sondern im Bauch des Speiseöltankers um sein Leben schwamm. Hatte er überhaupt eine Chance?

Er beschloss, sich ganz auf die Bewegung zu konzentrieren, und kraulte los. 15 Meter bis zur Wand, dann wieder zurück, immer weiter. Wie lange würde er das durchhalten? In seiner aktiven Zeit war es für ihn kein Problem gewesen, 10 Kilometer und mehr zu schwimmen. Doch er fühlte sich jetzt schon erschöpft. Er gab sich eine halbe Stunde, vielleicht eine Stunde. Dann würde er sterben.

23. KAPITEL

FREITAG, 17:12 UHR

Der grüne Punkt auf dem Bildschirm wurde grau. Enza starrte überrascht auf ihren Laptop, was hatte das zu bedeuten? Sie klickte auf den Button „Suche aktualisieren“. Jetzt poppte eine Meldung auf: „Smartphone von Johann Sorbello vor 3 Minuten“. Sie klickte noch einmal, und noch einmal. Der Punkt blieb grau, nur die Meldung veränderte sich: „Smartphone von Johann Sorbello vor 4 Minuten“. Es gab nur eine mögliche Interpretation: Seit mehr als vier Minuten war Johanns Handy nicht mehr im Funknetz. Sie versuchte ihn anzurufen, hörte wie befürchtet die Ansage: „Diese Nummer ist zur Zeit nicht erreichbar.“ Ratlos schaute sie aus dem Fenster. Am Horizont konnte sie die Umrisse der Lanterna sehen. Johanns Handy war etwa 150 Meter vom Leuchtturm entfernt gewesen, zumindest bis vor wenigen Minuten. Irgend etwas war völlig anders gelaufen, als sie beide geplant hatten.

Enza vergrößerte den Bildausschnitt des Google-Earth-Satellitenfotos und studierte die Details der Umgebung. An der Stelle, wo Johanns Handy aufgehört hatte zu senden, lag eine Mole, direkt daneben begann das Meer. War Johann vielleicht in ein Haus mit dicken Betonmauern gegangen, das seinen Handyempfang störte? Nein, das nächste Gebäude, die Extra-Vergine-Produktionshalle, lag etwa 30 Meter weit entfernt. Am Akku konnte es auch nicht liegen. Er war voll geladen, sie selbst hatte es am Morgen überprüft.

Und dass Johann sein Handy ausgeschaltet hatte, schien ihr völlig undenkbar. Es gab also nur zwei mögliche Erklärungen für das, was sie gerade über das Internet beobachtet hatte: Entweder jemand anders hatte das Telefon ausgeschaltet, beziehungsweise es zerstört. Oder das Handy war ins Wasser gefallen.

Ihr schossen wilde Bilder durch den Kopf. War Johann mit dem Handy ins Meer gestürzt? Hatte es einen Kampf gegeben? Von ihrem Schreibtisch aus würde sie das nicht herausfinden. Kurz entschlossen lud sie die Koordinaten, an denen Johanns Handy immer noch als grauer Punkt sichtbar war, auf ihr eigenes Smartphone und aktivierte die Navigationsfunktion. Nach zwei Sekunden Rechnen zeigte das Display Route und Zeit an: knapp 6 Kilometer, 14 Minuten Fahrt. Doch sie wusste es besser: Mit dem Auto würde sie mindestens eine halbe Stunde brauchen, bei dem typischen Freitagabendverkehr eher länger.

Sie hastete die Treppen hinunter und winkte ein Taxi herbei. „Richtung Lanterna", keuchte sie dem Fahrer entgegen. „So schnell wie möglich bitte. Wenn wir näher kommen, sage ich Ihnen genau, wohin wir fahren."

Der Fahrer stellte keine Fragen und gab Gas. Während er sich hupend in den Dauerstau auf dem Corso Carbonara einfädelte, begann Enza, sich Vorwürfe zu machen. Als sie beim Abendessen gemeinsam einen Plan ausgeheckt hatten, hatte sie darauf bestanden, die Polizei weiterhin außen vor zu lassen. Ihr Plan war ziemlich simpel: Johann sollte Gianni Marconi besuchen und ihn so sehr reizen, dass er die Kontrolle verlieren und sich womöglich um Kopf und Kragen reden würde. Johann hatte sie zweifelnd angesehen und gesagt: „Wenn das funktioniert, wenn wir danach auf dem Aufnahmegerät tatsächlich neue Beweise haben, dann müssen wir damit zur Polizei gehen."

Sie hatte nur stumm mit dem Kopf genickt. Die Vorstellung, mit Commissario Bruno Moreno zusammenarbeiten zu müssen, löste in ihr einen tiefen Ekel aus. Jetzt aber begann sie ihre starre Haltung zu bereuen. Sie schaute auf das Display ihres Handys. Noch 12 Minuten bis zum Ziel. Was auch immer dort gerade passierte, wenn Johann tatsächlich in Gefahr geraten war, dann trug sie die Schuld daran.

Sie hatten die Nacht miteinander in ihrer Wohnung verbracht. Händchen haltend, nebeneinander in ihrem breiten Bett, ohne sich weiter zu berühren und ohne viel zu reden. Nach dem Anfall in Francas Küche hatte er sich nicht weiter erklären müssen. Was für ein seltsamer, spannender Mann! Sie merkte plötzlich, dass sie große Angst um ihn hatte.

Es war ihre Idee gewesen, seine Position über das Internet zu überwachen. „Wie funktioniert das?", hatte er ungläubig gefragt. Sie zeigte es ihm, registrierte sein Handy in ihrer Cloud und startete die App „mein Smartphone suchen". Auf dem Bildschirm ihres Computers demonstrierte sie ihm schließlich, wo er sich mit seinem Telefon gerade befand: Der grüne Punkt lag direkt über ihrer Wohnung am Belvedere Luigi Montaldo.

„Eine Freundin von mir, die krankhaft eifersüchtig ist, kontrolliert auf diese Weise regelmäßig den Aufenthaltsort ihres Mannes."

Er hatte amüsiert reagiert: „Wenn ich deinen Vater besuche, dann brauchst du keine Angst zu haben. Ich glaube kaum, dass er es wagt, dem leitenden Gerichtsmediziner der Stadt vor den Augen seiner Angestellten irgend etwas anzutun."

Enza hatte ihm Recht geben müssen. Doch jetzt war sie sich nicht mehr so sicher. Sie hatte hilflos mit angesehen, wie Johann mit seinem Handy die Firma ihres Vaters betrat, eine Viertelstunde lang in dem Gebäude verweilte, dann aber wieder ins Freie kam und sich Richtung Meer bewegte. Rund zehn Minuten hatte das Symbol direkt an der Mole grün geleuchtet. Dann war es plötzlich grau geworden. Sie schaute auf ihr Handy: noch 8 Minuten bis zum Ziel. Der Taxifahrer versuchte, sich den Weg freizuhupen. Doch sie steckten mittlerweile im Stau auf der Via Andrea Doria fest. Langsam wurde es dunkel.

24. KAPITEL

FREITAG, 18:51 UHR

Johann sah und hörte nichts mehr. Sein Körper schwamm. 15 Meter hin, Wende, 15 Meter zurück, Wende. Er hatte jedes Gefühl für Zeit verloren. Aber er spürte den brennenden Schmerz in seinen Schultern und die sich ankündigenden Krämpfe in den Oberschenkeln.

Eine Zeitlang hatte er es mit wechselnden Schwimmstilen versucht. Erst Kraul, dann Brust, dann Rücken, dann wieder Kraul. Doch er merkte schnell, dass er beim Kraulen am längsten durchhalten konnte. Sein Mund war voller Olivenöl. Immer wieder atmete er beim Luftholen ein paar Tropfen davon ein und musste fürchterlich husten. Das brachte ihn aus dem Rhythmus und nahm ihm noch mehr Kraft. Ihm wurde klar: Länger als ein paar Minuten würde er nicht mehr durchhalten können. Plötzlich schoss ihm ein Gedanke durch den Kopf: Wenn da oben an der Luke tatsächlich jemand erscheint, um dich zu retten, dann merkst du das gar nicht. Du hörst es nicht, du siehst es nicht.

Er hielt inne und hob seinen Kopf aus dem Öl. Krampfhaft paddelnd versuchte er, sich mit den Fingern die schmierige Flüssigkeit aus Ohren und Augen zu wischen, um irgend etwas wahrnehmen zu können. Er hörte nichts. Nach einer Weile konnte er verschwommen etwas sehen: den Himmel über der Luke, fahlgrau, die Sonne war längst untergegangen.

Er hatte keine Kraft mehr für Angst. Er ging wieder unter, fühlte, wie die Gleichgültigkeit ihn durchdrang, versuchte dagegen anzukämpfen. Er war so müde.

25. KAPITEL

FREITAG, 18:59 UHR

Die Straße endete an einer Schranke. Bis hierher hatte Enza das Taxi kreuz und quer über das Hafengelände dirigieren können. Vorbei an gewaltigen Kränen und haushohen, bunten Containerstapeln, immer in der Richtung, die ihr Smartphone anzeigte. Die letzten 200 Meter musste sie jetzt laufen. Sie warf dem Fahrer einen 20-Euro-Schein nach vorne, kletterte über die Schranke und rannte los.

Nach ein paar Schritten erreichte sie das Meer. Sie schaute sich um. Rechts über ihr auf einem imposanten Steinhügel leuchtete schon die Lanterna, ein gigantischer, gelb angestrahlter Obelisk aus Stein. Links lag eine düstere, menschenleere Hafenmole. In diese Richtung lotste sie das Handy. Sie lief weiter, an zwei rostigen Autowracks vorüber immer weiter die Mole entlang, bis sie im Zwielicht der Dämmerung plötzlich die Umrisse eines Schiffes vor sich erkannte. Auf dem Google-Earth-Satellitenbild war es nicht zu sehen gewesen; wahrscheinlich war das Internet-Foto schon mehrere Jahre alt. Dann stand sie genau an der Position, an der Johanns Handy sein letztes Funksignal in den Äther gesendet hatte. Unmittelbar vor ihr, etwa einen Meter von der Mole entfernt, lag das Schiff, fest vertäut und totenstill.

Ein kalter Windhauch schlug Enza ins Gesicht. Sie fröstelte, versuchte irgendetwas auf dem Schiff wahrzunehmen, konnte aber nichts sehen, weil das Deck höher lag als die Mole. Zaudernd stand sie da und überlegte, was sie tun sollte. Dann hörte sie plötzlich ein Geräusch: Es war eine Art Stöhnen, ein Jammern, ein Keuchen, es klang wie eine Mischung aus fauchendem Tier und weinendem Menschen. Es kam vom Deck des Schiffes.

„Johann?"

Sie erkannte ihre eigene Stimme kaum, so leise und zögerlich hatte sie seinen Namen gerufen. Sie versuchte es noch einmal, diesmal zwang sie sich laut zu schreien:

„Johann? Bist du da oben?"

Keine Antwort, nur dieses seltsame Keuch-Stöhnen.

Das Geräusch war gruselig. Aber Enza hatte keine Wahl, sie musste auf das Schiff, nachschauen, was hier passiert war. Sie wandte sich nach rechts zu einem Steg aus Stahlrohren, der an Bord führte. Ihre Beine zitterten bei jeder Bewegung, wegen der Kälte, aber auch aus Angst vor dem, was sie da oben erwartete. Langsam, Schritt für Schritt, kam das Deck in ihr Blickfeld: rechts das rostige, ursprünglich einmal weiß lackierte Brückenhaus, doch hinter den gesplitterten Scheiben war niemand zu sehen. Rote Rohrleitungen führten über das ganze Deck. Hinten links, rund 30 Meter entfernt, stand eine große Luke offen. Von dort kam das Geräusch.

Zögernd näherte sich Enza der Luke. Zuerst nahm sie nur schemenhaft die Umrisse von zwei Männern wahr, die direkt davor lagen. Dann aber erfasste sie das ganze surreale Bild: Ein Mann lag nackt bis auf die Unterhose zusammengekrümmt auf der Seite. Merkwürdigerweise triefte sein ganzer Körper vor Öl, er sah aus wie ein gigantischer, glitschiger, frisch geborener Embryo. Erst auf den zweiten Blick begriff sie, dass vor ihr Johann lag. Seine Augen waren halb geschlossen. Aus dem hektischen Auf und Ab seines Brustkorbes schloss sie, dass er völlig außer Atem war. Er keuchte sich die Seele aus dem Leib.

Der andere Mann lag auf dem Rücken, alle viere von sich gestreckt. Er stöhnte laut, zusammen mit Johanns Keuchen ergab sich das seltsame Geräusch, das Enza nicht hatte zuordnen können. In seinen Händen hielt der Mann noch krampfhaft das Ende eines Feuerlöschschlauchs umfasst. Seine Augen waren offen, schienen aber ins Leere zu starren. Enza erkannte plötzlich ihren Vater. Sein arrogantes Grinsen war einer schmerzverzerrten Grimasse gewichen. Und dann endlich begriff sie warum: Gianni Marconis Kopf lag in einer dunkelroten Lache. Blut, das aus einer klaffenden Wunde am Hinterkopf tropfte.

26. KAPITEL

FREITAG, 21:23 UHR

„Bitte keine Polizei!“

Gianni Marconi schaute ihn flehend an. Johann war alles andere als überrascht. Bei Enza ahnte er immer noch nicht, warum sie der Staatsmacht so sehr misstraute. Aber ihr Vater hatte ganz offensichtlich so viel auf dem Kerbholz, dass er es verständlicherweise vorzog, nicht die Polizei zu alarmieren. Lieber den Mann laufen lassen, der ihm mit irgendeinem scharfkantigen Gegenstand fast den Schädel gespalten hatte, als die ganze Situation erklären zu müssen: das Öl aus Afrika, die Erpressung, das an Franca gezahlte Geld, der groß angelegte Betrug, der dahinter steckte.

Johann atmete einmal tief durch. Sein ganzer Mund, sein Gaumen, seine Kehle schmeckten immer noch nach Olivenöl. Er hörte schlecht und hatte das Gefühl, dass das Öl immer noch in seinen Ohrtrompeten gluckste. Seine Augen waren klebrig und geschwollen. Fast eine Stunde lang hatte er unter der Dusche gestanden und sich mit gewaltigen Mengen von Seife und Shampoo die schmierige Flüssigkeit von der Haut und aus den Haaren gewaschen. Er war immer noch völlig erschöpft. Jede Faser seines Körpers schmerzte. Und nur langsam wurde ihm bewusst, wie knapp er mit dem Leben davon gekommen war.

Er saß auf einem Sessel im luxuriös eingerichteten Privatsalon, den sich Gianni Marconi als Zweitwohnung hinter den Firmenbüros hatte einrichten lassen. Ihm gegenüber kauerte Enza, blass und still, auf einem Stuhl. Johann erinnerte sich vor allem an eines: ihren zärtlichen, tief besorgten Blick, als er auf dem Schiff schließlich wieder Luft bekommen hatte und die Augen öffnete. Sie hatte seinen Kopf in ihren Schoß gebettet und versuchte, ihm mit einem Taschentuch das Öl aus dem Gesicht und aus den Haaren zu wischen. Irgendwann, nachdem er in der Lage war aufzustehen, hatten sie sich gemeinsam um ihren Vater gekümmert.

Der lag jetzt mit einem grotesken weißen Turban auf dem Sofa gegenüber. Und seine ersten einigermaßen verständlichen Worte nach der Ohnmacht waren ausgerechnet:

„Bitte keine Polizei!"

„Lassen Sie uns später darüber reden", antwortete Johann. „Mich würde viel mehr interessieren, was bzw. wen Sie auf dem Schiff gesehen haben."

Marconi rieb sich die Augen, tastete vorsichtig seinen Kopfverband ab und versuchte sich offensichtlich zu erinnern:

„Nichts. Ich habe gesehen, wie Sie an der Luke standen, und bekam plötzlich von hinten einen heftigen Schlag auf den Kopf. Dann waren bei mir alle Lichter aus."

Den Verband hatte ihm Johann angelegt, nachdem sie zu dritt den Weg zurück in die Firma geschafft hatten. Entgegen dem ersten Anschein war die Wunde nicht so großflächig, dass sie hätte genäht werden müssen. Wahrscheinlich litt Marconi unter einer Gehirnerschütterung und würde tagelang von heftigen Kopfschmerzen geplagt werden.

Der Firmenboss setzte sich vorsichtig auf, starrte eine Weile vor sich hin und sprach schließlich weiter:

„Das nächste, woran ich mich erinnere, ist dieses komische Plätschern. Ich höre es die ganze Zeit und frage mich, was es ist, aber ich kann nichts sehen. Dann schaffe ich es endlich, die Augen aufzumachen, merke, dass ich auf dem Schiff liege und dass mein Kopf höllisch weh tut. Aber ich höre immer noch dieses Plätschern irgendwo unter mir. Ich krieche also zum Rand der Luke, schaue rein und denke, ich spinne. Da ist jemand in meinem Olivenöl schwimmen gegangen. Ich rufe also da rein: Was soll das? Komm raus da, du Arschloch! Aber der Typ hört mich gar nicht und schwimmt einfach weiter. Also wollte ich ihn da rausholen."

Johann erinnerte sich nur schemenhaft daran, wie Marconi ihn gerettet hatte. Irgendwann, als er eigentlich schon aufgegeben hatte, war er beim Schwimmen plötzlich gegen einen Gegenstand geprallt: die metallene Düse eines Feuerlöschschlauchs, den Marconi kurzerhand abgerollt und in den Öltank hinabgelassen hatte. Wie er selbst es geschafft hatte, sich mit seinen glitschigen Händen daran festzuhalten, und wie der verletzte Marconi ihn mit fast schon übermenschlichen Kräften an diesem Schlauch aus dem Tank ziehen konnte, war ihm immer noch völlig unbegreiflich. Offensichtlich hatte Enzas Vater sich dabei so sehr verausgabt, dass er gleich danach wieder in Ohnmacht fiel.

„Ich muss mich wohl bei Ihnen bedanken", sagte er jetzt widerwillig zu Marconi. „Wenn Sie mich da nicht rausgeholt hätten, dann wäre ich im Öl ertrunken."

„Wie Franca, was?" Marconi schüttelte den Kopf. „Glauben Sie wirklich, dass sie in diesem Tank gestorben ist? Wer soll das denn bitte getan haben? Ich war es jedenfalls nicht. Wenn ich es gewesen wäre, dann hätte ich Sie schön da unten im Tank absaufen lassen."

Johann musste ihm instinktiv Recht geben, widersprach aber trotzdem.

„Sie hatten doch ein Motiv? Franca hat sie erpresst, oder?"

„Okay, legen wir die Karten auf den Tisch." Marconi stand vorsichtig auf und ging auf wackeligen Beinen im Zimmer auf und ab. „Ja, sie hat mich erpresst, die blöde Zicke. Das war der Dank dafür, dass ich ihr damals den Job als Sekretärin gegeben habe. Irgendwie hat sie die Sache mit dem Ölschmuggel spitz gekriegt. Ich dachte, sie ist zu doof, Ladescheine zu lesen. Aber plötzlich drohte sie mir damit, zur Guardia di Finanza zu gehen und denen alles zu erzählen. Sie wollte Geld. Ich habe ihr gesagt: Okay, aber wie kann ich sicher sein, dass es bei einem Mal bleibt? Dass du nicht immer wieder ankommst und jedes Mal neues Geld fordert. Sie antwortete: ‚Glauben Sie mir, wenn ich das Geld habe, dann wandern wir aus. Dann sind Sie mich los.' Also habe ich gezahlt. Das war's. Eine Woche später lag sie tot im Piranhabecken."

„Tja Papa, da hast du wohl eine Woche zu früh bezahlt." Enzas Stimme war leise, aber schneidend, ihr Blick auf den verletzten Vater ohne jedes Mitleid. „Aber wenn du sie nicht umgebracht hast, wer war es dann?"

Marconi blieb stehen, schaute erst missbilligend seine Tochter an, dann Johann. Er zuckte mit den Schultern:

„Keine Ahnung."

Johann hatte plötzlich das Gefühl, dass Marconi die Wahrheit sagte. Sie waren auf der falschen Fährte. Der Extravergine-Chef war ein Gauner, er war skrupellos und unsympathisch. Doch Francas Mörder musste jemand anders sein. Nachdenklich sagte er zu Enzas Vater:

„Wissen Sie was? Der Mensch, der Sie vorhin niedergeschlagen und mich ins Öl gestoßen hat. Der war bestimmt nicht zum ersten Mal auf dem Schiff."

Er spürte Enzas Blick. Sie sah ihn an und formte mit den Lippen einen Namen. Er nickte ihr zu und sprach weiter.

„Kennen Sie eigentlich Toni, Francas Freund?"

„Kennen wäre zu viel gesagt. Er holte sie manchmal von der Arbeit ab. Ich habe nie mehr als ein paar Worte mit ihm gesprochen. Glauben Sie, dass er der Mann auf dem Schiff war?"

„Vielleicht. Die Polizei sucht nach ihm, bisher leider vergeblich."

Marconi kratzte sich an seinem dicken Bauch. Es war ganz offensichtlich eine Geste der Verlegenheit.

„Ja, die Polizei tut bestimmt, was sie kann. Aber wie gesagt, ich lege keinen besonderen Wert darauf, diese Sache hier an die große Glocke zu hängen. Sie verstehen das bestimmt."

Johann dachte eine Weile darüber nach, was alles passieren würde, wenn sie jetzt die Polizei alarmierten. Enzas Meinung zu diesem Thema kannte er. Aber wenn er ehrlich war, hatte auch er selbst nicht die geringste Lust, Commissario Moreno seinen dramatischen Sturz ins Olivenöl zu erklären.

„Ich mache Ihnen einen Vorschlag. Ich könnte mir vorstellen, die Kripo in dieser Sache nicht zu informieren. Aber dann müssen Sie mit mir kooperieren. Ich schicke Ihnen einen Kollegen vom Institut, den Sie persönlich auf das Schiff führen. Dort nimmt er eine Probe des Öls. Und er sucht das Deck auf Fingerabdrücke und DNA-Spuren ab."

Johann sah das aufkeimende Frohlocken im Gesicht seines Gegenübers und beeilte sich fortzufahren:

„Aber ich muss Sie warnen. Wenn wir im Labor feststellen, dass das Olivenöl aus dem Schiff identisch ist mit dem tunesischen Öl in Francas Lunge, dann muss ich das in den offiziellen Bericht mit aufnehmen. Dann werden die Beamten sich irgendwann fragen, warum die Firma Extravergine ausgerechnet afrikanisches Chemlali-Öl hortet, das offiziell niemals in die EU importiert wurde."

Marconis Miene verdüsterte sich wieder. Gut so, dachte sich Johann und sprach weiter:

„Spätestens dann wird die Angelegenheit an die Guardia di Finanza weiter gegeben. Vielleicht sollten Sie einer solchen Entwicklung mit einer Selbst-Anzeige zuvorkommen."

Der Extravergine-Boss wirkte verstört.

„Verstehen Sie mich nicht falsch. Aber wir sind ja nicht die einzigen, die so etwas machen. Alle meine Konkurrenten holen sich das Öl aus Ländern, wo es billiger ist, und verkaufen es als italienisches extra-natives Olivenöl. Anders kann man auf diesem Markt gar nicht überleben."

„Mensch Papa, mir kommen gleich die Tränen vor lauter Mitleid." Enza bedachte ihren Vater mit einem verächtlichen Lächeln und setzte noch eins drauf: „Ich sehe schon die Schlagzeile vor mir: Er wurde zum Betrüger, um seine hungernde Familie zu ernähren."

Marconi ignorierte den Spott seiner Tochter und ging einen Schritt auf Johann zu.

„Ich könnte mich erkenntlich zeigen, wenn wir noch eine andere Möglichkeit fänden, aus der Sache herauszukommen." Er kam noch näher und senkte seine Stimme: „Sehr erkenntlich."

Johann war kurz davor laut herauszulachen. Doch er zwang sich ernst zu bleiben:

„Signor Marconi, ich bin Leiter der Gerichtsmedizin von Genua. Und ich habe überhaupt keine Probleme damit, Sie wegen des Versuchs der Bestechung anzuzeigen. Also: Entweder wir rufen jetzt die Polizei, oder wir machen es so, wie ich vorgeschlagen habe."

Er war insgeheim erleichtert, als Marconi Variante zwei zustimmte.

TEIL III

ZAHNLÜCKEN

27. KAPITEL

SAMSTAG, 14:15 UHR

Veronica kicherte.

„Das ist nicht lustig“, schimpfte Johann mit ihr. „Ich wäre um ein Haar in Öl ertrunken.“

Sie versuchte sich zu beherrschen, aber dann brach es rau und glucksend aus ihr heraus. Die Schilderung seines lebensgefährlichen Abenteuers schien sie ungemein zu erheitern. Tränen liefen ihr über die dunklen Wangen. Prustend vor Lachen legte sie ihren Kopf auf seine Brust und schmiegte sich mit ihrem warmen Körper an ihn.

Spontan wollte er sie wegstoßen. Beleidigt, weil sie seinen dramatischen Bericht nicht ernst nahm. Aber plötzlich musste er mitlachen. Es war irgendwie befreiend, es tat ihm gut, aber es tat auch verdammt weh. Sein Bauch und seine Brust fühlten sich an, als würde jemand Dutzende von spitzen Messern hineinstoßen. Ihn quälte ein gewaltiger Muskelkater, der sich über Nacht in jede Faser seines Körpers geschlichen hatte.

Als er am Morgen zu ihr gekommen war, hatte sie ihm voller Verständnis beim Ausziehen geholfen und sich dann ganz behutsam auf ihn gesetzt. Nach dem Sex hatte er begonnen zu erzählen: alles, was seit dem vergangenen Samstag passiert war, bis zum bitteren Ende im Olivenöl.

Plötzlich wurde sie ernst: „Der Mann, der dich da rein gestoßen hat, glaubst du, dass er dich töten will?“

Ihre Augen waren noch feucht von den Tränen der Fröhlichkeit. Doch sie schaute ihn jetzt ernst und eindringlich an. Ihm wurde auf einmal bewusst, dass diese schwarze Prostituierte sich Sorgen um ihn machte. Dass es eine Ebene der Vertrautheit gab, die sie beide miteinander verband. War es Freundschaft? Oder sollte er besser formulieren: eine ungezwungene Samstagsbeziehung? Egal wie er es nannte, ihm war jedenfalls völlig egal, mit wie vielen Männern sie den Rest der Woche Sex hatte. Veronica schien ihm plötzlich die wichtigste Konstante in seinem Leben zu sein. In ihrem Bett fand er die Befriedigung, die er brauchte. In ihren Armen fühlte er sich sicher und gehalten. Es war so herrlich unkompliziert. Dass er dafür bezahlte, schien ihm nur recht und billig.

Und Enza? Insgeheim musste er sich eingestehen, dass er ganz froh war, den ersten Kuss, wenn auch unwillkürlich, im Panikfiasko erstickt zu haben. Seine Gefühle für Enza waren stärker und intensiver als die für Veronica. Enza erregte ihn und regte ihn auf. Er fühlte sich von ihr magisch angezogen und hatte gleichzeitig Angst davor sich zu verbrennen. Er dachte gerne an sie, aber er versuchte schnell, die Gedanken an sie zu verdrängen. In diesem Gefühlschaos steckte er tief und ziemlich orientierungslos fest.

Sie hatten sich am Abend zuvor betont beiläufig mit italienischem Wangenkuss verabschiedet. Seit der Geschichte mit der Panikattacke behandelte sie ihn wie ein rohes Ei. Auf ihre Frage: „Wann sehen wir uns wieder?“ hatte er ausweichend reagiert. Der Klassiker: „Ich brauche etwas Zeit.“ Er hätte ja schlecht sagen können: Morgen geht nicht, da habe ich meinen Samstäglichen Sex-Termin mit Veronica im Vico Colalanza. Doch als er ihren zunächst erstaunten, dann traurigen Blick wahrnahm, beeilte er sich einzulenken: „Vielleicht magst du am Sonntag mit zum Surfen nach Voltri kommen?“ Was eigentlich ein ziemlich bescheuerter Vorschlag war. Nach dem Motto: Ich will nicht mir dir reden, sondern nur von dir bewundert werden. Aber zu seiner Überraschung hatte sie ja gesagt.

Morgen also. Er merkte jetzt wieder, dass er sich auf Enza freute. Und wurde sich gleichzeitig der Tatsache bewusst, dass Veronica ihn die ganze Zeit ruhig ansah und immer noch auf eine Antwort wartete.

„Ob er mich töten wollte? Ich weiß es nicht. Wahrscheinlich ja. Obwohl …" Johann zögerte kurz. „Er hatte doch alle Zeit der Welt. Er hätte in aller Ruhe erst den bewusstlosen Marconi töten können, um dann die Luke vom Tank dicht zu machen. Dann hätte ich keine Chance gehabt. Wollte er uns also nur erschrecken? Eine Warnung? Aber wovor? Die ganze Geschichte scheint mir völlig sinnlos."

„Glaubst du, dass es Toni war?"

„Vielleicht. Wahrscheinlich. Aber warum?" Johann setzte sich mühsam auf. Seine Bauchmuskeln schmerzten höllisch. „Möglicherweise gibt es auch den großen Unbekannten, von dessen Existenz wir noch gar nichts ahnen. Ich habe wirklich keine Ahnung."

„Ich habe Tonis Foto gesehen. Bei dem Kindergesicht kann man sich schwer vorstellen, dass er irgendjemandem etwas zuleide tun könnte."

Veronica war aufgestanden und drehte sich am Fenster eine Zigarette. Die Silhouette ihres Körpers stand wie ein schwarzer Scherenschnitt vor der gleißenden Abendsonne, die irgendwie einen Weg durch die engen Gassen gefunden hatte. Johann starrte fasziniert auf den fremden Leib, der ihm gerade noch so nah gewesen war. Dann erst registrierte er, was sie eben gesagt hatte.

„Ach, du hast das Fahndungsfoto in der Zeitung gesehen? Das ist sieben oder acht Jahre alt. Toni sieht mittlerweile völlig anders aus."

Er stand auf und ging zu seiner Jacke, die über der Lehne eines wackeligen Holzstuhls hing. Aus der Innentasche zog er das Foto, das er seit nunmehr einer Woche mit sich herum trug: Franca, Enza und Toni, drei Menschen, deren fröhliches Lächeln aus einer anderen Wirklichkeit zu kommen schien. Zwei Frauen und ein Mann, die innerhalb weniger Tage die Kontrolle über sein Dasein übernommen hatten. Die eine war tot und erinnerte ihn an das Trauma seines Lebens. In die andere verliebte er sich gerade, der dritte hatte möglicherweise versucht ihn zu töten und würde es vielleicht bald wieder tun. Er reichte Veronica das Foto und sagte überflüssigerweise:

„Der Typ mit der Glatze, das ist Toni."

Er merkte sofort, dass etwas nicht stimmte. Im selben Moment, als sie das Bild sah, ging fast unmerklich ein Zittern durch ihren Körper. Ruckhaft drehte sie sich zum Fenster und wandte ihm den Rücken zu. Sie sagte nichts.

„Was ist los?"

Er ging um sie herum und sah, dass sie die Augen zugekniffen hatte. Das Foto hielt sie an ihre Brust gepresst, als wollte sie es vor der Welt verbergen. Johann kam plötzlich ein Gedanke, der ihm zunächst völlig abwegig und unwahrscheinlich erschien. Auf der anderen Seite: In dieser Geschichte war offenbar gar nichts unmöglich.

„Kennst du ihn etwa?"

Sie rührte sich nicht. Dann nickte sie stumm.

„Er ist doch nicht etwa … ?"

Johann war es plötzlich peinlich, was er sagen wollte. Dass Veronica außer ihm noch zahlreiche andere Kunden hatte, war eine Selbstverständlichkeit. Aber es war ein Thema, das sie immer ausgespart hatten. Er erzählte gerne von seiner Arbeit. Sie tat das nicht. So hielten sie die Illusion von einer besonderen Beziehung am Leben. Und das war mit ein Grund, warum er so wenig über sie wusste.

Er wollte seine Frage wiederholen. Doch sie kam ihm zuvor. Sie öffnete die Augen, sah sich das Foto noch einmal an, holte tief Luft und sagte sehr leise:

„Ja, er ist ein Kunde. Aber bei mir nennt er sich Marco."

Er konnte es kaum fassen. Ihm lagen plötzlich 1000 Fragen auf der Zunge. Konnte ausgerechnet Veronica helfen, das Rätsel um Francas Tod zu lösen. Sie spürte seine Aufregung und bremste ihn mit einer abwehrenden Handbewegung.

„Gib mir ein paar Minuten."

Sie ging ins Bad und zog die Tür hinter sich zu. Er hörte, wie sie sich erst wusch und dann anzog. Die Intimität zwischen ihnen war verflogen. Er spürte: Diese Nacht würde er nicht in Veronicas Bett verbringen.

Johann tat es ihr gleich und zog sich an. Eine Viertelstunde später trat sie in den Raum und setzte sich ihm gegenüber an den kleinen Tisch, an dem sie manchmal Sonntagmorgens zusammen einen Espresso tranken. Ihre dunklen Augen fixierten ihn lange. Dann fing sie an, mit stockender Stimme zu sprechen:

„Er kommt schon seit Jahren, sehr unregelmäßig, manchmal jede Woche, oft nur einmal im Monat, manchmal seltener. Meistens ruft er vorher an, und wenn gerade ein Termin frei ist, dann steht er kurz darauf vor der Tür. Das letzte Mal war er vor etwa drei Wochen da. Aber ich weiß, dass er auch zu vielen anderen Kolleginnen geht. So etwas spricht sich herum."

„Was meinst du mit ‚so etwas'? Bevorzugt er ...", Johann stutzte. Er war sich nicht sicher, wie er sich ausdrücken sollte. „Hat er besondere Vorlieben?"

Veronica lachte kurz und verächtlich:

„Vorlieben würde ich das nicht nennen. Ich glaube, er ist krank. Aber er zahlt nun mal gut dafür. Und deshalb machen es die meisten mit."

Sie verschränkte ihre Arme vor der Brust, als wolle sie die Erinnerung daran abwehren. Dann sprach sie weiter:

„Ich erzähle dir, wie das abgeht. Dann wirst du merken, dass man diesem Typen alles zutrauen kann. Es ist jedes Mal die gleiche Zeremonie. Er bringt immer ein Seil und eine uralte Lederpeitsche mit. Er zieht sich nackt aus, legt sich bäuchlings auf den Boden und will an den Handgelenken gefesselt werden. Dann muss ich ihn mit der Peitsche schlagen. Aber nicht soft, wie das normalerweise bei diesen Spielchen vereinbart wird, sondern volle Pulle. Er will, dass es richtig weh tut. Und obwohl ich ihn schlage mit aller Kraft, die ich habe, obwohl ich ihn peitsche, bis das Blut spritzt, macht er keinen Mucks. Er liegt einfach still da und lässt es über sich ergehen."

Veronica hielt kurz inne. Johann hing an ihren Lippen. Ihre Beschreibung widerte ihn zutiefst an. Aber sie faszinierte ihn auch.

„Irgendwann lassen meine Kräfte nach. Wenn er spürt, dass die Schläge schwächer werden, dreht er sich plötzlich um mit einer wutverzerrten Grimasse, die mir jedes Mal wieder Angst macht. Er zerreißt die Fessel, das Seil ist immer so dünn, dass er es zerreißen kann, und stürzt sich auf mich. Und jetzt wird es endgültig gruselig."

Sie zündete sich ihre Zigarette an und inhalierte tief. Normalerweise rauchte sie nicht in seiner Gegenwart. Aber jetzt schien sie es zu brauchen.

„Weißt du," fuhr sie fort, „es gibt viele Typen, die mit uns ihre Vergewaltigungsphantasien ausleben wollen. Aber das wird vorher besprochen. Dabei wird genau festgelegt, wie weit man gehen kann und wo die Grenzen sind. Es bleibt immer eine Art Schauspielerei. Für diesen Typ ist das kein Spiel. Bei ihm ist das brutalster Ernst. Er reißt mir buchstäblich die Kleider in Fetzen vom Leib, auch die muss er natürlich hinterher bezahlen. Und dann wird er zur Furie. Er brüllt mir ins Gesicht, was für eine miese Schlampe ich sei, er wirft mich aufs Bett, er schlägt mich ins Gesicht, Gott sei Dank nicht so brutal, dass man hinterher etwas sehen würde. Aber es tut weh. Und schließlich stößt er zu, mit einer Kraft und einer Gewalt, die mich immer wieder schaudern lässt. Ich halte das ehrlich gesagt nur aus, weil ich weiß, dass er nicht lange brauchen wird, und weil ich hoffe, dass er das nächste Mal zu einer anderen geht."

Sie verstummte und sah ihn mit traurigen Augen an. Johann vermied ihren Blick und starrte beklommen auf das Foto. Spätestens jetzt war klar, dass Toni seiner Freundin und allen anderen tatsächlich etwas vorgespielt hatte. Nach Veronicas Beschreibung verbarg sich hinter der freundlich lächelnden Visage ein Mann mit einer sadistischen Persönlichkeitsstörung. Die Vorstellung, dass seine sanfte Samstagsfreundin diesen Psychopaten regelmäßig empfangen hatte, ekelte ihn plötzlich an. Spielte sie auch ihm alles nur vor? Die Nähe, das Interesse, die Vertrautheit? Er wischte den Gedanken beiseite und konzentrierte sich auf seinen Fall.

„Du sagst, er nennt sich Marco. Was weißt du noch über ihn?"

„Nichts, oder jedenfalls nicht viel."

Als hätte sie seine Gedanken erraten, lächelte sie ihn jetzt an, stolz und herausfordernd.

„Viele Männer erzählen mir Dinge aus ihrem Leben, vor allem wenn sie Stammkunden sind. Dieser Typ erzählt nichts. Er sagt nicht einmal ‚ciao', wenn ich ihm die Tür aufmache. Er gibt die Befehle, ansonsten schweigt er. Er ist etwa Mitte 20, vielleicht auch ein bisschen älter. Er benutzt kein After Shave und stinkt oft nach Schweiß. Er rasiert sich nicht im Intimbereich, wie das viele andere Männer in seinem Alter tun. Er hat das Geld immer abgezählt in der rechten Hosentasche."

Sie war am Ende ihrer Beschreibung angekommen. Doch dann fiel ihr noch etwas ein.

„Er hat eine seltsame Tätowierung am linken Oberarm. So eine Art Galgen, daran hängen Leichen. Keine Farben, einfach nur in schwarz und ziemlich krakelig. Sieht eher aus wie eine Kinderzeichnung."

Johanns Telefon klingelte. Es war sein Ersatzhandy mit der Zweitkarte. Das andere Gerät lag immer noch im Olivenöltank im Bauch der Nani. Er sah auf das Display. Es war Guido, wahrscheinlich war er jetzt fertig mit der Untersuchung bei Marconi. Johann hatte ihn am Morgen ins Institut beordert und ihm dort erzählt, was auf dem Schiff passiert war. Auf seine Bitte, den Tatort ohne Polizei zu untersuchen, hatte Guido nur kurz erstaunt geguckt, dann aber mit verschwörerischer Geste zugestimmt. Johann hob ab und hörte die aufgeregte Stimme seines Assistenten.

„Dottore, ich bin zurück im Institut. Es ist etwas passiert, ich muss mit Ihnen reden. Können Sie hierher kommen?"

Johann überlegte nicht lange.

„Ich bin in 20 Minuten da."

Zum Abschied drückte er Veronica lange und fest an sich. Wortlos, er wusste einfach nicht, was er sagen sollte. Als er den düsteren Vico Colalanza bergauf Richtung Via Garibaldi hastete, merkte er, dass er das Foto auf Veronicas Tisch vergessen hatte. Egal, er würde es am nächsten Samstag wieder mitnehmen. Obwohl er sich nur schwer vorstellen konnte, jemals wieder unbefangen mit ihr ins Bett zu gehen.

28. KAPITEL

SAMSTAG, 15:05 UHR

Francas Grab war noch nackt. Eine schlichte weiße Marmortafel verschloss das Fach, in das die Träger den Sarg hinein geschoben hatten; erst vor drei Tagen war das gewesen, wurde sich Enza plötzlich bewusst. Unglaublich, so vieles war seitdem passiert.

Jedenfalls fehlten noch die Schrift und vor allem das Foto, das diesem Grab ein Gesicht geben würde. Nur ein etwa Postkarten-großes Pappkärtchen, das mit einem Stück Klebeband befestigt war, verriet, wessen Überreste hier eingemauert waren: Francesca Ermia, 15.05.1988 – 12.09.2012. Irgendein Angestellter hatte diese Buchstaben und Zahlen in einer ungelenken Handschrift niedergeschrieben. Und mit blauen Kugelschreiberstrichen vor das Todesdatum ein krakeliges Kreuz gezeichnet.

Er hätte auch ein riesengroßes Fragezeichen malen können. Enza starrte auf das Schild, bis alles vor ihren Augen verschwamm. Sie versuchte, ihre Gedanken zu ordnen: Wer hat dir das angetan, Franca? Und wer ist dieser Toni eigentlich, von dem ich dachte, dass er mein Freund war? Was hat seine gruselige Oma zu verbergen? Wofür braucht Johann eigentlich heute seine Zeit? Und was will der Kerl eigentlich von mir?

Sie war sauer auf Johann. Und sie war sauer auf sich selbst, weil es ihr so viel ausmachte, wie er sie am Vorabend hatte abblitzen lassen. Trotzig hatte sie am Morgen beschlossen, auf eigene Faust weiter zu recherchieren, und war mit dem Bus nach Castelbianco gefahren. In diesem Dorf waren Franca und Toni aufgewachsen, in diesen malerischen Gassen hatten sich das Mordopfer und der wahrscheinliche Täter kennengelernt. Hier wollte sie jemanden finden, der Antworten auf ihre Fragen geben könnte.

Sie stimmte mit Johann überein, dass Gianni Marconi die Wahrheit gesagt hatte. Ihr Vater war ein korruptes Arschloch. Aber er hatte Johann das Leben gerettet. Er war ganz offensichtlich kein Mörder. Wenn er aber als Verdächtiger ausschied, dann blieb nur noch Toni. Irgend jemand in diesem Dorf musste ihn gekannt haben, wusste vielleicht, wo er war, oder ahnte zumindest, was ihn hatte zum Mörder werden lassen.

„Kannten Sie die Verstorbene?"

Die heisere Stimme eines alten Mannes ließ sie zusammen zucken. Sie drehte sich um und erkannte den Geistlichen, der bei der Trauerfeier die Rede gehalten hatte. Er trug ein schwarzes Hemd mit klassischem Priesterkragen, der allerdings schon lange nicht mehr blütenweiß, sondern fleckig und zerschlissen war. Tiefe Furchen zogen sich durch sein sonnenverbranntes Gesicht, die Augen waren blutunterlaufen, der Atem roch nach Wein. Enza wich unwillkürlich zurück.

„Ja, warum fragen Sie?"

„Seit Mittwoch sind hier nur Reporter gewesen. Die haben ohne um Erlaubnis zu bitten alles fotografiert und danach versucht mich auszufragen. Sie sind der erste normale Mensch, der das Grab besucht."

„Kommen denn nicht einmal Francas Eltern hierher?"

Enza war aufrichtig überrascht.

„Nein, die Beziehung zur Tochter war wohl eher schwierig. So weit ich mich erinnere, hat Francescas Vater sie damals für tot erklärt, nachdem sie bei Nacht und Nebel Richtung Genua verschwunden war. Immerhin sind die Eltern zur Bestattung gekommen."

Enza starrte den alten Mann entgeistert an. Er wirkte ungepflegt und versoffen. Aber er schien tatsächlich Details aus der Vergangenheit ihrer Freundin zu wissen, die Franca ihr selbst nie erzählt hatte. Sie zwang sich, den schlechten Atem des Priesters zu ignorieren, und stellte sich vor:

„Franca war meine beste Freundin. Aber seitdem sie ermordet wurde, merke ich mehr und mehr, dass ich vieles über sie gar nicht weiß. Kennen Sie ihren Freund Toni?"

Der Priester sah sie eine Weile schweigend an. In seinem Blick erahnte Enza eine große Melancholie, die ihn sympathischer werden ließ. Schließlich antwortete er:

„Ich bin Don Giorgio, der Priester dieser Gemeinde. Ich kenne Antonio seit seiner Taufe. Sie können mir Ihre Fragen stellen. Aber ich muss Sie warnen. Es gibt vieles, worüber ich nicht sprechen darf, weil es unter das Beichtgeheimnis fällt. Kommen Sie mit. In meinem Haus ist es gemütlicher."

Er drehte sich um und führte sie zu einem zitronengelb verputzten Häuschen, das sich direkt an die pittoresk renovierte Dorfkirche anschmiegte. Schön kitschig, dachte Enza im Vorbeigehen und war dann beim Eintreten in die Wohnküche erstaunt, was der Priester unter gemütlich verstand. Die nackte, neongrelle Stromsparbirne an der Decke erleuchtete eine Szenerie, die sie spontan frösteln ließ: graue Betonfliesen auf dem Fußboden, eine blanke Edelstahlspüle unter dem winzigen Fenster, daneben ein wackeliger Küchenschrank aus billigen Spanplatten. In der Mitte des Raums stand merkwürdig unpassend ein Bistro-Tisch aus weißem Marmor mit zwei Eisenhockern. Offenbar hatte Don Giorgios Haushälterin gerade geputzt. Die blitzblank gewienerten Flächen standen jedenfalls im seltsamen Gegensatz zu dem fleckigen Wasserglas auf dem Tisch, in dem ein Rest Rotwein schwamm.

„Möchten Sie auch ein Glas?", fragte der Priester und zeigte ihr eine halbleere Flasche ohne Etikett.

Enza verspürte nicht die geringste Lust, die Hausmarke der katholischen Kirche zu kosten. Trotzdem zwang sie sich ja zu sagen. Je gelöster die Stimmung in diesem kalten Raum würde, desto mehr hoffte sie zu erfahren. Vielleicht konnte der Wein ja sogar dabei helfen, das hochheilige Beichtgeheimnis zu erschüttern. Sie setzte sich und nippte zögernd an ihrem Glas. Der Wein schmeckte besser als erwartet: fruchtig frisch mit einer angenehmen Herbe.

„Es ist ein Rossese, gerade erst abgefüllt. Marisa hier aus dem Dorf macht ihn selbst."

Don Giorgio schien ihre Gedanken gelesen zu haben. Er setzte sich ihr gegenüber, schenkte sich nach und nahm einen tiefen Schluck.

„Also junge Frau, was wollen Sie wissen?"

„Warum hatte Franca keinen Kontakt zu ihren Eltern?"

„Tja, das hat damit zu tun, dass sie sich in Antonio verliebt hat. Aber das ist eine lange Geschichte, dafür muss ich ein bisschen weiter ausholen. Wissen Sie, ich bin erst in den 70er Jahren in diese Gemeinde gekommen. Aber ich habe schnell gemerkt, dass Castelbianco tief gespalten ist. Hier gibt es alte Feindschaften, die bis heute mit bitterem Ernst gepflegt werden. Nach und nach habe ich herausgefunden, dass diese Animositäten noch aus dem Krieg her rühren. Damals gab es, wie überall in Italien, auch in diesem Dorf Faschisten und Linke. Die haben auf Leben und Tod gegeneinander gekämpft. Und ganz offensichtlich haben die beiden Lager bis heute keinen Frieden miteinander geschlossen."

Don Giorgio nahm einen weiteren Schluck und senkte seine Stimme.

„Alle wissen es, aber niemand spricht darüber: Francesca hat sich in die falsche Familie verliebt. Die Ermias und die Testas sind wie Hund und Katze. Man schaut sich nicht an, man redet nicht miteinander. Wenn man sich begegnet, dann wechselt einer die Straßenseite. Und dann entdecken ausgerechnet Francesca Ermia und Antonio Testa ihre Liebe füreinander."

Er leerte sein Glas und schenkte sich nach. Enza wartete gebannt darauf, wie die Geschichte weiter ging.

„Sie war erst 14, er war ein Jahr älter, als das Ganze begann. Die beiden gingen in die gleiche Klasse. Irgendwann erwischte sie jemand beim Händchenhalten und informierte die Familien. Nach allem, was man sich im Dorf erzählt hat, muss vor allem Francescas Vater total ausgeflippt sein. Innerhalb weniger Tage organisierte er eine neue Schule für seine Tochter: ein Internat in einem Kloster am Stadtrand von Genua. Zwei Jahre lang durfte sie nur noch in den Ferien und manchmal am Wochenende nach Hause kommen. Ob sie und Antonio sich in dieser Zeit heimlich getroffen haben?"

Der Priester blickte Hilfe suchend an die Decke.

„Ich weiß es wirklich nicht. Auf jeden Fall ging das Drama weiter, als Francesca mit 16 Jahren ins Dorf zurückkehrte. Jetzt hielten die beiden nichts mehr geheim. Sie knutschten offen auf dem Marktplatz miteinander herum und gingen engumschlungen durchs Dorf, selig lächelnd, als wollten sie die ganze Welt herausfordern. Signor Ermia hat wohl alles versucht, den Willen seiner Tochter zu brechen. Es heißt, er habe sie regelmäßig geschlagen."

Mit einer dramatischen Geste schlug Don Giorgio ein Kreuz in die Luft. Dann stand er auf, holte eine neue Flasche aus dem Schrank und entkorkte sie.

„Und dann?" Enza wollte endlich wissen, wie die Geschichte endete.

„Und dann," sagte der Priester, während er sein Glas randvoll goss, „dann kehrte plötzlich Ruhe ein. Denn ein paar Monate später verschwanden die beiden einfach. Die Nachricht verbreitete sich schnell. Eines Morgens waren ihre Betten leer. Ganz offensichtlich hatten sie sich heimlich nachts aus dem Haus gestohlen und Castelbianco zusammen verlassen. Das ist jetzt sieben Jahre her. Francesca habe ich seitdem nie wieder gesehen."

Er war offenbar am Ende seiner Erzählung angekommen und schwieg. Enza versuchte, das gerade Gehörte zu verarbeiten. Plötzlich fiel ihr auf, dass Don Giorgio praktisch nur von Franca und ihrer Familie gesprochen hatte.

„Und Toni? Haben Sie den wiedergesehen?"

Der Priester stürzte sein halbvolles Glas in einem Zug herunter. Er wirkte jetzt auf Enza ziemlich betrunken. Aber seine Sprache war überraschend klar.

„Es tut mir leid. Darüber darf ich nicht sprechen."

Enza versuchte sich zu beherrschen. Ausgerechnet an dem Punkt, an dem das Ganze spannend wurde, bremste der Priester sie plötzlich aus und berief sich auf sein unsägliches Beichtgeheimnis. Sie zwang sich zur Ruhe und fragte betont sachlich:

„Warum nicht? Hat Toni bei Ihnen die Beichte abgelegt? Darüber kann man doch reden."

Don Giorgios Hand zitterte beim Nachschenken. Er starrte vor sich hin. Dann antwortete er, langsam und überdeutlich:

„Selbst wenn Antonio Testa bei mir gewesen wäre, dann würde ich es Ihnen nicht sagen. Wer zu mir kommt und was er mir anvertraut, das bleibt zwischen mir und Gott."

„Ich bitte Sie!" Enza verlor die Beherrschung und schlug wütend mit der flachen Hand auf den Tisch. „Hier geht es um einen Mord. Meine beste Freundin ist tot. Und Sie wollen mir erzählen, dass dieser ganze Gottes-Quatsch wichtiger ist als die Tatsache, dass hier ein irrer Mörder frei herum läuft. Vielleicht will er gerade den nächsten Menschen abmurksen. Und Sie pochen auf Ihr dämliches Beichtgeheimnis?"

Der Priester schaute sie still und traurig an. Ihre Provokationen schienen an ihm abzuprallen. Sie hatte plötzlich das Gefühl, dass er schwer an seinem Wissen trug. Sie versuchte es noch einmal, wieder auf die sanfte Tour:

„Hören Sie! Sie brauchen mir ja nicht alles zu erzählen. Toni war mein Freund. Aber irgend etwas ist mit ihm passiert. Ich glaube, er ist verrückt geworden. Wenn Sie etwas darüber wissen, dann sagen Sie es, bitte!"

Er hob nur abwehrend die Hand und sagte müde:

„Von mir erfahren Sie nichts. Gehen Sie zu Antonios Großmutter. Versuchen Sie, mit Gina Testa zu sprechen. Sie ist der Schlüssel für alles. Und jetzt verlassen Sie bitte mein Haus."

29. KAPITEL
SAMSTAG, 16:14 UHR

Guido hatte rote Flecken auf den Wangen. Bevor Johann irgend etwas sagen konnte, hielt sich der Assistent aufgeregt den Finger vor die Lippen, zog ihn in sein Zimmer und schloss die Türe.

„Was ist los? Haben wir Spione im Haus?“, fragte Johann verdutzt.

„So könnte man es nennen. Raten Sie mal, wer bis eben bei Garzetti zu Besuch war?“

Guido schaute ihn erwartungsvoll an, gab aber einen Moment später die Antwort auf seine eigene Frage:

„Commissario Moreno.“

Johann war tatsächlich unangenehm überrascht. Garzetti war der Leiter des forensischen Labors. Wenn Kripo-Chef Moreno ihn besuchte, ohne dass er als leitender Gerichtsmediziner davon wusste, dann hatte das nichts Gutes zu bedeuten. Er fragte besorgt:

„Haben Sie ihn gesehen? Haben Sie mit ihm gesprochen?“

„Nein, aber ich habe zugehört. Das klingt jetzt vielleicht komisch, aber ...“. Guido zierte sich ein bisschen, dann sagte er verschämt: „Ich habe gelauscht. Ich kam an Garzettis Zimmer vorbei, die Tür stand offen, und ich hörte Stimmen. Also blieb ich einfach eine Weile stehen und merkte schnell, dass er mit diesem schrecklichen Moreno sprach. Ich hatte ja schon das Gefühl, dass Garzetti Ärger macht. Und ich habe Recht behalten.“

„Was meinen Sie? Los, erzählen Sie einfach."

„Garzetti hat Moreno erzählt, dass wir die Eintrittskarte ins Aquarium untersucht haben und dass Tonis genetischer Fingerabdruck daran gefunden wurde. Moreno hat sich natürlich gewundert und gefragt, warum er nichts von diesem Beweisstück wisse. Darauf sagt Garzetti zu ihm: Keine Ahnung, das Ticket kam direkt vom Chef."

Johann seufzte. Jetzt wusste Moreno also, dass ihm Informationen vorenthalten wurden.

„Und wie hat Moreno darauf reagiert?", fragte er seinen Assistenten.

„Er hat ihn gebeten, die Augen aufzuhalten. Garzetti soll Ihnen hinterher spionieren und den Commissario über alles auf dem Laufenden halten. Dann ist Moreno plötzlich aufgestanden und gegangen. Ich war so überrascht, dass er mich fast erwischt hätte. Ich konnte im allerletzten Moment noch ins Nebenzimmer abtauchen."

Guido wischte sich mit einer übertriebenen Bewegung den nicht vorhandenen Schweiß von der Stirn; es schien wirklich knapp gewesen zu sein. Johann mochte die affektierten Gesten seines schwulen Assistenten eigentlich ganz gerne. Aber in dieser angespannten Situation war ihm nicht danach, groß darauf einzugehen. Dass sein eigener Laborchef ihm jetzt hinterher spionieren würde und dass eine knifflige Auseinandersetzung mit Moreno drohte, diese Informationen verstärkten sein Gefühl der Beklemmung noch. Seitdem er die Piranha-Leiche seziert hatte, schien sein Leben in einen unwiderstehlichen Sog geraten zu sein, der ihn dazu trieb, immer mehr Geheimnisse zu haben und immer mehr Regeln zu brechen. Wo würde ihn das Ganze hinführen? Er hatte gerade kein gutes Gefühl.

Guidos Stimme riss ihn aus seinen düsteren Gedanken:

„Ich habe noch etwas gefunden."

Johann erinnerte sich: Am Vormittag hatte er den Assistenten zu Marconis Schiff geschickt.

„Ach ja, haben Sie auf der Nani etwas entdeckt?"

„Ich glaube, ich habe die Waffe gefunden, mit der Marconi niedergeschlagen wurde: Ein riesiger Schraubenschlüssel mit Spuren von Blut. Er lag am Ufer, etwa 30 Meter vom Schiff entfernt. Ob es sich um Marconis Blut handelt, muss das Labor noch checken. Auf dem Schiff selbst habe ich ein paar Abstriche gemacht. Mal schauen, was dabei herauskommt. Und dann natürlich das Öl. Ich habe eine Probe genommen und gleich per Kurier an das Institut für Pflanzengenetik nach Perugia geschickt. Mit dem Vermerk, dass sie das Ergebnis diesmal bitte nicht mit der Post, sondern per Fax oder E-Mail schicken mögen."

Johann spürte, dass sein Assistent immer noch nicht am Ende angekommen war.

„Noch etwas?"

„Ja, ich hatte noch etwas Zeit und habe ein paar Akten gewälzt. Sie wissen schon, die Fälle mit den Zahnlücken. Sofern Sie daran überhaupt noch Interesse haben nach allem, was passiert ist."

Johann fühlte sich plötzlich sehr müde. Machte diese ganze Recherche überhaupt noch Sinn? Eigentlich standen sie wieder ganz am Anfang. Er antwortete matt:

„Keine Ahnung. Wir wissen jeden Tag weniger, wonach wir eigentlich suchen. Ist Ihnen denn etwas Interessantes aufgefallen?"

„Ich glaube schon."

Guido griff nach einem staubigen Leitz-Hefter auf seinem Schreibtisch und überreichte ihn mit großer Geste wie ein Geburtstagsgeschenk.

„Tataaaaa! Das ist der erste Fall mit genau der Zahnlücke, nach der wir suchen. Ein Mann, 78 Jahre alt, ertrunken vor neun Jahren im Dorfteich. Sein Restgebiss war altersgemäß ziemlich dürftig. Aber da die meisten Schneidezähne noch im Kiefer steckten, fiel dem untersuchenden Gerichtsmediziner auf, dass der zweite oben rechts fehlte."

Johann war alles andere als begeistert und unterbrach ihn genervt:

„Ein alter, ertrunkener Mann. Ist das alles?“

In Guidos Gesicht blitzte ein schelmisches Lächeln auf. Er hatte offenbar noch etwas in der Hinterhand.

„Warten Sie‘s ab. Die Blutuntersuchung ergab 1,8 Promille. Man nahm also an, dass er im Suff ins Wasser gefallen und einfach untergegangen war. So weit, so langweilig. Aber dann fiel mir auf, welchen Dorfteich sich der alte Mann zum Sterben ausgewählt hatte. Es war der Teich von Castelbianco.“

Plötzlich war Johann hellwach.

„Etwa das Castelbianco, wo Franca und Toni aufgewachsen sind? Es gibt doch bestimmt mehrere Dörfer, die so heißen.“

Guido strahlte ihn jetzt triumphierend an.

„Ich habe das überprüft. Es ist exakt dieses Dorf. Und Sie werden nicht glauben, wie der Mann hieß. Sein Name war Rodolfo Ermia. Der Tote mit der Zahnlücke war Francas Großvater.“

30. KAPITEL
SAMSTAG, 17:33 UHR

Die Tür war zu. Enza rüttelte an der Klinke und lehnte sich mit ihrer ganzen Kraft dagegen. Diesmal hatte Tonis Großmutter abgeschlossen.

„Sie ist der Schlüssel zu allem". Die Worte Don Giorgios hallten immer noch in ihren Ohren. Sie hörte Geräusche von drinnen, klopfte mehrmals gegen das rissige Holz, ohne Ergebnis. Sie versuchte, durch die blinden Fensterscheiben irgend etwas zu erkennen, vergeblich. Sie rief laut:

„Signora Testa, sind Sie zu Hause?"

Niemand antwortete, nichts regte sich. Und doch fühlte sie sich beobachtet. Trotz der spätsommerlich warmen Temperaturen lief ihr ein Schauer über den Rücken. Dieses Haus hatte definitiv etwas Unheimliches. Plötzlich wünschte sie sich, Johann wäre bei ihr.

Enza klopfte das Herz bis zum Hals, aber sie ging trotzdem um das Gebäude herum und schaute in den Garten dahinter. Auch dort keine Menschenseele, nur ein paar Hühner gackerten aufgeregt in ihre Richtung, zusammengepfercht durch einen improvisierten Zaun aus alten Bettgestellen und Maschendraht. Daneben stand ein Holzklotz mit der rostigen Spaltaxt, die Enza schon von ihrem ersten Besuch kannte. Ob Tonis Nonna hier nicht nur Holz hackte, sondern ab und zu einem ihrer Hühner den Kopf abschlug? Welche Schlüsselrolle spielte die alte Frau bloß in dieser trostlosen Familiengeschichte?

Enza beschloss zurück zum Dorf zu gehen, fragte dort einen alten Bauern nach der Adresse von Francas Eltern, stand schließlich vor einem großen, gepflegten Natursteinhaus. Auf ihr Klingeln öffnete ein mittelgroßer Mann mit verhärmten Gesichtszügen. Enza erkannte ihn sofort. Bei der Bestattung hatte Francas Vater keine Träne vergossen und nur düster vor sich hin gestarrt. Offensichtlich war sie ihm trotzdem als Trauergast aufgefallen, denn jetzt sagte er schroff:

„Sie waren auf der Beerdigung. Was wollen Sie?“

„Ich war Francas beste Freundin. Ich möchte herausfinden, wer Ihre Tochter ermordet hat.“

Er musterte sie kalt. Dann stieß er mit schneidender Stimme hervor:

„Meine Tochter ist schon vor langer Zeit gestorben. Diese Frau war eine Hure. Mehr gibt es nicht zu sagen. Verschwinden Sie!“

Bevor Enza etwas erwidern konnte, schlug er die Türe mit großer Kraft wieder zu. Völlig verdattert klingelte sie noch einmal, ohne Erfolg. Sie hörte, wie über ihr in der ersten Etage ein Fenster geschlossen wurde. Doch als sie den Blick nach oben richtete, sah sie nur noch schemenhaft, wie jemand ruckartig die Gardine zuzog. Nachdenklich ging sie durch die Gassen von Castelbianco zurück in Richtung Bushaltestelle. So weit hatte Don Giorgio offenbar die Wahrheit gesagt. Verfeindete Familien, eine verbotene Liebe, die verstoßene Tochter. War Toni von seiner Oma genauso unter Druck gesetzt worden? Das Ganze erschien ihr wie ein düsteres Märchen aus längst vergangenen Zeiten. Es passte so gar nicht in dieses sonnenverwöhnte Rivieradorf.

Plötzlich stupste sie jemand von hinten in die Seite. Verdutzt drehte sie sich um und sah auf einen etwa 10jährigen Jungen hinab. Der schaute sie mit wachen Augen unter struppigen Haaren an, heftig atmend, als wäre er eine ganze Strecke ziemlich schnell gelaufen.

„Was ist los? Wer bist du?“, fragte Enza ihn.

Der Junge sagte nichts. Er griff nach ihrer Hand und schob ein zusammengeknülltes Stück Papier hinein. Dann drehte er sich um und rannte wieder davon.

„Warte doch!“, rief Enza hinter ihm her. Doch einen Augenblick später war das Kind nicht mehr zu sehen. Sie faltete den Zettel auseinander und entzifferte ein paar offenbar hastig dahin gekritzelte Worte:

„Franca S. Pietro in B. Mittwoch 11 Uhr“

Enza kannte die kleine Kirche ‚San Pietro in Banchi‘. Sie lag mitten in der Altstadt von Genua. Wer auch immer mit ihr über Franca sprechen wollte, hatte einen Ort weit weg von Castelbianco gewählt.

31. KAPITEL

SAMSTAG, 21:47 UHR

Der Mann folgte ihr bis zur Haustüre, sah das schwere Schloss und die Überwachungskameras. Kein guter Ort, um die Aufgabe zu vollenden. Er würde warten müssen, bis die Gelegenheit kam. Wie sonst auch. Im Warten war er gut.

An diesem Morgen war sie so nah gewesen. Aber er wusste, er hatte sich richtig entschieden. Er wollte kein Risiko eingehen. Außerdem hätte er die Nonna nur verwirrt. Seit der letzten Aufgabe baute die alte Dame ab. Sie verbrachte viele Stunden betend in der heiligen Kammer. Der Schrein war für immer verschlossen. Sie schien bereit zu sterben.

Er fragte sich, wie sein seltsames Leben danach aussehen würde. Ohne die Nonna, ohne ihre Aufgaben und Belohnungen, also ohne all das, wofür er bisher gelebt hatte. Er hatte keine Ahnung. Da war immer eine nächste Aufgabe gewesen, auf die er sich konzentrieren musste. So wie jetzt auch. Nur dass er sich diese selbst gewählt hatte: Erst der Gerichtsmediziner, dann die dünne Blonde. Sie steckten ihre Nasen in Dinge, die sie nichts angingen. Die Nonna sollte in Ruhe sterben dürfen.

Wahrscheinlich war das seine Zukunft: immer wieder Menschen zu töten. Das konnte er gut. Und es machte ihm nichts aus. Vielleicht fand er sogar jemanden, der ihn dafür bezahlen würde. So wie in amerikanischen Krimis. Auftragskiller, er musste grinsen, die Idee gefiel ihm.

Er schaute nach oben. In einem dieser schicken Appartments wohnte die Blonde also. Er wusste mittlerweile, dass sie Enza hieß. Sie musste verdammt reich sein, wenn sie sich diese Adresse leisten konnte. Es würde ihr nichts nützen. Er malte sich aus, wie er ihr die Kleider vom Leib riss. Alles bis auf die Stöckelschuhe, die musste sie anbehalten.

Eigentlich war sie nicht sein Typ, hübsch schon, aber viel zu lang und dünn. Doch die Vorstellung, wie er sie quälen würde, erregte ihn. Er holte sein Handy aus der Tasche, überlegte kurz, nach wem ihm der Sinn stand, und wählte eine Nummer.

32. KAPITEL

SONNTAG, 11:22 UHR

Der Wind war mau. Johann hatte das große 7-Quadratmeter-Segel gewählt, aber er quälte sich trotzdem. Sein Board schien sich in den Wellen festzusaugen, so langsam war er unterwegs. Nur ab und zu kam er mit einer Böe ins Gleiten und flitzte eine kurze Zeit lang über das Wasser. Doch selbst dann bekam er den Kopf nicht frei.

Das Wetter passte dazu. Graue Wolken füllten den Riviera-Himmel und gaben dem Mittelmeer eine bleierne Farbe. Er schaute zur Küste: Rechts an einer langen Mole löschte gerade ein gigantisches Containerschiff seine Fracht. Weiter links, an Land, erwartete ihn ein ganzes Bündel ungelöster Probleme: Sein Laborleiter, der ihm von nun an hinterher spionieren würde. Commissario Moreno, mit dem eine heftige Auseinandersetzung drohte. Das Rätsel um die heraus gebrochenen Schneidezähne. Und natürlich Enza, der er eigentlich erzählen musste, was er über Tonis seelische Abgründe erfahren hatte. Aber dann würde er auch über Veronica reden müssen.

In der Nacht hatte er wieder geträumt. Enza nackt und glitschig in einem großen Bottich mit Olivenöl. Er will sie küssen, sie öffnet die Lippen, und dann beißt sie zu. Erst in seine Wange, dann in seine abwehrende Hand, dann in seine Brust. Jedes Mal bricht einer ihrer Schneidezähne heraus und bleibt blutig in seinem Fleisch stecken. Er schreit und versucht sie wegzustoßen, doch sie beißt sich immer wieder fest und zieht ihn mit ihren Zähnen hinab ins Öl. Keine

Luft zum Atmen, der Druck auf der Brust, der pochende Schmerz. Klatschnass war er zu sich gekommen. Zunächst erleichtert, dass alles nur ein Traum war, dann kam der Ärger. Über sein dämliches Unterbewusstsein, das ihn mit endlosen Variationen des immer selben Themas quälte. Über seine Angst, die er nicht kontrollieren konnte. Über seine Schwäche, die er hasste.

Auf dem Surfbrett hatte er alles unter Kontrolle. Was er dafür brauchte, waren ein paar Muskeln, die Kenntnis der grundlegenden physikalischen Zusammenhänge und eine Portion Erfahrung. Mit den Füßen in den Schlaufen und den Händen am Gabelbaum hatte er sein Schicksal fest im Griff, egal ob der Wind aufbriste oder die Wellen höher wurden. Das Leben konnte so einfach sein.

Er schaute auf die Uhr: 11:30 Uhr, in einer halben Stunde würde er Enza bei den Fischerhütten treffen, so hatten sie sich verabredet. Höchste Zeit, gegen den Wind zurückzukreuzen. Während sein Board langsam Fahrt aufnahm, fragte er sich, ob er im Neoprenanzug Eindruck auf Enza machen würde. Für aufregende Manöver vor ihren Augen reichte dieses Windchen jedenfalls nicht.

...

Enza wunderte sich. Johann auf seinem Surfbrett hatte sie sich spektakulärer vorgestellt. Was da plätschernd auf sie zukam, sah eher nach Stehsegeln aus als nach rasantem Funsport. Doch als er im knietiefen Wasser von seinem Board sprang, mit einer energischen Bewegung Board und Rigg über seinen Kopf hob und damit leichtfüßig auf den Strand trabte, war sie widerwillig beeindruckt. Der Neoprenanzug betonte Johanns sehnigen Körper. Seine sonst struppigen Haare hatte das Salzwasser glatt an den Kopf geklebt. Sie fand ihn zum Anbeißen.

„Ciao bello“, sagte sie und küsste ihn spontan auf den Mund.

Er konnte sich zwar nicht wehren, denn er hielt immer noch mit beiden Händen Brett und Segel über seinem Kopf. Aber er erwiderte den Kuss. Dann löste er sich, lächelte sie verlegen an und legte seine Ausrüstung im Sand ab.

„Ciao bella, schön, dass du da bist. Es gibt Neuigkeiten."

Mit einem Schlag war Enzas Bauchsausen weg. Statt dessen lastete plötzlich die ganze Wirklichkeit von Mord, Intrige und Familienfehde wieder bleischwer auf ihr. Dieser Mann hatte wirklich eine seltsame Begabung dafür, erotische Momente einfach auszuknipsen. Ernüchtert antwortete sie:

„Ja, das kann man wohl sagen. Ich war gestern in Castelbianco." Sie ignorierte die Verwunderung in seinem Blick und fragte: „Willst du dich erst umziehen?"

Er nickte stumm, trug sein Zeug zu einer der Fischerhütten und verschwand hinter einer klapprigen Holztüre. Enza wusste von Johann, dass er die Baracke bei einem alten Fischer gemietet hatte, um seine Bretter und Segel nicht ständig hin und her transportieren zu müssen. Sie setzte sich in den Sand und schaute sich um.

In ihrem Rücken standen die Fischerhütten, fröhlich blau-weiß gestrichen, ordentlich aufgereiht nebeneinander auf einer Breite von rund 150 Metern. Dahinter hässliche Hochhäuser, eingerahmt von sanften grünen Bergrücken. Voltri gehörte nicht gerade zu den schönsten Vororten von Genua. Der Strand vor ihr war menschenleer bis auf zwei Männer, die gerade ihr Boot zu Wasser ließen.

Die Gemächlichkeit der Szene beruhigte sie. Die beiden Fischer trugen grüne Anglerhosen und trotz der Septemberwärme drollige Wollmützen. Einer von ihnen griff nach einem Holzbalken, der hinter dem Boot lag, trottete dann langsam am Boot vorbei und legte den Balken direkt vor den Kiel. Dann ging er wieder zurück, nahm einen zweiten Balken, trug ihn wieder am Boot vorbei und legte ihn etwa einen Meter vor den ersten. Sein Kollege schaute ihm gemütlich dabei zu. Jetzt lehnten sie sich zusammen mit dem Rücken gegen das Boot und schoben es zwei Meter weit, so dass der Kiel auf den beiden Balken vorwärts glitt. Auf diese Weite rutschte der Holzkahn im

Zeitlupentempo immer weiter den Strand hinab, bis der Bug endlich von den ersten Wellen umspült wurde.

„Faszinierend, nicht wahr?" Johann war in Jeans und T-Shirt zurück gekommen. Er setzte sich neben sie und sprach weiter: „Es hat etwas Archaisches. Das einfache Leben, ohne Zeitdruck, ohne Stress. Nach dem Motto: Die Fische werden schon nicht weg schwimmen, sie warten auf uns. Vielleicht sieht Glück ja so aus."

Die beiden Fischer waren mittlerweile in ihr Boot geklettert, hatten den Außenbordmotor angelassen und tuckerten, immer noch gemächlich, hinaus ins graue Meer.

Enza widersprach: „Seitdem die großen Trawler mit ihren Schleppnetzen alles weg fangen, bleibt für die alten Fischer kaum noch etwas übrig. Dieser Beruf stirbt gerade aus."

Sie wechselte das Thema: „Okay, was ist passiert?"

Johann zögerte einen Moment und wich ihrem Blick aus. Dann antwortete er:

„Franca hatte einen Großvater. Er starb 2003. Angeblich ist er im Dorfteich ertrunken. Aber ihm fehlte exakt der gleiche Schneidezahn wie seiner Enkelin."

Enza brauchte eine Sekunde, um sich an das Rätsel mit der Zahnlücke zu erinnern. Dann dachte sie an die Erzählung von Don Giorgio: Familien, die miteinander verfeindet waren. Kinder, die für tot erklärt wurden. War es vorstellbar, dass diese alten Streitigkeiten mit dem Mord an Franca zu tun hatten?

Sie berichtete Johann, was sie bei Don Giorgio erfahren hatte. Sie erwähnte ihren Besuch bei Tonis Oma und beschrieb die Szene bei Francas Vater, der ihr voller Wut die Tür vor der Nase zuschlug. Sie zeigte ihm die geheimnisvolle Nachricht, die ihr ein wildfremdes Kind zugesteckt hatte. Johann hörte aufmerksam zu und sagte spontan:

„Vielleicht ist es Francas Mutter, die sich mit dir treffen will."

Enza nickte: „Ja, den Gedanken habe ich auch schon gehabt. Aber es könnte auch mit Don Giorgio zu tun haben."

„Vielleicht will dich jemand in eine Falle locken."

Er streichelte besorgt ihre Wange.

„Nein, das glaube ich nicht. Die Kirche steht mitten in Genua. Da gibt es Pfarrer, Kapläne und jede Menge Leute, die beten. Was soll mir da passieren?"

„Ich könnte ja mitkommen und mich im Hintergrund halten."

Johann stand plötzlich auf und ging unruhig am Strand auf und ab.

„Es ist jedenfalls zu blöd, dass dieses Treffen erst am Mittwoch stattfinden soll. Bis dahin können wir ja schlecht drei Tage lang herumsitzen und abwarten."

Er machte eine kurze Pause, dann sah er sie an und sagte eindringlich:

„Weißt du, ich habe in meinem Büro von Tag zu Tag mehr Probleme. Ich kann es mir eigentlich nicht leisten, die Polizei weiterhin außen vor zu lassen."

Sie wusste, sie war nicht fair. Aber sie sprang auf und reagierte voller Wut.

„Hast du etwa Schiss vor diesem Schwein Moreno? Willst du klein beigeben und vor ihm auf dem Boden kriechen?"

Er sah sie ruhig, fast traurig an. Aber sie bemerkte den Anflug von Angst in seinen Augen und beruhigte sich schnell. Sie griff nach seiner Hand und zog ihn mit sich.

„Entschuldige. Komm, wir machen einen Spaziergang. Ich erzähle dir die Geschichte von mir und Commissario Moreno."

33. KAPITEL

SONNTAG, 12:17 UHR

Enza begann ohne Worte. Sie zog ein Messer aus ihrer Tasche, ließ es mit einem lauten Klacken aufschnappen und reichte es ihm. Johann starrte überrascht auf die mächtige Klinge mit dem gezackten Sägerücken. Es war eine Art Überlebensmesser, ausgeklappt rund 20 Zentimeter lang, eindeutig eher Waffe als Taschenmesser für den Hausgebrauch. Er löste die Arretierung, klappte die Klinge wieder ein und gab es ihr zurück. Dann wartete er darauf, dass sie sprach.

„Dieses Messer habe ich mir vor 11 Jahren gekauft", sagte sie nach einer Weile. „Seitdem trage ich es immer bei mir. Ich schöre dir: Das nächste Mal, wenn mir jemand an die Wäsche will, werde ich es benutzen."

„Was ist passiert?"

„Du erinnerst dich an den G8-Gipfel in Genua?"

„Ja, klar."

Johann hatte damals die Ereignisse von Deutschland aus verfolgt. Im Juli 2001 waren 250.000 Demonstranten aus der ganzen Welt nach Genua gekommen, um gegen Wirtschaftsgipfel und Globalisierung zu demonstrieren. Die Regierung hatte dagegen 20.000 Polizisten aufgeboten, die das Treffen der Wirtschaftsriesen schützen sollten. Doch die Ereignisse waren völlig aus dem Ruder gelaufen. Die Polizeiaktion artete zu einer Gewaltorgie aus, in der ein Demonstrant erschossen und hunderte brutal verprügelt wurden.

Johann hatte noch die verstörenden Fernsehbilder vor Augen, Szenen wie aus einem Bürgerkrieg: vermummte Polizisten, die mit ihren Schlagstöcken um sich schlugen und mit ihren Füßen in die Gesichter von Menschen traten, die bereits am Boden lagen. Blutüberströmte, verängstigte Gesichter. Brennende Autos.

Er rechnete sich aus, dass Enza zu der Zeit 17 oder 18 Jahre alt gewesen sein musste.

„Bist du damals auch auf die Straße gegangen?“

„Ja. Ich war gerade von zu Hause ausgezogen. Ich ging noch zur Schule und wohnte bei einem Kumpel, der sich für Attac engagierte. Was er davon erzählte, begeisterte mich. Sie engagierten sich gegen alles, was mein Vater repräsentierte. Die Gier, die Macht der Konzerne, das schnelle Geld. Also habe ich teilgenommen. Es war eine geile, aufregende Zeit. Wir haben Transparente gemalt, Gesänge geübt und uns eingebildet, wir könnten tatsächlich etwas verändern.“

Enzas Stimme brach ab. Johann ließ ihr Zeit. Sie gingen Hand in Hand den steinigen Strand entlang, links das ruhige Meer, rechts die steil aufragenden Ausläufer der Seealpen. Plötzlich blieb Enza stehen und sah ihn mit leuchtenden Augen an.

„Am Anfang war es ein Fest. Wir waren so viele. Die ganze Stadt war gefüllt mit unserer Bewegung, mit unseren Ideen, mit unserer Stimmung. Wir sangen, wir tanzten, wir feierten. Die Bullen hielten sich zurück, sie schauten uns zu. Bis wir den Zaun erreichten. Du erinnerst dich vielleicht: Der Gipfel fand im Palazzo Ducale statt, also mitten in der Altstadt. Darum herum hatte die Polizei ein fünf Meter hohes Absperrgitter errichtet. Dort standen wir also, rüttelten am Zaun und skandierten unsere Gesänge. Was dann passierte, hast du bestimmt im Fernsehen gesehen: Erst kam das Tränengas, dann die Bullen mit ihren Schlagstöcken. Es war ein Gemetzel. Um mich herum die Schreie meiner Freunde, das Brüllen der Bullen, die Knüppel, das Blut. Ich habe noch nie in meinem Leben so viel Angst gehabt. Aber ich hatte Glück. Ich kannte mich aus und bin durch eine enge Gasse geflüchtet, obwohl ich wegen meiner Tränen kaum etwas sehen konnte. Ich traf zwei Demonstranten aus Österreich, die nahmen mich mit in eine Schule, wo sie übernachteten. Dort fühlten wir uns sicher. Ich dachte, der Alptraum wäre vorbei."

Bei Johann machte es plötzlich ‚klick'. Er ahnte, von welcher Schule Enza sprach. Der so genannte Folterskandal in der Diaz-Schule hatte noch viele Jahre lang Schlagzeilen gemacht.

„Du warst in der Diaz-Schule?"

Enza sah ihn jetzt traurig an.

„Ja, ich hatte Angst, durch die Stadt zu laufen. Also bin ich dort bei den anderen Demonstranten geblieben. Kurz nach Mitternacht kamen sie dann. 300 Polizisten, in Vollmontur mit Helm und heruntergezogenem Visier. Du sahst keine Gesichter, nur diese schwarzen Krieger wie aus einem Science-Fiction-Film. Sie brachen das Tor mit einem gepanzerten Fahrzeug auf und fingen sofort an jeden zu verprügeln, der ihnen vor die Knüppel geriet. Ich habe versucht, meinen Kopf zu schützen, und bekam die Schläge zuerst auf beide Unterarme. Aber dann traf mich ein Schlagstock von hinten auf den Kopf. Ich bin zusammengebrochen und habe noch wie durch Watte hindurch ein paar Tritte gespürt. Dann war ich weg."

Johann drückte unwillkürlich Enzas Hand fester, als könne er so nachträglich ihren Schmerz lindern. Sie hatten am Ende des Strandes kehrt gemacht und gingen Richtung Osten wieder zurück. Vor ihnen erstreckte sich jetzt scheinbar endlos die Hafenmole mit Kränen und Containerschiffen.

„Aufgewacht bin ich in einem Mannschaftswagen, am Boden liegend und mit Handschellen gefesselt. Meine Lippen waren blutig und geschwollen, mein Kopf hämmerte vor Schmerzen, und auch alles andere tat so weh, dass ich mich kaum bewegen konnte. Aber verglichen mit denen, die um mich herum hockten, ging es mir noch gut. Einem Mädchen hatten sie vier Schneidezähne ausgeschlagen, sie wimmerte nur noch vor sich hin und hielt die ganze Zeit beide Hände vor den Mund. Ein junger Mann blutete so stark aus einer Platzwunde auf der Stirn, dass er buchstäblich in seiner eigenen

Blutlache saß. Und ein anderer starrte fassungslos auf seinen linken Unterarm, grotesk geschwollen und seltsam angewinkelt, ganz offensichtlich mehrfach gebrochen von einem Polizeiknüppel.

Ich dachte, sie bringen uns ins Krankenhaus. Aber als sich die Tür am Heck endlich öffnete, standen wir vor einer Polizeikaserne. Hinterher habe ich erfahren, dass es die in Bolzaneto war. Ich erinnere mich nur noch bruchstückhaft, auf jeden Fall hörte der Alptraum nicht auf, er ging immer weiter. Erst mussten wir gebückt durch ein Spalier von etwa 50 Polizisten hindurch humpeln. Sie haben uns beschimpft, bespuckt und mit ihren Knüppeln immer weiter getrieben. Dann, im Gefängnis der Kaserne, wurden wir 48 Stunden lang gefoltert. Anders kann man das nicht nennen. Sie haben brennende Zigaretten auf unseren Armen ausgedrückt. Wir mussten faschistische Lieder singen und vor dem Bild von Mussolini salutieren. Irgendwann sollten wir uns nackt ausziehen und wurden medizinisch untersucht. Du weißt schon, als hätten wir in irgendwelchen Körperöffnungen Tütchen mit Drogen versteckt."

„Diese Schweine!", entfuhr es Johann spontan.

„Und jetzt kommt Moreno ins Spiel, der dreckige kleine Commissario, mit dem du zusammenarbeiten willst. Denn bis dahin hatte ich nicht ein einziges Gesicht gesehen. Alle diese feigen, sadistischen Saukerle waren maskiert durch ihre Helme. Aber er war irgendwie Vorgesetzter und trug normale Uniform. Stell dir also diese Szene vor: Stolz wie ein Pfau mit blank gewichsten Stiefeln marschiert er in den Raum, während ich gerade nackt, breitbeinig und mit erhobenen Armen an der Wand stehe. Er schaut mich von oben bis unten an, packt mir mit seinen Fingern plötzlich grob an die Möse und sagt: ‚Du kleine Attac-Nutte, du hättest wohl gerne mal einen richtigen Knüppel zwischen den Beinen.'

Ich war so geschockt, dass ich ganz spontan reagierte. Ich habe ihm, so fest ich konnte, eine runtergehauen. Das war mein erster Fehler, dafür musste ich natürlich büßen. Nicht dass er die Nerven verloren hätte. Nein, er rieb sich überrascht seine rote Wange und zog betont langsam den Schlagstock aus dem Gürtel. Damit tat er mir dann weh. Ganz gezielt, mit fast schon chirurgischer Präzision. Ein Schlag auf den Oberarm, ein Stoß in die Magengrube, ein Hieb gegen das Knie, ein Schlag aufs Schulterbein. Immer mit genau dosierter Kraft: möglichst große Schmerzen bereiten aber keine bleibenden Verletzungen hinterlassen.

Schließlich lag ich zusammengekrümmt vor ihm auf dem Boden. Ich konnte nicht mehr stehen, ich stöhnte vor Schmerz, ich war nackt und blutig und hatte nur noch eines: meinen Stolz. Also biss ich die Zähne zusammen und erstickte jedes Jammern, jeden Schrei. Vor diesem Schwein wollte ich nicht um Gnade betteln. Da fragte er mich, ein wenig außer Atem, ob ich jetzt genug habe. Und ich machte meinen zweiten Fehler. Ich sagte mit letzter Kraft:

‚Bullensau.'

Er kannte noch eine andere feine Foltermethode. Er griff nach meiner rechten Hand und packte meine Finger. Zeige- und Mittelfinger in der einen Faust, den kleinen und den Ringfinger in der anderen. Dann zog er sie langsam, aber mit voller Kraft auseinander. Bis es knackte, bis die Haut zwischen den Fingern riss."

Enza hielt die Hand hoch und spreizte ihre Finger. Johann entdeckte zwischen Ring- und Mittelfinger eine weiße, gezackte Narbe, die ihm bisher nicht aufgefallen war.

„Es tat so weh, dass ich schreien musste. Das Geräusch verfolgt mich bis heute, mein eigenes Schreien, durchdringend, hilflos, jämmerlich. Glücklicherweise habe ich dann das Bewusstsein verloren und bin erst im Krankenhaus aufgewacht. Dort wurden die Finger wieder eingerenkt und der Riss genäht, netterweise alles unter Narkose. Ich habe nie herausgefunden, wer das Arschloch war, das mich so gequält hatte. Bis der Typ plötzlich vor meiner Wohnung stand und sich als Commissario der Kriminalpolizei vorstellte. Ganz offensichtlich hat er Karriere gemacht."

Johann versuchte, seine tiefe Bestürzung hinter einer einfachen Frage zu verbergen:

„Hat er dich erkannt?“

„Nein, vielleicht hätte ich mir vorher meine Lippen blutig schlagen sollen“, antwortete Enza sarkastisch. „Außerdem hatte ich damals lange dunkelbraune Haare.“

„Du hast ihn doch sicherlich angezeigt. Kam er denn nicht vor Gericht?“

„Klar habe ich ihn angezeigt. Aber da ich seinen Namen nicht kannte, wurde es eine Anzeige gegen Unbekannt. Und weil der Korpsgeist der Polizei perfekt funktionierte, weil sich niemand an irgend etwas erinnerte, liefen alle Ermittlungen ins Leere. Irgendwann wurden sie eingestellt.“

Johann küsste sprachlos und verwirrt die neu entdeckte Narbe. Was Enza ihm gerade geschildert hatte, passte in die Welt faschistischer Diktaturen in Südamerika. Hier, an der italienischen Blumenriviera, klangen ihre Erlebnisse seltsam deplaziert, irgendwie unmöglich, wie die grausame Fantasie aus einem düsteren Märchen.

Gewiss, er kannte einige erschreckende Details aus der Zeitung. Zum Beispiel die Sache mit den gefälschten Beweisen. Die Polizeiführung hatte zunächst zwei Molotow-Cocktails präsentiert, die angeblich in der Diaz-Schule beschlagnahmt worden waren. Doch Jahre später kam heraus: Die mit Benzin gefüllten Weinflaschen hatte in Wahrheit ein Polizist in die Schule geschmuggelt, um den brutalen Einsatz im Nachhinein zu legitimieren. Auf der anderen Seite erinnerte sich Johann aber auch daran, dass es eine ganze Reihe von Prozessen gegeben hatte.

„Wurde denn überhaupt niemand verurteilt?“

Enza lächelte grimmig.

„Oh ja, es gab jede Menge Prozesse, viele, viele Jahre lang. Am Anfang standen 44 Polizisten vor Gericht, die in Bolzaneto Menschen gequält haben. Die meisten wurden aus Mangel an Beweisen freigesprochen, ein paar wenige wurden verurteilt. Dann gingen alle in Berufung, und die nächste Instanz war dran. Alle paar Jahre gab es also neue Urteile und immer wieder neue Berufungen.

Zwischendurch hat ein Kassationsgericht alle Urteile aufgehoben. Und Berlusconi sorgte dafür, dass die Verjährungsfristen dramatisch verkürzt wurden. Vor ein paar Wochen dann, also elf Jahre später, kam das Urteil in letzter Instanz: Vier Polizisten wurden freigesprochen, sieben zu geringen Haftstrafen verurteilt. Die restlichen 33 sind zwar schuldig gesprochen, können aber nicht mehr belangt werden. Weil, na so eine Überraschung, die Vorwürfe mittlerweile verjährt sind. Und weißt du, was das absurdeste an diesem absurden System ist?"

Johann schüttelte hilflos den Kopf.

„Wenn man sie wegen Folter angeklagt hätte, wären vielleicht noch ein paar mehr verurteilt worden. Aber in unserem fröhlichen, sonnigen Land gibt es dummerweise keinen Folterparagraphen. Das haben unsere Superjuristen irgendwie vergessen."

Enza stieß die letzten Worte angespannt hervor, voller Aufregung und Verachtung. Johann wollte sie beruhigen, versuchte sie zu umarmen. Doch sie riss sich los, sie war noch nicht fertig. Mit bebender Stimme sagte sie:

„Und jetzt kannst du gerne zu diesem Ekel Moreno gehen, ihm schön alles anvertrauen und dafür sorgen, dass er bald noch ein bisschen höher befördert wird."

34. KAPITEL
MONTAG, 8:43 UHR

Der Tag begann mit einem verstörenden Anruf. Johann saß an seinem Schreibtisch und grübelte darüber nach, wie er in Zukunft Commissario Moreno gegenüber treten sollte, als sein Telefon klingelte. ‚Wohlscheid' stand auf dem Display, der Leiter der Gerichtsmedizin in Berlin. Mit einem unguten Gefühl in der Magengrube nahm Johann den Hörer ab.

„Ciao bello", kam die unvermeidliche Begrüßungsformel. „Was macht deine Piranhaleiche?"

„Hi Thomas. Ganz ehrlich, die Geschichte wird mit jedem Tag komplizierter. Aber deshalb rufst du bestimmt nicht an, oder?"

„Na ja, vielleicht doch. Ich dachte, es könnte dich interessieren, dass es wieder eine Leiche mit deiner Lieblingszahnlücke gibt. Zweiter Schneidezahn oben rechts, du weißt schon."

Johann horchte auf.

„Wieder bei euch in Berlin?"

„Nein, in Hamburg. Aber ich tausche mich ja regelmäßig mit meinem Nachfolger dort aus, und so habe ich davon erfahren. Der Fall ist jedenfalls absolut schräg: Ein 85 Jahre alter Mann ertrinkt in der Außenalster. Alles sieht nach einem ganz normalen Unfall aus. Er hat Wasser in der Lunge und keine direkt sichtbaren äußeren Verletzungen. Aber dann fällt dem Gerichtsmediziner etwas seltsames auf: Der Mann hatte keine eigenen Zähne mehr, in seinem Mund steckt aber noch das künstliche Gebiss. Und in dieser Prothese fehlt genau der eine Schneidezahn. Unser Kollege denkt sich also: Vielleicht gab es ja doch eine Gewalteinwirkung! Also untersucht er die Leiche noch einmal genauer. Und findet ein kleines Hämatom am Hinterkopf, das er, unter uns gesagt, natürlich schon bei der ersten Untersuchung hätte finden müssen. Jedenfalls stellt er plötzlich eine neue Diagnose: Jemand hat den Greis mit einem abgerundeten Gegenstand bewusstlos geschlagen und ihn dann ins Wasser geworfen, wo er ertrank."

„Und bevor er ihn ins Wasser warf, hat er ihm noch schnell einen Zahn aus dem Gebiss gebrochen", fügte Johann hinzu. „So absurd das auch klingt."

„Keine Ahnung", antwortete Wohlscheid. „Glaubst du das wirklich?"

Johann schwieg eine Weile und dachte nach. Seitdem Guido entdeckt hatte, dass auch Francas Großvater mit dieser Zahnlücke gestorben war, hielt er fast alles für möglich.

„Ich weiß es nicht", antwortete er seinem Ex-Boss. „Aber wir haben insgesamt vier Leichen mit derselben Zahnlücke. Erst der pensionierte Lehrer im Schlachtensee, dann die Frau im Piranhabecken, jetzt der alte Mann aus Hamburg, und schon vor neun Jahren ein ähnlich alter Mann hier in der Gegend. Interessanterweise war er der Großvater des Mädchens, das du meine Piranhaleiche nennst."

Aus der Leitung kam ein anerkennendes Pfeifen, Wohlscheid war offensichtlich beeindruckt.

„Alle vier sind ertrunken", fuhr Johann fort. „Auch wenn Francesca Ermia insofern eine Ausnahme macht, als sie in Olivenöl ertrunken ist. Zwei dieser Opfer wurden definitiv ermordet, die beiden anderen möglicherweise. In keinem Fall wurde ein Täter identifiziert."

„Das könnte bedeuten", führte Wohlscheid den Gedankengang fort, „dass wir hier von einem europäischen Serienmörder sprechen, der seit mindestens neun Jahren Menschen umbringt und ihnen den immer gleichen Zahn heraus bricht, warum auch immer."

„Klingt ziemlich durchgeknallt, oder?"

Johann kam das Ganze plötzlich völlig unglaublich vor.

„Vielleicht auch nicht." Johann hörte am anderen Ende der Leitung ein unterdrücktes Lachen. „Obwohl ich zugeben muss, es wäre schon ziemlich abgefahren. Vielleicht bist du ja kurz davor, den nächsten ‚Jack the Ripper' zu überführen. Was sagt denn eigentlich die Polizei zu deinen wilden Theorien?"

„Ganz schwieriges Thema", erwiderte Johann. „Wenn ich davon anfange, dann sprechen wir in drei Stunden noch miteinander."

Er bat Wohlscheid darum, ihm weitere Informationen zu dem Hamburger Mord zu schicken, und versprach, ihn auf dem Laufenden zu halten. Dann legte er den Hörer auf. Während er noch versuchte, seine Gedanken zu ordnen, klopfte es an der Türe. Guido steckte seinen Kopf herein.

„Dottore, wir brauchen Sie. Wir haben eine neue Leiche."

35. KAPITEL

MONTAG, 9:17 UHR

An der Tür zum Seziersaal stand, grinsend und selbstgefällig, Commissario Moreno.

Vor seinem inneren Auge sah Johann etwas anderes: die feine, gezackte Narbe zwischen Enzas Fingern. Er spürte plötzlich mit großer Klarheit, dass er sich entschieden hatte. Mit diesem Menschen konnte er nicht mehr zusammen arbeiten. Er verzichtete auf eine Begrüßung und fragte barsch:

„Warum wurde ich nicht zum Tatort gerufen?"

Moreno antwortete fast übertrieben liebenswürdig:

„Das war nicht nötig. Es handelt sich um einen Routinefall: Eine Nutte aus der Altstadt, schwarz wie die Nacht. Gefunden hat sie eine Kollegin. Wahrscheinlich ist irgendein Freier durchgedreht. Wir haben alle Spuren vor Ort gesichert. Es reicht also völlig, wenn Sie die Leiche hier untersuchen."

Johann ließ ihn stehen und betrat den Leichensaal. Eigentlich grenzte es an einen Skandal, wenn die Polizei den Tatort eines Mordes ohne Gerichtsmediziner untersuchte. Doch Morenos Worte hatten seine Wut erstickt, statt dessen spürte er plötzlich Angst. Die Leiche lag auf dem letzten Tisch, nackt und auf den ersten Blick vertraut.

„Ihr Name ist Zoulaya Diouf."

Moreno war ihm gefolgt und versorgte ihn mit Fakten, die er nicht hören wollte.

„Geboren im Senegal, vor sieben Jahren illegal eingereist. Sie teilte sich mit drei anderen Nutten eine Absteige im Vico Colalanza. Angeblich war Blasen ihre Spezialität. Ihrem letzten Kunden war das offensichtlich nicht genug."

Johann zwang sich ruhig zu bleiben und betrachtete die Leiche. Das sinnliche Lächeln war ausradiert, der Mund war nur noch blutige Masse. Veronicas Gesicht hatte sich im Sterben zu einer gequälten Fratze verzerrt. Um ihren Hals lag eine Drahtschlinge, die der Mörder mit großer Kraft zugezogen hatte. Ihr weicher Körper war übersät mit schwarzblauen Blutergüssen. Jemand hatte sie, bevor er sie erwürgte, brutal zusammen geschlagen.

Die Erkenntnis, dass vor ihm gequält und kalt seine Samstagsfreundin lag, traf ihn wie ein Faustschlag in die Magengrube. Ihm wurde heiß, er bekam plötzlich kaum noch Luft, sein Körper füllte sich mit erstickender Übelkeit.

„Entschuldigen Sie mich einen Moment."

Er presste die Worte mühsam zwischen seinen Zähnen hervor und hastete aus dem Saal. Auf der Toilette verriegelte er die Tür hinter sich, stand keuchend vor dem Waschbecken. Sein Spiegelbild war verschwommen, er zwinkerte mit den Augen, merkte, dass ihm Tränen die Wangen herab liefen. Mit eiskaltem Wasser wusch er sich das Gesicht und versuchte, die ihn überwältigende Traurigkeit niederzukämpfen. Im Leichensaal wartete Moreno. Er durfte sich jetzt keine Schwäche leisten. Er musste klar denken und pragmatisch handeln.

Johann zwang sich zu einer rationalen Analyse der Situation. Was war passiert? Ein Mann hatte Veronica ermordet. Eine Frau als Täterin konnte er bei dieser massiven Gewalt ausschließen. War Toni der Täter? Der Mann, den Veronica unter dem Namen Marco kannte? Der ihn möglicherweise vor ein paar Tagen ins Öl gestoßen hatte? Vielleicht war er ihm auch zu Veronicas Adresse gefolgt. Vielleicht hatte er in der Wohnung das Foto gefunden, das ihn mit Franca und Enza zeigte. Vielleicht hatte er sie deshalb gefoltert um herauszubekommen, was sie wusste.

Was war zu tun? Er musste sich zusammenreißen und Veronicas Leiche sezieren. In ein paar Minuten würde er den Leib aufschneiden, dem er am Samstag noch so nahe gewesen war. Alles andere hätte Verdacht erregt. Wenn der Täter Veronica vergewaltigt hatte, dann würde er wahrscheinlich seine DNA finden. Er war froh, dass er selbst Kondome benutzte, sonst hätte er womöglich noch Reste seines eigenen Spermas analysiert. Obwohl er sich keine Illusionen machte. Wenn die Kripo-Leute einigermaßen sorgfältig gewesen waren, dann hatten sie auch so schon genügend Spuren von ihm gefunden: Haare, Hautschuppen, wahrscheinlich auch Fingerabdrücke.

Was wusste Moreno? Das war für ihn die große Unbekannte. Hatte der Commissario das Foto gefunden? Hatten Nachbarn ihn, Johann, womöglich als Stammkunden beschrieben? War der Verkehr mit Prostituierten in Italien eigentlich illegal? All diese Fragen durfte er nicht aussprechen. Er musste sich verhalten, als wäre die Frau, mit der er jedes Wochenende eine intensive Nacht verbracht hatte, eine Routine-Leiche, die ihn völlig kalt ließ. Er atmete tief durch, spülte sich den Mund und ging zurück in den Saal.

Moreno empfing ihn mit dem üblichen hämischen Spruch.

„Dottore, Sie sind doch sonst nicht so empfindlich."

Er hatte sich mittlerweile einen Kittel angezogen und wollte offensichtlich bei der Leichenöffnung zuschauen. Ihm gegenüber legte Guido gerade die Instrumente zurecht.

„Machen Sie sich keine Sorgen um mich, Commissario", sagte Johann betont beiläufig und ging gleich in die Offensive: „Was verschafft mir die Ehre Ihrer Anwesenheit? Sie interessieren sich doch sonst nicht für meine Arbeit."

Moreno konterte kalt:

„Ich wollte schon immer mal wissen, wie Neger von innen aussehen."

Nur mit Mühe gelang es Johann, den üblen Satz zu ignorieren. Er hatte sich oft gefragt, ob der Mann tatsächlich Rassist war oder ob er mit seinen Sprüchen nur provozieren wollte. Seitdem er Enzas

Geschichte gehört hatte, war ihm klar geworden, dass Commissario Bruno Moreno eine Art kontrollierter Soziopath war, ein Sadist, der sich an der Macht seiner Position aufgeilte.

Er griff nach seinem Aufnahmegerät, vermied es, Veronica ins Gesicht zu schauen, und zwang sich zu einem derben Gerichtsmediziner-Spruch:

„Na, dann wollen wir mal anfangen. Bitte nichts anfassen, und wenn Sie kotzen müssen, dann bitte nicht auf die Leiche."

Während er den geschundenen Körper untersuchte, während er jedes einzelne Hämatom begutachtete und vermaß, während er mechanisch seine Befunde ins Diktaphon sprach, überwältigte ihn die Trauer aufs Neue. Plötzlich quälte ihn der Gedanke, dass er diesen Menschen gar nicht gekannt hatte. Ihr Name war nicht Veronica, sondern offenbar Zoulaya. Sie stammte nicht aus Nigeria, sie kam aus dem Senegal. Sie hatte ihn auch in Bezug auf die Wohnung angelogen. Es war nicht ihre eigene, sondern ein Bordell-Appartement, das irgendein Zuhälter für mehrere Prostituierte gemietet hatte. Johann kam sich vor wie der letzte Depp.

Moreno riss ihn aus seinen düsteren Gedanken.

„Für ne schwarze Nutte war sie eigentlich ganz hübsch. Ihre Kunden müssen Spaß mit ihr gehabt haben. Glauben Sie nicht auch?"

Johann ging nicht darauf ein. Er versuchte, sich ganz auf die Arbeit zu konzentrieren. Doch dann wurde er hellhörig, ihm wurde wieder heiß. War das eine Anspielung gewesen? Wollte Moreno ihn provozieren, weil er bereits wusste, dass Johann das Opfer gekannt hatte? War das vielleicht der Grund, warum der Commissario zum ersten Mal überhaupt einer Leichenöffnung beiwohnte?

Während er behutsam die Drahtschlinge löste, die sich tief in Veronicas Hals gegraben hatte, beschloss er, vorsichtig Fragen zu stellen.

„Glauben Sie wirklich, es war ein Freier? Gibt es irgendwelche Indizien in der Richtung?"

Moreno blaffte eine nichts sagende Antwort.

„Es war bestimmt nicht ihr Zuhälter. Mit der Braut hat er garantiert viel Kohle gemacht."

Die Schlinge bestand aus einem etwa zwei Millimeter dicken Drahtseil mit einer äußeren Hülle aus durchsichtigem Plastik. An mehreren Stellen machte Johann DNA-Abstriche und reichte die Proben zur Beschriftung weiter an Guido. Dann fragte er weiter.

„Und wie sah es in der Wohnung aus? Haben Sie etwas Besonderes gefunden?"

Spätestens jetzt würde Moreno das Foto erwähnen müssen, sofern es noch dort gelegen hatte.

„Das Übliche. Ein Bett, viele Papiertücher, sonst erstaunlich ordentlich. Sie lag auf dem Rücken. Sie können sich die Aufnahmen, die der Kriminaltechniker gemacht hat, ja später anschauen. Die andere Nutte kam zur Ablösung. Sie hat uns ein paar Stammkunden beschrieben. Das überprüfen meine Männer gerade."

Kein Foto also. Oder vielleicht doch? Spielte der Commissario ein Spiel mit ihm? Wusste er längst von seinen Samstagsbesuchen bei Veronica und hatte jetzt seinen Spaß daran ihn zu quälen? Oder war das Foto tatsächlich verschwunden?

Er war fast fertig mit der äußeren Leichenschau. Jetzt noch den Kopf untersuchen, danach kam die eigentliche Öffnung des Körpers. Mühsam versuchte er, Veronicas Gesicht nicht als ganzes zu betrachten, sondern sich auf Details zu konzentrieren. Die Nase, blutig und nach Tastbefund einmal gebrochen. Die Lippen, mehrfach aufgeplatzt und unförmig geschwollen. Die Zähne, vollständig trotz der heftigen Gewalteinwirkung.

„Keine Zahnlücke", diktierte er auf Band. Und fragte sich insgeheim, ob er eigentlich etwas anderes erwartet hatte.

„Sie mit ihrer Zahnlücke", kommentierte Moreno spitz. „Sie glauben doch nicht etwa, dass der Mord an dieser Negerin irgend etwas mit unserer Piranhaleiche zu tun hat."

In Johanns Kopf sprang ein Schalter um, er konnte sich nicht mehr beherrschen.

„Vielleicht ist es Ihnen entgangen, dass man Menschen mit dunkler Hautfarbe heutzutage als Schwarze bezeichnet.“

„Oder noch bescheuerter: als Afro-Italiener“, antwortete Moreno mit beißendem Spott. „Aber schauen Sie doch mal genau hin. Sie ist gar nicht schwarz. Sie ist eindeutig dunkelbraun. Soll ich sie deshalb ‚Braune‘ nennen? Diese Farbe ist ja leider auch negativ besetzt.“

Johann ärgerte sich über sich selbst. Moreno war ein Rassist, und er genoss es ganz offensichtlich, wenn man auf seine Provokationen reagierte. Er hielt also den Mund, beendete die Untersuchung des Kopfes und griff zum großen Messer, um den Y-Schnitt anzusetzen. Es gelang ihm, alle störenden Gedanken aus seinem Hirn zu verbannen. In dem Moment, da er die äußere Hülle durchschnitt, begann er zu vergessen, wer hier vor ihm lag. Da waren nur noch Haut, Muskeln, Sehnen, Blutgefäße. Der Mensch von innen. Er nahm die Rippenschere und öffnete den Brustkorb. Beim zweiten Knacksen registrierte er im Augenwinkel, wie Moreno hastig und kommentarlos den Raum verließ.

„Er war schon ganz grün im Gesicht“, sagte Guido, der bis dahin stumm assistiert hatte. „Er ist nicht nur ein Widerling, sondern auch noch ein Weichei.“

„Sie wissen gar nicht, wie sehr Sie Recht haben“, antwortete Johann.

Insgeheim fragte er sich, warum ein Mann, der gefoltert hatte, es nicht mit ansehen konnte, wenn der Körper eines Menschen geöffnet wurde. Egal, er konnte endlich in Ruhe arbeiten. In der Luftröhre des Opfers fand er feinblasigen, blutigen Schaum. Die Bestätigung dafür, dass das Opfer noch lebte, als der Mörder das Drahtseil zugezogen hatte. „Todesursache: Ersticken durch Strangulation“, diktierte er in sein Aufnahmegerät. Die massiven Blutungen, die er im Genitalbereich entdeckte, bestätigten seinen Verdacht.

„Was denken Sie, was passiert ist?“, fragte er seinen Assistenten, der heute erstaunlich tapfer durchgehalten hatte.

„Er hat sie mit seinen Fäusten zusammen geschlagen, bis sie sich, halb ohnmächtig, nicht mehr rühren konnte", sagte Guido mit tiefer Verachtung in der Stimme. „Dann hat er die Schlinge um ihren Hals gelegt und langsam zugezogen. Während sie keine Luft mehr bekam, hat er sie brutal vergewaltigt. Ihr Todeskampf hat ihn erregt, ganz schön krank."

„Ja, so sehe ich das auch. Ich bin gespannt, was die Abstriche aus der Vagina ergeben. So, wie der Kerl durchgedreht ist, nehme ich nicht an, dass er sich vorher noch wohlüberlegt ein Kondom übergezogen hat."

Eine halbe Stunde später waren sie fertig. Guido legte die zuvor entnommenen Organe zurück in den Körper und begann, die Leiche zuzunähen. Johann suchte auf dem Gang nach Moreno, doch der Commissario war verschwunden. Seltsam, dachte Johann. Erst überrascht er mich mit seiner Anwesenheit, dann wartet er nicht einmal das Ergebnis der Sektion ab. Wieder überfiel ihn ein Anflug von Panik. Was hatte Moreno bloß vor?

Er ging zurück in den Saal und war erleichtert, dass Guido die Leiche bereits in ein Kühlfach geschoben hatte. Er sterilisierte gerade die Instrumente im Desinfektionsbad. Sie standen alleine im Raum, Johann nahm all seinen Mut zusammen.

„Guido, ich muss Ihnen etwas erzählen. Die Frau, die wir gerade seziert haben. Ich kenne sie. Oder besser: Ich kannte sie."

Die Überraschung im Blick seines Assistenten bremste ihn zunächst aus. Aber er zwang sich weiterzusprechen.

„Ich kannte sie sogar gut. Und ich war erst am Samstag in ihrer Wohnung."

Guido brauchte eine Weile, um die Worte seines Chefs zu verdauen. Dann fragte er zögernd:

„Sie waren, äh … befreundet?"

„Ja, so bescheuert das klingt. Ich war natürlich ihr Kunde, aber wir waren auch befreundet. Und ich glaube, dass Toni sie getötet hat."

Er berichtete Guido kurz und knapp, was Veronica ihm über die Perversitäten ihres Freiers erzählt hatte. Außerdem die Geschichte mit dem Foto, das er bei Veronica vergessen hatte und das jetzt verschwunden war.

„Und Sie glauben jetzt, dass Toni sich selbst auf dem Foto erkannte und sie deshalb ermordet hat?"

Guido schien nicht überzeugt.

„Wer sonst hätte ein Interesse daran gehabt, die Aufnahme mitzunehmen. Aber das ist natürlich nur eine Theorie. Wir müssen abwarten, was die Abstriche im Labor ergeben."

Plötzlich weiteten sich Guidos Augen. Beim Stichwort Labor hatte er mit einem Mal das ganze Ausmaß des Schlamassels begriffen, in dem sich sein Chef verstrickt hatte.

„Wenn Sie in der Wohnung waren, dann haben Sie doch sicherlich ..."

Johann beendete den Satz für ihn: „Jede Menge Spuren hinterlassen."

Eine intensive Stille breitete sich aus, beide Männer dachten fieberhaft nach. Johann machte sich zwar wenig Sorgen um seine Fingerabdrücke. Die waren seines Wissens nirgendwo registriert. Doch ihm war klar: Sobald der Sequenzierautomat seinen genetischen Fingerabdruck entzifferte, würde es laut und deutlich „ping" machen. Seine DNA war, wie die aller Leute im Institut, abgespeichert. Das war in jedem DNA-Labor der Welt Routine. Nur so konnte man sicherstellen, dass es sofort auffiel, wenn Proben aus Versehen von Mitarbeitern verunreinigt wurden.

Spätestens morgen oder übermorgen würde sein eigenes Labor also herausfinden, dass er sich in der Wohnung der ermordeten Prostituierten aufgehalten hatte.

36. KAPITEL

MONTAG, 14:03 UHR

Enzas Handy klingelte. Sie schaute auf das Display und verzog das Gesicht. Der Name ‚Carlo Grasso' blinkte auf. Tonis Kollege, der Delfintrainer, der ihr im Aquarium geholfen hatte. Wahrscheinlich wollte er seine Flirtversuche fortsetzen. Dafür hatte sie jetzt keine Zeit. Sie stellte auf lautlos und wendete sich wieder Johann zu.

„Okay, was willst du mir erzählen?"

Er hatte sie zu Hause angerufen und mit aufgeregter Stimme um ein Treffen gebeten. „Du hast Recht mit Moreno", hatte er gesagt. „Aber es geht um etwas anderes. Wir haben hier eine Leiche, eine Frau. Ich muss dir dringend etwas sagen."

Sie hatte nicht weiter gefragt und war gekommen. Jetzt saßen sie einander gegenüber auf der Terrasse vor dem Caffé Klainguti, mitten in der Altstadt. Alle Tische um sie herum waren besetzt, die Piazza Soziglia vibrierte im wuseligen Nachmittagsleben von Genua: Elegant gekleidete, ältere Frauen, die ihre Schoßhündchen mit den Brioches aus der Pasticceria fütterten. Junge Mädchen in High Heels und Push-Ups, die aufgeregt kichernd mit ihren Smartphones herum spielten. Handwerker mit staubigen Gesichtern, die wenig sprachen und müde an ihrem Bier nippten.

Johann wippte nervös in seinem Stuhl auf und ab. Er goss seinen Espresso in einem Zug hinunter und antwortete schließlich:

„Eine Frau ist gestern ermordet worden. Eine Prostituierte aus der Altstadt. Jemand hat sie gequält und erdrosselt. Ich glaube, es war Toni."

Enza war spontan zusammen gezuckt. Sie spürte, dass sie tief im Inneren immer noch nicht akzeptiert hatte, dass Toni ein Mörder war.

„Du sagst, du glaubst, es war Toni? Habt Ihr denn Beweise?"

„Es gibt eine Zeugin, eine andere Prostituierte. Sie hat Toni auf einem Foto erkannt. Sie hat auch erzählt, dass er eine Art Stammkunde war, der sich Marco nannte, und dass es ihn erregte, die Frauen zu misshandeln."

Johann schien einmal tief durchzuatmen, sprach dann aber weiter.

„Nach Auswertung der DNA werden wir hoffentlich mehr wissen."

Enza schaute nachdenklich auf den Mann, der ihr gegenüber saß. Ein rätselhafter Mensch, der noch vor wenigen Stunden souverän den Körper einer Frau aufgeschnitten und irgendwelche geheimnisvolle DNA-Spuren gesichert hatte. Der jetzt aber irgendwie unruhig, fast schon aufgeregt zu ihr sprach. Sie spürte plötzlich eine große Zärtlichkeit und griff nach seiner Hand.

„Weißt du was? Wir brauchen eine Auszeit von diesem ganzen Horror. Den Rest dieses Tages vergessen wir alle Leichen und alle Mörder und konzentrieren uns nur auf uns. Was hältst du davon?"

Johann wollte etwas antworten, doch das Ping-Geräusch ihres Handys kam dazwischen. Sie schaute auf das Display.

„Das ist der Delfintrainer. Er hat offensichtlich eine Liebesbotschaft draufgesprochen. Warte, ich höre das mal kurz ab."

Genervt wählte sie die Nummer ihrer Mailbox. Doch schon nach den ersten Worten wurde sie hellhörig. Was Carlo Grasso darauf gesprochen hatte, war alles andere als ein weiterer Flirt-Versuch. Um sicher zu gehen, dass sie alles richtig verstanden hatte, hörte sie die Nachricht ein zweites Mal ab. Dann erzählte sie es Johann.

„Er sagt, ihm sei etwas aufgefallen. Er hat sich das Bild von der Überwachungskamera noch einmal ganz genau angesehen. Und dabei hat er auf Tonis Arm eine Tätowierung entdeckt, die ihm ganz fremd vorkam. Er ist sich ganz sicher, dass Toni dieses Tattoo noch nicht hatte, als sie das letzte Mal zusammen gearbeitet haben."

Johann schaute sie zunächst an, als wäre er mit seinen Gedanken völlig woanders. Dann fokussierte sich sein Blick.

„Du hast die Bilder im Aquarium doch gesehen?", fragte er. „Hast du das Tattoo bemerkt?"

„Nein, aber ich habe vor allem auf sein Gesicht geachtet."

Johann schien immer noch über irgend etwas nachzugrübeln. Sie stand kurzerhand auf, beugte sich über den Tisch und küsste ihn sanft auf den Mund.

„Schluss jetzt! Damit können wir uns morgen beschäftigen. Ich will dir was zeigen."

Sie zog ihn mit beiden Händen hoch, dabei stieß er aus Versehen gegen den Stuhl eines Mannes, der mit dem Rücken zu ihnen am Nebentisch saß. Johann entschuldigte sich, doch der Mann war im Schatten seines Base-Caps völlig vertieft in die Gazetta dello Sport. Er zeigte keine Reaktion.

37. KAPITEL

MONTAG, 15:12 UHR

Der Mann zahlte sein Bier und machte sich auf den Weg. Er war zufrieden. Es war eine gute Idee gewesen, sich heute wieder an die Fersen der Blonden zu heften. Lange hatte er auf dem Platz vor ihrem Haus gewartet und die Kinder bei ihren albernen Spielen beobachtet. Hinter einem Fußball herzulaufen und irgendwie dagegenzutreten, das hatte ihnen die Nonna nie erlaubt. Alles musste einen Sinn haben. Schmerzen erdulden, stark werden, das Ziel verfolgen.

Dann war sie endlich aus dem Haus gekommen. Diesmal hatte er sich vorbereitet. Mit seiner Kappe und der riesigen Sonnenbrille konnte sie ihn nicht erkennen. Er war ihr gefolgt und hatte geduldig auf seine Chance gewartet. Doch sie ging mit raschen Schritten direkt zur Piazza Soziglia. Immer waren andere Menschen in Sichtweite. Und dann kam der Gerichtsmediziner.

Er ärgerte sich nicht. Er fragte sich nur, wie der Typ das Öl überlebt hatte. Wahrscheinlich hätte er den Deckel schließen sollen. Aber der Angler, der plötzlich mit seinem Kahn auf dem Wasser aufgetaucht war, hatte ihn gestört. Egal, jetzt stand der Gerichtsmediziner eben wieder auf seiner Liste.

Er ging langsam, er hatte Zeit. Er dachte an gestern. Nachdem er die Schlinge zugezogen hatte, war alles mit einem Mal vorbei gewesen. Das Prickeln, die Raserei, der Rausch. Statt dessen völlige

Leere. Und die traurige Erkenntnis, dass es mit der schwarzen Hure kein nächstes Mal geben würde.

Sie war immer besonders gut für ihn gewesen. Sie hatte so viel Kraft. Und konnte so viel ertragen. Aber ihm war nichts anderes übrig geblieben. Er tastete nach dem Foto in seiner Brusttasche. Wie war das Bild bloß auf ihren Tisch gekommen? Was hatte sie mit der Schlampe und ihrer blonden Freundin zu tun? Er wusste es immer noch nicht. Sie hatte das Geheimnis bis zum Schluss für sich behalten.

Vielleicht konnte er die blonde Zicke zum Sprechen bringen. Wenn er sie endlich in seiner Gewalt hatte. Plötzlich spürte er sie wieder. Prickelnde Vorfreude. Er wollte jeden Augenblick davon festhalten und genießen. Er spürte den Schlüssel in seiner Hosentasche. Die nächste Aufgabe wartete auf ihn.

38. KAPITEL

MONTAG, 15:17 UHR

Sie liefen bis zur Sopraelevata, der hässlichen Hochstraße, die Altstadt und Hafen voneinander trennte. Dort nahmen sie ein Taxi.

„Boccadasse", sagte Enza zum Fahrer. Und zu Johann: „Das wird dir gefallen."

Johann erinnerte sich daran, dass er von diesem besonderen Ort schon einmal gehört hatte. Ein Fischerdorf, in dem die Zeit stehengeblieben zu sein scheint, so lautete die Beschreibung eines Kollegen. Und genau so wirkte Boccadasse dann auch auf ihn.

Sie waren kaum fünf Minuten gefahren, schon stiegen sie aus, verließen die laute Hauptstraße mit ihrer endlosen Blechkolonne und tauchten ein in eine andere, fast unwirkliche Welt. Ein winziger Kieselstrand umgeben von verschachtelten Häusern in warmen Pastelltönen, die sich übereinander getürmt an einen Bergrücken schmiegten. Auf den Kies gezogen ein schrabbeliges Holzboot, in dem ein Fischer mit tätowiertem Oberkörper gerade seinen Fang verkaufte. Drum herum ein Hauch von „dolce far niente": Ein junges Pärchen, kuschelnd und verliebt mit den nackten Füßen im klaren blauen Wasser. Dahinter ein paar Rentner, die mit hochgekrempelten Hosenbeinen auf Plastikstühlen saßen und in irgendwelchen Zeitungen blätterten.

Sie aßen in der Trattoria Dindi erst leicht frittierte Sardellen, dann ‚Spaghetti allo Scoglio'. Was so viel hieß wie ‚von der Felsenklippe', so wurden die Nudeln mit Meeresfrüchten hier genannt. Das Essen war frisch und lecker, die Nudeln al dente, Venusmuscheln, Scampis und Langusten waren von einer wunderbar würzigen Tomaten-Weißwein-Soße benetzt. Ihr Tisch stand draußen in der Abendsonne, sie blickten auf das glitzernde Meer. Johann versuchte verzweifelt abzuschalten. Er sah in Enzas fröhliches Gesicht und hörte ihre weiche Stimme. Doch die Gedanken, die in seinem Kopf rumorten, ließen sich nicht so leicht unterdrücken.

Er hatte Enza nicht belügen wollen. Eigentlich. Er war jedenfalls mit der festen Absicht zum Treffen gegangen, ihr von seiner Beziehung zu Veronica zu erzählen. Doch dann war die Lüge mit der erfundenen Zeugin aus seinem Mund gekommen, wie von selbst. Und während sie jetzt zärtlich seine Hand streichelte, bohrte in ihm das schlechte Gewissen. Er dachte auch an die Tätowierung, die der Delfintrainer bei seinem Anruf erwähnt hatte. Was Enza nicht ahnte: Er wusste ja schon, wie sie aussah. Veronica hatte sie ihm bei seinem letzten Besuch beschrieben: eine Art Galgen, an dem Leichen hängen. Aber auch darüber konnte er nicht mit Enza sprechen.

Hinterher konnte er sich nicht mehr erinnern, wie es passiert war. Irgendwann jedenfalls ließ er sich mitreißen von ihrer Energie. Sie tranken einen herben Pigato und rückten näher aneinander. Sie fragte ihn nach seinem Leben, und er erzählte von seiner Zeit in Berlin. Sie flirtete übertrieben mit dem Kellner, und er lachte darüber. Eine ungewohnte Leichtigkeit verdrängte alle schweren Gedanken. Ein erotisches Flimmern erfüllte die Situation.

Im Taxi küssten sie sich. Er hatte keine Angst. Vor ihrer schön geschnitzten Wohnungstür überfiel ihn ein letzter Anflug von Sachlichkeit.

„Wie kannst du dir eigentlich diese Adresse leisten? Ich weiß nicht einmal, wovon du lebst.“

Enza küsste ihn auf die Nase und schloss die Tür auf.

„Als meine Mutter starb, habe ich die ganze Etage geerbt. Das andere Appartement vermiete ich. Außerdem betreibe ich einen Mode-Blog und schreibe ab und zu Artikel für Magazine.“

Mit einem lauten Klacken kickte sie ihre hochhackigen Schuhe in eine Ecke, war plötzlich zehn Zentimeter kleiner und schmiegte sich an ihn.

„Gibt es noch etwas, was Sie wissen möchten, bevor ich Sie verführe, Herr Doktor?"

Er sagte nichts, schloss mit dem Fuß die Tür und legte seine Arme um sie. Er fühlte sich leicht und frei. Sie liebten sich, erst vorsichtig und zärtlich, dann voller Leidenschaft, am Ende eng umschlungen. Danach schlief er fest und traumlos.

39. KAPITEL
DIENSTAG, 7:03 UHR

Das Klingeln eines Telefons riss beide unbarmherzig zurück in die Realität. Spontan begann Johann nach seinem Handy zu suchen. Doch Enza merkte schnell, dass es ihr Smartphone war, das nicht aufhören wollte zu klingeln. Sie fand es schließlich unter einem Kleiderhaufen und meldete sich.

„Si, pronto."

Eine unbekannte männliche Stimme begrüßte sie mit einer Frage.

„Buongiorno, Signora. Wer spricht dort bitte?"

Enza ärgerte sich. Es war 7 Uhr morgens, und der Mann hatte sich nicht einmal vorgestellt.

„Wer sind Sie denn bitte? Und warum rufen Sie mich in aller Herrgottsfrühe an?"

„Entschuldigen Sie, Sie haben Recht. Mein Name ist Alessandro Galassi. Ich bin Inspektor bei der Kriminalpolizei. Kennen Sie einen Mann namens Carlo Grasso?"

Enza fuhr es eiskalt den Rücken hinunter.

„Ja, ich kenne ihn. Er arbeitet als Delfintrainer im Aquarium. Warum fragen Sie?"

„Er ist tot. Ich bin im Aquarium. Und ich rufe Sie an, weil Ihre Nummer die letzte ist, die von seinem Handy aus angerufen wurde. Also bitte noch einmal: Mit wem spreche ich?"

Ihr stockte der Atem. Ein paar Sekunden lang rang sie um Worte, dann antwortete sie.

„Mein Name ist Enza Marconi. Es stimmt: Carlo hat mich gestern angerufen. Ich bin nicht dran gegangen. Deshalb hat er eine Nachricht auf meiner Mailbox hinterlassen. Aber was um Himmels Willen ist denn passiert?"

„Das darf ich Ihnen nicht sagen, bitte haben Sie Verständnis dafür. Können Sie mir sagen, warum Carlo Grasso Sie angerufen hat?"

Enza zögerte. Der Inspektor am anderen Ende der Leitung klang freundlich. Aber letzten Endes war Moreno sein Vorgesetzter.

„Er wollte sich wieder einmal mit mir verabreden. Wir haben uns vor ein paar Wochen in einer Kneipe kennen gelernt. Seitdem ruft er mich regelmäßig an, obwohl ich entweder nein sage oder gar nicht ans Telefon gehe."

Der Polizist wirkte nicht überzeugt.

„Können Sie zur Questura kommen und uns die Nachricht von Ihrer Mailbox vorspielen?"

„Tut mir leid, aber so etwas lösche ich immer sofort."

Der Inspektor war kurz still, offenbar schrieb er etwas auf. Dann sagte er:

„Gut, das reicht für den Moment. Es kann sein, dass sich noch einmal jemand bei Ihnen meldet. Vielleicht brauchen wir ihre Aussage in der Questura."

Enza beendete das Gespräch und wandte sich Johann zu, der dem Telefonat mit wachsendem Interesse gelauscht hatte.

„Der Delfintrainer ist tot."

Johann reagierte erstaunlich sachlich:

„Hat ihn jemand umgebracht?"

„Keine Ahnung, der Polizist wollte mir nichts sagen."

Sie beschrieb ihm kurz und knapp, wie das Telefongespräch abgelaufen war. Johann hörte zu und schien danach in Gedanken zu versinken. Dann sagte er leise:

„Vielleicht hätten wir ihn gestern doch zurückrufen sollen."

Sie hatten es nicht getan. Jetzt standen sie einander gegenüber, nackt und still, beinahe schuldbewusst. Sie sahen sich in die Augen, und Enza wusste, dass er sich genauso wie sie an die vergangene Nacht erinnerte. Wie sehr hatte sie jede Sekunde davon genossen. Sie spürte, sie hatte sich endgültig in diesen tollen, komplizierten Mann verliebt. Aber was ging in seinem Kopf vor? Stellte er alles in Frage? Kamen seine Ängste wieder hoch?

Plötzlich ging ein Lächeln über sein Gesicht. Er umarmte sie und gab ihr einen sanften Kuss.

„Guten Morgen, meine Schöne. Es war eine herrliche Nacht. Und weißt du, was wir jetzt machen: Wir fahren ins Aquarium und recherchieren weiter."

40. KAPITEL

DIENSTAG, 8:07 UHR

Gegen 8 Uhr waren sie da. Das schiffsförmige Gebäude lag wie ein Riesentanker friedlich in der Morgensonne und wartete auf den täglichen Besucheransturm. Nichts deutete darauf hin, dass hier gerade wieder ein Mensch gestorben war. Weder Polizei noch Rettungswagen waren vor dem Gebäude zu sehen.

Johann klingelte am Personaleingang und fragte nach dem Direktor. Der Aquariumschef, ein freundlicher kleiner Mann mit Glatze, erkannte ihn sofort wieder. Am Tag, als Francas Leiche im Piranhabecken gefunden worden war, hatten sie eine Weile miteinander gesprochen.

„Dottore, was kann ich für Sie tun?"

Johann überlegte kurz, wie er vorgehen sollte. Er konnte dem Direktor ja schlecht auf die Nase binden, dass er ohne Wissen der Polizei private Ermittlungen führte. Kurz entschlossen verließ er sich auf seine Improvisationsfähigkeiten.

„Wir haben gehört, dass Ihr Delfintrainer zu Tode gekommen ist."

Zu seiner Überraschung stellte der Direktor keine Fragen, sondern begann sofort zu erzählen.

„Ja, er ist gerade erst abtransportiert worden. Stellen Sie sich vor: Es war wieder Alberto, der Piranhapfleger, der die Leiche gefunden hat. Der arme Kerl, aber er ist halt immer als erster im Haus. Er wollte eigentlich nach seinen Piranhas schauen, kam am

Delfinbecken vorbei und sah sofort, dass etwas nicht stimmte. Die beiden Tiere trieben Carlos leblosen Körper mit ihren Nasen vor sich durchs Wasser. Der Notarzt kam schon zehn Minuten später. Aber er konnte nichts mehr machen. Er hat die Leiche untersucht und festgestellt, dass er ertrunken ist. Vielleicht wollte Carlo mit den Delfinen nach Feierabend etwas Neues einüben. Vielleicht hat ihn eines der Tiere unter Wasser gedrückt. Es ist auf jeden Fall eine schreckliche Tragödie."

„War denn auch die Polizei hier?"

„Ja, irgendein Inspektor von der Kripo. Er hat sich das Becken angesehen und ein paar Mitarbeiter befragt. Aber nachdem der Notarzt feststellte, dass es sich um einen Unglücksfall handelte, ist er wieder gegangen."

Johann schüttelte den Kopf. So wie der Direktor den Sachverhalt beschrieb, hätte die Polizei zwingend einen Gerichtsmediziner hinzuziehen müssen. Sich bei einem derart unklaren Todesfall auf das Urteil eines Notarztes zu verlassen, grenzte an einen Skandal. Er würde später dafür sorgen, dass die Leiche des Delfintrainers zur Untersuchung in sein Institut gebracht wurde, ohne dass die Polizei davon erfuhr.

Der Direktor schien seine Gedanken gelesen zu haben.

„Aber warum sind Sie eigentlich hier, Dottore? War das Ganze vielleicht doch kein Unfall?"

Johann versuchte, Zeit zu gewinnen. Plötzlich kam ihm eine Idee.

„Darf ich Ihnen erst einmal meine Kollegin vorstellen: Commissario Enza Marconi. Sie arbeitet bei der Mordkommission Hand in Hand mit Commissario Moreno."

Enza lächelte gequält, aber der Direktor schien auf den Bluff hereinzufallen. Interessiert musterte er die frisch gekürte Kriminalkommissarin in ihrem sommerlichen Outfit: Der kurze Jeansrock und die schulterfreie Bluse gingen nicht gerade als Business-Kostüm durch. Doch dem Aquariumschef gefiel die junge, attraktive Polizistin offensichtlich gut. Breit lächelnd schüttelte er ihr die Hand.

„Und was unser Kommen betrifft", fuhr Johann fort. „Es gibt neue Verdachtsmomente, über die wir noch nicht sprechen dürfen. Wir können jedenfalls nicht ausschließen, dass die beiden Todesfälle irgendwie zusammenhängen, und würden deshalb gerne noch einmal die Bilder der Videoüberwachung studieren."

Jetzt wirkte der Direktor dann doch überrascht.

„Sie meinen die Bilder von vor zwei Wochen? Die haben Sie doch als Fotos längst in der Questura."

Damit hatte Johann nicht gerechnet. Der Direktor hatte natürlich Recht, die Bilder waren als Videoprints ins Polizeipräsidium geliefert worden. Aber er selbst hatte sie ja nie gesehen. Fieberhaft suchte er nach einer Ausrede, Enza kam ihm zu Hilfe.

„Ja, das stimmt. Aber ich muss Ihnen etwas gestehen. Ich habe die Fotos abends auf einer Fensterbank liegen lassen. Am nächsten Tag hat die Sonne darauf geschienen. Und am Tag danach kam die Sonne wieder, und leider lagen die Fotos immer noch da. Um es kurz zu machen: Sie sind völlig verblasst. Man kann kaum noch etwas darauf erkennen."

Sie zauberte ein naives Lächeln in ihr Gesicht.

„Das hat irgend etwas mit Chemie zu tun. Sie wissen ja, Frauen und Technik."

Johann fand, sie übertrieb. Aber ihre Masche funktionierte. Ab sofort hatte der Direktor nur noch Augen für Enza und keinen Sinn mehr für irgendwelche Anflüge von Misstrauen. Er führte sie persönlich zum Videoüberwachungsraum und ließ den Techniker die richtige Kassette heraus suchen. Zum ersten Mal sah Johann die Bilder, die ihm Enza schon beschrieben hatte: Toni von vorne mit Bündel auf der Schulter. Toni von hinten ohne Bündel. Das zweite Bild musste das sein, von dem Carlo Grasso bei seinem Anruf gesprochen hatte. Auf Tonis linkem Oberarm entdeckte Johann einen kleinen Schatten.

„Können Sie das Bild vergrößern?"

Der Techniker gehorchte stumm. Er schien sich nicht darüber zu wundern, dass Enza schon zum zweiten Mal die Überwachungsbilder sehen wollte. Beim ersten Mal war sie ihm noch von Delfintrainer Carlo Grasso als Bekannte vorgestellt worden, diesmal vom Chef persönlich als Kripo-Beamtin. Falls er irgendeinen Verdacht schöpfte, ließ er es sich jedenfalls nicht anmerken. Er drehte an zwei Knöpfen, und der Schatten auf Tonis Oberarm wurde zu einem blau-schwarz verschwommenen Bild.

Johann spürte einen Stich in der Magengegend. Veronica hatte die Tätowierung gut beschrieben. Eine Art Galgen, an dem fünf hingekritzelte Leichen hingen. Daneben ein leerer Strick. Er suchte Enzas Blick, sie schaute ihn an und schüttelte unmerklich den Kopf. Er verstand: Auch ihr war dieses Tattoo fremd, obwohl sie mit Toni eng befreundet gewesen war.

„Das war es, was wir gesucht haben", sagte Johann zum Aquariumsdirektor. „Bitte haben Sie Verständnis, wenn wir Ihnen jetzt noch nicht sagen können, was dahinter steckt. Wir bedanken uns jedenfalls für Ihre Zeit und die Mühe."

Er stand auf und wollte sich verabschieden. Doch Enza überraschte ihn mit einer Idee. Sie blieb sitzen und fragte in einem überaus ernsten Kripo-Tonfall:

„Dürfen wir bitte auch einen Blick auf die Bilder von heute Nacht werfen? Es könnte ja sein, dass jemand Carlo Grasso beim Ertrinken geholfen hat, wenn Sie verstehen, was ich meine."

Der Direktor nickte nachdenklich und gab dem Techniker ein Zeichen. Der legte eine andere Kassette ein und fing an zu spulen. Als die Uhr auf dem Videobild 17:59 Uhr anzeigte, riefen Enza und Johann fast gleichzeitig: „Stopp."

Die Person auf dem Bild trug eine Baseballkappe und eine große Sonnenbrille. Trotzdem waren sie sich einig: Der Mann, der dort gerade das Aquarium betrat, war Toni.

„Wie ist er bloß herein gekommen?", fragte Johann spontan.

Der Direktor druckste zunächst herum, das Thema schien ihm unangenehm.

„Na ja, wahrscheinlich mit dem Schlüssel, den er immer noch hat."

„Haben Sie die Schließanlage nach dem ersten Mord nicht auswechseln lassen?"

Enzas Überraschung klang echt.

„Haben Sie eine Ahnung, was das kosten würde?" Der Direktor wirkte jetzt aufrichtig empört. „Wer hätte denn ahnen können, dass er noch einmal hierher zurückkehrt."

Johann bat den Techniker weiterzuspulen. Es dauerte nicht lange, bis sie Toni auch von hinten entdeckten. Um 18:37 Uhr hatte er das Aquarium wieder verlassen. Er trug wieder nur ein T-Shirt, so dass die Tätowierung am Oberarm sichtbar war. Der Techniker zoomte diesmal ungefragt auf das unheimliche Bild.

„Ach du Scheiße!"

Enza war die erste, die es bemerkt hatte. Es gab keinen leeren Strick mehr. An Tonis eintätowiertem Galgen hingen jetzt nicht mehr fünf, sondern sechs Leichen.

41. KAPITEL

DIENSTAG, 11:13 UHR

Sie trafen sich zu dritt in Enzas Wohnung, heimlich wie Verschwörer. Guido und Enza musterten sich mit neugierigen Blicken, schienen aneinander Gefallen zu finden und küssten sich zur Begrüßung auf beide Wangen. Johann hatte seinen Assistenten angerufen und ihn gebeten zu kommen, ohne irgendjemandem Bescheid zu sagen. Das Büro im Institut war zu unsicher geworden. Er gab Guido einen kurzen Bericht, was sie am Morgen im Aquarium erlebt hatten. Enza zeigte ihm die beiden Bilder des Tattoos, die sie mit ihrem Handy abfotografiert hatte. Guido kniff seine Augen zusammen und sprach seine Gedanken laut aus:

„An dem Tag, an dem er Franca ermordet, hängen noch fünf Leichen am Galgen. Knapp zwei Wochen später sind es sechs. Sieht ganz so aus, als hätte er sich Franca eintätowieren lassen, nachdem er sie den Fischen zum Fraß vorgeworfen hat."

„Aber wer sind dann die anderen fünf Leichen", fragte Johann.

„Und warum hat er auch noch den Delfintrainer umgebracht", ergänzte Enza. „An seinem Galgen ist doch jetzt gar kein Strick mehr frei."

„Mich würde interessieren, wie die Prostituierte da rein passt", fügte Guido hinzu. Er öffnete den Reißverschluss seiner Umhängetasche und zog einen Stapel bedruckter Seiten heraus. „Ich war nämlich heute Morgen schon im Institut und habe die ersten

Ergebnisse der DNA-Untersuchungen gesichtet. In der Vagina der Frau", er stutzte kurz und warf einen unsicheren Seitenblick auf Enza. „Also, in ihrem Körper fand sich Sperma, das eindeutig von Toni stammt. Die gleiche DNA hatten wir ja schon in der Leiche von Franca gefunden. Wir können also davon ausgehen, dass er auch Zoulaya Diouf getötet hat."

Johann bekam plötzlich einen Schreck. Guido wusste Bescheid über seine Beziehung zu Veronica. Er konnte nur hoffen, dass sein junger Assistent genügend Gespür für die Situation entwickeln und sich nicht verquatschen würde. Er wandte sich schnell an Enza.

„Es geht um die Prostituierte, die vorgestern ermordet wurde. Die Zeugin, von der ich dir erzählt habe, hatte das Tattoo mit dem Galgen übrigens auch erwähnt."

Enza starrte ihn überrascht an.

„Du wusstest, dass Toni diese Tätowierung hat? Warum hast du mir das gestern nicht erzählt, nachdem ich die Nachricht von Carlo Grasso abgehört hatte?"

Johann brach endgültig der Schweiß aus. Verzweifelt suchte er nach einer Ausrede:

„Ich habe einfach nicht daran gedacht. Es war ja nur eine vage Beschreibung. Ich wollte …".

Er wusste nicht mehr weiter. Nicht Guido hatte sich verquatscht, sondern er selbst. Dabei hatte er die Zeugin, die es gar nicht gab, doch nur erwähnt, um Guido ein Signal zu geben. Und jetzt saß er in der Patsche. Guido spürte das offensichtlich, denn er versuchte abzulenken.

„Was hat der Delfintrainer denn eigentlich genau gesagt, als er gestern anrief?"

Enza warf ihm einen irritierten Blick zu, ließ sich aber auf die Frage ein.

„Er sagte, ihm wäre aufgefallen, dass Toni auf dem Bild der Überwachungskamera eine Tätowierung hatte, die er nicht an ihm kannte. Das kam ihm komisch vor, und deshalb hat er sich gemeldet."

Johann ließ sich die Gelegenheit nicht entgehen und sprach schnell weiter.

„Das bedeutet, dass die Tätowierung noch nicht besonders alt sein kann. Wann hast du Toni zuletzt mit nackten Oberarmen gesehen?"

Enza versuchte sich zu erinnern.

„Beim letzten Essen trug er ein langärmeliges Hemd. Davor habe ich ihn eine Zeitlang nicht getroffen. Im August waren wir irgendwann zu dritt am Strand. Es war ein Sonntag. Warte, ich schau mal nach", sie klickte sich durch den Kalender ihres Smartphones. „Hier, es war der 19. August. Wir sind schwimmen gegangen. Und ich bin mir ganz sicher, dass ich dieses Tattoo bemerkt hätte."

Johann rechnete nach, wie lange dieser Tag zurück lag.

„Franca wurde in der Nacht vom 11. auf den 12. September umgebracht. Das bedeutet, in diesen drei Wochen muss irgend etwas passiert sein, was ihn dazu brachte, sich diese Tätowierung stechen zu lassen."

„Was ihn dazu brachte, verrückt zu werden und einen Menschen nach dem anderen zu ermorden", ergänzte Enza.

„Aber das passt doch alles nicht zusammen", erwiderte Guido. „Wenn wir die Zeichnung richtig deuten, dann hat er mindestens sechs Menschen auf dem Gewissen. Plus Prostituierte und Delfintrainer. Und das soll er alles innerhalb von drei Wochen geschafft haben?"

„Möglicherweise hat er schon früher mit dem Morden angefangen, noch ohne Tattoo", sagte Johann. „Vielleicht hat es etwas mit den Zahnlücken zu tun."

Er nahm ein Blatt Papier von Enzas Schreibtisch und begann, Namen und Daten daraufzuschreiben.

„Ich mache mal eine Übersicht. Es geht los mit Rodolfo Ermia, Francas Großvater. Im Jahre 2003 wurde er im Dorfteich gefunden, angeblich ertrunken, so wie jetzt genauso angeblich unser Delfintrainer. Aber ihm fehlte der gleiche Schneidezahn wie neun Jahre später seiner Enkelin."

Er schrieb auch Francas Namen auf den Zettel.

„Meines Erachtens kann das kein Zufall sein."

„Fehlt dem Delfintrainer denn auch ein Zahn?" fragte Guido.

„Wahrscheinlich nicht", antwortete Johann. „Sonst hätte der Notarzt ja wohl Verdacht geschöpft. Aber das werden wir uns später noch genau anschauen. Ich habe vorhin beim Beerdigungsinstitut angerufen und darum gebeten, dass seine Leiche bis 15 Uhr ins Institut überstellt wird."

Er schrieb zwei weitere Namen auf den Zettel.

„Jetzt wird es endgültig rätselhaft. Zwei Deutsche: Helmut Bergmann, 82 Jahre alt, vor vier Jahren in einem Berliner See ertrunken, die gleiche Zahnlücke. Und Heinz Wohlgemut aus Hamburg, 85 Jahre alt, vor knapp einer Woche tot in der Alster." Er machte eine Pause und schaute Enza und Guido bedeutungsvoll an. „Bei Bergmann ist die Todesursache unklar. Wohlgemut hingegen wurde definitiv ermordet. Jemand hat ihn bewusstlos geschlagen und dann ertränkt."

„Und das ist noch nicht alles."

Mit diesen Worten war es Guido, der die sich ausbreitende Stille durchbrach. Er blätterte geräuschvoll in seinen Unterlagen und sprach weiter.

„Ich habe in den Akten gestern noch zwei weitere Fälle gefunden, wieder hier in Italien. Der erste heißt Giuseppe Manzo, vor acht Jahren fand man seine Leiche in der Mündung der Centa. Das ist der Fluss, der in Albenga ins Meer fließt. Die Todesursache ist ungeklärt, er lag schon monatelang im Wasser. Auf jeden Fall fehlte auch ihm der zweite Schneidezahn oben rechts. Außerdem Nino Bergamaschi aus Genua, er starb vor sieben Jahren. Darüber habe ich sogar ein paar Artikel im Netz gefunden. Er war nämlich Parteiführer bei den Neofaschisten. Und sein Tod war so ungewöhnlich, dass darüber viel spekuliert wurde."

„Also ist er ausnahmsweise nicht ertrunken?" Enza schaute ihn neugierig an.

„Nein. Man fand ihn zwar bei sich zu Hause in einer randvollen Badewanne. Aber in seiner Lunge gab es kein Wasser. Er starb an einem Herzstillstand, hervorgerufen durch einen Stromschlag. In der Wanne schwamm ein Fön, dessen Kabel noch in der Steckdose steckte. Der Gerichtsmediziner hielt es damals für möglich, dass der Schneidezahn beim Sturz auf den Rand der Wanne herausgebrochen sein könnte. Allerdings wurde der fehlende Zahn nie gefunden. Trotzdem wurde sein Tod offiziell als Unfall abgeheftet. Was mich erstaunt, denn ich glaube kaum, dass er sich in der Wanne die Haare fönen wollte. Er hatte nämlich einen kahl rasierten Kopf. Aber das scheint den Kollegen, die damals ermittelt haben, egal gewesen zu sein."

Johann hatte mitgeschrieben und schaute jetzt nachdenklich auf die sechs untereinander stehenden Namen. Dann sprach er aus, was alle dachten:

„Wir haben sechs Tote mit der gleichen Zahnlücke. Und es hängen sechs Leichen am Galgen auf dem Tattoo."

Enza schüttelte langsam den Kopf.

„Das kann nicht sein. Francas Großvater starb vor neun Jahren. Da war Toni gerade mal 16 Jahre alt."

„Wer weiß, wozu 16jährige in der Lage sind. Aber klar, es ist erst einmal nur eine wilde Theorie," Johann schrieb, während er sprach, noch zwei weitere Namen weiter unten auf den Zettel. „Und sie erklärt auch nicht, warum diese beiden Opfer keine Zahnlücke aufweisen. Veronica hatte definitiv noch alle Zähne. Und der Delfintrainer wahrscheinlich auch."

„Wer ist Veronica?", fragte Enza.

Johann hätte sich fast verschluckt, so sehr ärgerte er sich über seinen erneuten Fauxpas. Er schaute noch einmal auf den Zettel. Dort standen korrekterweise die Namen Zoulaya Diouf und Carlo Grasso. Ausgesprochen hatte er jedoch den vertrauten Namen seiner Samstagsfreundin. Was war er nur für ein Idiot! Er bemühte sich, ganz gelassen zu antworten.

„Ich meine natürlich Zoulaya. Veronica war offenbar der Name, unter dem ihre Kunden sie kannten."

Er registrierte Enzas ungläubigen, fast ängstlichen Blick. Aber sie sagte nichts. Dafür nahm Guido hastig den Faden ihrer gemeinsamen Überlegungen wieder auf.

„Vielleicht haben die ersten sechs Morde einen tieferen Sinn, den wir noch nicht entdeckt haben. Und die letzten beiden dienten nur der Vertuschung. Vielleicht hatte Toni Angst, dass Zoulaya oder Carlo ihn verraten könnten."

„Warum sollte ihn das kümmern?", entgegnete Johann, der insgeheim dankbar war, dass Guido nicht auch noch das verschwundene Foto erwähnt hatte. „Toni ist doch sowieso auf der Flucht. Die Polizei sucht ihn wegen des Mordes an Franca."

„Ja, da ist was dran", sagte Guido resignierend.

„Trotzdem stimme ich Ihnen zu", sagte Johann und hielt demonstrativ den Zettel hoch. „Wir müssen herausfinden, was diese Menschen miteinander verbindet. Es muss etwas mit der Vergangenheit zu tun haben. Wir wissen durch Enzas Recherchen im Dorf, dass die beiden Familien miteinander verfeindet waren." Er schaute sie an und registrierte ihren immer noch zweifelnden Gesichtsausdruck. „Morgen erfährst du vielleicht noch mehr bei deinem geheimnisvollen Treffen in dieser Kirche."

Enza nickte stumm und sprach weiterhin kein Wort.

„Ich sage das ja ungern, weil ich Commissario Moreno auch nicht mag", meldete sich Guido, diesmal zaghaft, zu Wort. „Aber nach allem, was wir jetzt wissen oder zumindest ahnen, sollten wir nicht doch die Kripo mit einbeziehen?"

„Auf keinen Fall!"

Guido zuckte unwillkürlich zusammen. Enza und sein Chef hatten fast gleichzeitig dieselben Worte ausgerufen. Johann versuchte es ihm zu erklären.

„Wir wollen nicht mit Moreno zusammen arbeiten, weil wir ihm nicht trauen. Aber Sie haben natürlich Recht. Wir können diesen Fall nicht ohne Polizei lösen. Ich mache Ihnen einen Vorschlag. Sobald wir handfeste Beweise dafür haben, dass all diese Todesfälle miteinander zusammenhängen, wenden wir uns direkt an den Polizeipräsidenten."

Johann sah zur Sicherheit Enza an, ob sie diesen Kompromiss gutheißen konnte. Doch ihre Miene ließ weder Zustimmung noch Ablehnung erkennen. Er spürte, wie es in ihr arbeitete. Sie hatte offensichtlich begriffen, dass etwas in der Luft lag, wovon ihr niemand erzählen wollte. Er musste mit ihr reden. Alleine.

Also bat er Guido, schon einmal ins Institut zu fahren und alles für die Leichenöffnung des Delfintrainers vorzubereiten. Nachdem der Assistent gegangen war, fragte ihn Enza gefährlich ruhig:

„Johann, was ist hier los? Was verheimlicht Ihr mir?"

Plötzlich spürte er sie wieder, die Angst in seinem Bauch, in seiner Brust, in seiner Kehle. Wehmütig dachte er an die Leichtigkeit der Nacht zuvor. Er ergriff ihre Hände, schaute in ihre schönen braunen Augen und versuchte, die Nähe und die Intensität zwischen ihnen wieder heraufzubeschwören. Es funktionierte nicht. Sie war wachsam und distanziert. Er nahm all seinen Mut zusammen und sprach es aus.

„Ich wollte es dir gestern schon sagen, aber ich war zu feige. Ich kenne Veronica. Ich war bei ihr, zuletzt am Samstag."

42. KAPITEL

DIENSTAG, 16:45 UHR

Am Hinterkopf der Leiche fand Johann, wonach er gesucht hatte: Ein kleiner, aber intensiver Bluterguss, verursacht durch einen festen Schlag mit einem harten, rundlichen Gegenstand. Nicht genug um jemanden zu töten, aber doch ausreichend für eine kurze Bewusstlosigkeit. Es war der Beweis: Carlo Grasso war erst niedergeschlagen und dann unter Wasser gedrückt worden, wo er hilflos ertrank. Ansonsten fand er keine Spuren von Gewalt. Auch das Gebiss des Delfintrainers war, wie erwartet, unversehrt.

„Wissen Sie, was ich nicht verstehe", sagte Guido, während er routinemäßig Proben der Organe entnahm.

„Ich wäre ja schon froh, wenn ich bei diesem Fall überhaupt etwas verstehen würde", antwortete Johann.

„Mal angenommen, die sechs Leichen mit Zahnlücke sind Teil irgendeines perversen Kultes, den wir noch nicht begreifen. Dann kann ich mir vielleicht noch vorstellen, dass er zusätzlich die Prostituierte tötet, weil er sich selbst auf dem ominösen Foto entdeckt und sich dadurch irgendwie bedroht fühlt. Aber warum der Delfintrainer? Den hätte er schon seit Jahren umbringen können, wenn ihm das wichtig war. Die beiden haben doch seit langem am selben Ort zusammen gearbeitet."

„Es muss einen Auslöser geben", sagte Johann nachdenklich. „Wie bei Veronica das Foto."

„Eine Veränderung, eine unvorhergesehene Entwicklung," führte Guido den Gedanken fort. Er stutzte kurz, als wäre ihm plötzlich eine Idee gekommen. Dann sprach er aufgeregt weiter: „Wo waren Sie, als Enza den Anruf des Delfintrainers abhörte?"

„Auf der Terrasse vor dem Caffé Klainguti."

„Und dann hat sie Ihnen erzählt, was er gesagt hatte?"

„Ja, genau so."

„Hätte irgendjemand Ihr Gespräch belauschen können?"

Johann versuchte, sich an die Szenerie zu erinnern.

„Um uns herum saßen mehrere Leute. Enza sprach ziemlich laut, weil sie aufgeregt war. Wahrscheinlich konnte jeder von denen zuhören."

„Das muss es gewesen sein. Toni hat Sie belauscht. Er hat gehört, dass der Delfintrainer sein Tattoo entdeckt hat." Guido klatschte aufgeregt in die Hände, dann wurde er schnell wieder ernst. „Wobei ich immer noch nicht begreifen kann, warum er sich dadurch bedroht fühlte. Er weiß doch, dass alle Polizisten des Landes nach ihm suchen. Eigentlich müsste ihm so etwas völlig egal sein. Aus irgendeinem Grund mordet er aber immer weiter."

Johann dachte über Guidos Worte nach, während er begann, die Leiche wieder zu schließen. Eigentlich war das die Arbeit seines Assistenten. Aber die Monotonie des Nähens und des Knotens beruhigte ihn.

„Vielleicht ist er einfach verrückt", sagte er langsam. „Wahrscheinlich macht ihm das Töten auch Spaß. Sie kennen bestimmt die unzähligen Untersuchungen, die sich mit Mehrfachmördern befassen. Wir suchen nach einem Menschen mit einer schweren Persönlichkeitsstörung, als Kind emotional vernachlässigt, traumatisiert, wahrscheinlich auch sexuell missbraucht. Passt Toni in dieses Raster? Keine Ahnung. Wir wissen ja leider nichts über seine Kindheit. Seine Eltern sind früh gestorben. Die Großmutter, die ihn aufgezogen hat, wollte nicht mit uns sprechen. Jedenfalls genießen solche Psychopathen die Macht über das Sterben eines anderen

Menschen wie einen gewaltigen, orgasmushaften Glücksrausch. Und deshalb morden sie immer weiter."

Sie waren fertig. Guido schob die Leiche von Carlo Grasso in ein Kühlschrankfach. Mit einem lauten Klicken schloss sich die glänzend polierte Edelstahltür. In der Stille, die darauf folgte, konnte Johann die unausgesprochene Frage seines Assistenten erahnen. Sie hatten jetzt, zusammen mit den Aufnahmen der Überwachungskamera, klare Beweise dafür, dass auch der Delfintrainer von Toni ermordet worden war. Doch die Behörden gingen immer noch von einem bedauerlichen Unglückfall aus. Durften sie ihr Wissen für sich behalten?

„Ich weiß schon, was Sie denken", sagte er leise. „Aber es würde nichts ändern, wenn wir die Polizei informieren. Die Fahndung nach Toni läuft sowieso auf Hochtouren. Wenn er endlich festgenommen wird, dann können wir immer noch zusammen mit der Kripo klären, wie viele Menschen er eigentlich auf dem Gewissen hat."

Guido sah ihn kopfschüttelnd an.

„Ganz ehrlich, ich habe kein gutes Gefühl dabei. Auf mich können Sie sich verlassen. Aber wir können innerhalb des Instituts nicht geheim halten, dass wir den Delfintrainer obduziert haben. Und früher oder später wird Garzetti es weiter geben."

„Ja, das werden wir kaum verhindern können. Aber lassen Sie uns noch ein paar Tage recherchieren. Wenn wir herausbekommen, was hinter diesem ganzen Irrsinn steckt, dann gehe ich zum Polizeipräsidenten. Dann erzähle ich ihm auch, wie unfähig sein Untergebener Moreno ist und welche wichtigen Hinweise von uns er komplett ignoriert hat."

Was Johann nicht aussprach: Dann würde er auch Enzas Foltervorwürfe zur Sprache bringen. Er fühlte sich bereit zum großen Showdown mit Commissario Moreno. Aber erst, wenn sie diesen Fall gelöst hatten.

„Mich beunruhigt noch etwas anderes", unterbrach Guido seinen Gedankengang. „Wenn ich mit meiner Vermutung richtig liege, dass

Toni das Gespräch vor dem Caffé Klainguti belauscht hat, dann scheint er entweder Enza oder Sie zu beschatten. Das würde auch erklären, wer Sie ins Öl gestoßen hat. Wenn es Toni war, dann wird er so etwas wieder versuchen. Ich glaube, Sie sind in Gefahr."

Johann sah seinem Assistenten lange ins Gesicht. Es tat gut, ihn als Verbündeten, vielleicht sogar als Freund zu haben. Er spürte, dass Guido sich mehr Sorgen um ihn machte, als er selbst das tat. Obwohl er im Olivenöl um sein Leben gekämpft hatte, blieb die Bedrohung durch Toni irgendwie abstrakt. Guido hatte Recht mit dem, was er sagte. Aber Johann fühlte erstaunlicherweise keine Angst vor Toni. In Bezug auf Enza allerdings ließ ihn der Gedanke, den Guido formuliert hatte, frösteln.

Er bat ihn darum, im Labor die neuesten Ergebnisse abzurufen. Schließlich wollte er vorbereitet sein, wenn die Bombe platzte, wenn die Sequenzierautomaten seine DNA melden würden. Dann ging er hoch in sein Büro und rief Enza an. Nach seinem Geständnis vor ein paar Stunden war sie außer sich gewesen.

„Du hast am selben Tag, an dem du deine Freundin obduziert hast, mit mir geschlafen?" Diese Frage hatte sie ihm fassungslos ins Gesicht geschleudert. „Ich verstehe das nicht. Wie kannst du so etwas tun? Was läuft in deinem Kopf ab?" Danach war sie in Tränen ausgebrochen. Schluchzend und am ganzen Körper zitternd vergrub sie sich in ihr Sofa und wandte ihm den Rücken zu.

Er hatte versucht, Worte zu finden. Doch was gab es da schon groß zu erklären? Dass es ihm peinlich war, eine Beziehung zu einer Prostituierten gehabt zu haben? Dass ihm die Lüge leid tat? Dass er es selbst nicht verstand, was in seinem Kopf vorging? Irgendwann hatte sie sich zu ihm umgedreht, ruhig und gefasst. Er sah ihre traurigen Augen immer noch vor sich und hörte noch einmal ihre sehr bestimmten Worte: „Bitte lass' mich allein. Geh' einfach!"

Er war gegangen. Zur nächsten Obduktion. Was blieb ihm auch übrig. Jetzt meldete sich ihr Anrufbeantworter. Erst ihr Spruch, dann das Piepen. Er bemühte sich, ruhig und besonnen zu sprechen.

„Enza, ich bin's. Bitte geh ran. Wir müssen jetzt vernünftig sein."

Er lauschte in die Leere des virtuellen Tonbands und ärgerte sich über seinen bescheuerten letzten Satz. Enza ging natürlich nicht dran.

„Enza, bitte! Ich habe mit Guido gesprochen. Er glaubt, dass Toni uns beschattet. Und ich denke, er hat wahrscheinlich Recht. Du bist in Gefahr. Wenn du morgen in die Kirche gehst, möchte ich mitkommen. Bitte versprich mir, dass du nicht alleine gehst."

Es piepte. Dann hörte er Enzas weiche Stimme: „Danke für Ihren Anruf." Die Aufnahmezeit war zu Ende.

43. KAPITEL
DIENSTAG, 19:06 UHR

Sie stand vor dem Telefon, hörte seine Stimme und fühlte sich wie gelähmt.

„Idiot!“

Enza sagte es leise, fast flüsternd, in den Raum. Irgendwo tief in ihrer Magengrube spürte sie einen dumpfen Schmerz. Dieser Mann tat ihr weh. Sie versuchte sich vorzustellen, wie Johann mit einem Messer den Körper der anderen Frau aufschnitt. Doch die Bilder vermengten sich mit denen der vergangenen Nacht. Ein Splatter-Film, der jeden Winkel ihres Hirns zu verstopfen drohte. Unwillkürlich kniff sie ihre Augen zu und schüttelte den Kopf, als könnte sie den Alptraum damit loswerden. Es funktionierte nicht. Sie öffnete die Augen und versuchte sich abzulenken.

Ihr Blick fiel auf den Zettel mit den Namen. Johann hatte auf ihrem Drucker für sie und für Guido eine Kopie gemacht. Im ersten Affekt wollte sie das Blatt Papier zerreißen. Dann hielt sie plötzlich inne, das Rätsel nahm sie gefangen. Sechs Leichen mit Zahnlücke, deren Geheimnis seit zwei Wochen ihr Leben bestimmte.

1. Rodolfo Ermia, gest. 2003 in Castelbianco
2. Franca Ermia, gest. 2012 in Genua
3. Helmut Bergmann, gest. 2007 in Berlin
4. Heinz Wohlgemut, gest. 2012 in Hamburg

5. Giuseppe Manzo, gest. 2004 in Albenga
6. Nino Bergamaschi, gest. 2005 in Genua

Enza setzte sich an ihren Schreibtisch, öffnete den Laptop und fing an zu googeln. Zuerst die Italiener. Über Rodolfo Ermia fand sie keinen einzigen Eintrag. Francas Großvater existierte im Internet nicht. Nur wenig mehr gab es zu Giuseppe Manzo: eine Todesanzeige, die seine Familie in einer Lokalzeitung aufgegeben hatte. Demnach war der Mann 79 Jahre alt gewesen, als er starb. Das war alles. Ergiebiger war die Suche bei Nino Bergamaschi. Sie überflog ein paar Texte über seine Karriere bei den Neofaschisten, vertiefte sich in diverse Artikel, die den tragischen, aber vor allem rätselhaften Tod in der Badewanne beschrieben, kam allerdings in ihrer Recherche keinen Schritt weiter.

Nachdenklich klickte sich Enza noch einmal durch die Suchergebnisse. Was konnte es sein, das diese drei Menschen miteinander verband? Der erste war in einem Teich in Castelbianco gestorben, der zweite in einem Fluss in Albenga, der dritte in seinem Badewasser in Genua. Sie hatte das Gefühl, etwas übersehen zu haben. Da war vorhin eine Art Blitz gewesen, weit hinten in ihrem Bewusstsein. Eine kleine, scheinbar unwichtige Information, die aber in Wirklichkeit große Bedeutung hatte. Sie versuchte sich zu konzentrieren, versuchte den Blitz zu erhaschen, ohne Erfolg.

Sie gab die Namen der beiden deutschen Toten ein und bekam eine Fülle von Suchergebnissen auf deutsch, die sie deshalb nicht verstehen konnte. Ein Foto erregte ihre Aufmerksamkeit: drei Männer, die auf einer Art Anklagebank saßen und ihre Gesichter hinter Zeitungen vor den Fotografen verbargen. Der dazugehörige Artikel stammte aus dem Jahr 2003. Das war das einzige, was sie auf Anhieb begreifen konnte.

Enza ertappte sich bei dem Gedanken, dass Johann ihr jetzt hätte helfen können. Sie sah zum blinkenden Anrufbeantworter und spürte plötzlich eine heftige Sehnsucht. In diesem Moment klingelte ihr Handy. Johanns Name erschien auf dem Display. Sie stellte den Klingelton ab.

„Idiot.“

Sie sagte es noch einmal, mit ungewollt zärtlichem Unterton und spürte wieder das Stechen tief in der Magengrube. Sie riss sich zusammen, kopierte den Text des Artikels kurz entschlossen in den Google-Translator und übersetzte auf ‚Italienisch‘. Was dabei herauskam, war eine Ansammlung von Wörtern, die auf den ersten Blick wenig Sinn machte. Enza bemühte sich trotzdem, eine Art roten Faden herauszulesen. Je mehr sie verstand, desto aufgeregter wurde sie.

Die drei Männer hatten tatsächlich in Deutschland vor Gericht gestanden. Vielfacher Mord, so lautete der Vorwurf. Allerdings lagen die Taten schon 60 Jahre zurück. Zwischen 1943 und 1945 waren die Angeklagten als Soldaten der deutschen Wehrmacht in Italien stationiert gewesen. Und hatten dabei offensichtlich wahllos Menschen getötet. Mehr als 100 Opfer waren von ihnen und ihrer Einheit erschossen, erhängt oder erschlagen worden. Erstaunlicherweise gaben die Angeklagten den Großteil dieser Taten sogar zu. Allerdings argumentierten sie, sie hätten sich entweder verteidigen müssen oder auf Befehl ihrer Vorgesetzten gehandelt. Deshalb plädierten sie auf nicht schuldig. Wie der Prozess ausgegangen war, ging aus dem Artikel nicht hervor.

Enza löste den Blick vom Bildschirm und verlor sich in Gedanken. War es möglich, dass das Rätsel so weit zurück ging? Sie rief sich die Worte von Dorfpfarrer Don Giorgio noch einmal in Erinnerung: Es gab in Castelbianco alte Feindschaften, die noch aus dem Krieg her rührten. Faschisten gegen Linke, die bis heute keinen Frieden geschlossen hatten. Aber wie passten die drei Nazi-Soldaten da hinein? Zwei von ihnen trugen tatsächlich exakt dieselben Namen, die auf der Totenliste standen: Heinz Wohlgemut und Helmut Bergmann. Der dritte Name, Rudolf Müller, sagte Enza überhaupt nichts.

Da war er wieder, der Blitz vor ihrem inneren Auge. Plötzlich sah sie klar und deutlich, was sie eigentlich wahrgenommen und doch übersehen hatte. Sie klickte sich zurück durch die Suchergebnisse, bis sie wieder bei der Todesanzeige von Guiseppe Manzo angekommen war. Ihr Herz fing an zu klopfen, als sie den Bildausschnitt vergrößerte. Gestorben war der Mann aus Albenga am 31. März 2004. Doch das war es nicht, was Enzas Aufmerksamkeit fesselte. Ungläubig starrte sie auf den Geburtseintrag. Giuseppe Manzo war am 14. Januar 1925 geboren worden, und zwar nicht in der Küstenstadt Albenga, sondern in dem beschaulichen Bergdorf, in dem alles seinen Anfang zu nehmen schien: Castelbianco.

44. KAPITEL

DIENSTAG, 19:07 UHR

Auch auf Enzas Handy meldete sich nur die Mailbox. Johann versuchte es mehrmals hintereinander und gab schließlich auf. Gerade als er aufstand, um bei ihr vorbeizufahren, steckte Guido sichtlich aufgeregt den Kopf zur Tür herein.

„Sie haben Toni gefunden."

„Wer, die Polizei?"

„Nein, irgendwelche Jäger. Sie haben in den Bergen eine Leiche entdeckt. Und in der Kleidung steckte Tonis Personalausweis."

„Und woher wissen Sie das jetzt?" Johann begriff die Tragweite der Information nur langsam. „Warum hat mich niemand informiert?"

Guido errötete.

„Moreno hat wohl versucht, bei Ihnen anzurufen. Aber offenbar war immer besetzt. Deshalb wählte er die Zentrale und landete irgendwie bei mir. Die Kripo ist schon unterwegs zum Fundort. Wir sollen nachkommen."

Johann nickte stumm, griff nach seinem Tatortkoffer, der allzeit bereit in einem Wandschrank stand, und folgte Guido in die Tiefgarage. In seinem Kopf wütete ein Sturm von Gedankenfetzen, der jegliches analytische Denken erstickte. Enza, die er tief verletzt hatte und die deshalb völlig zurecht sauer auf ihn war. Moreno, der irgendwann erfahren würde, dass Johann in Veronicas Wohnung gewesen war, und mit dem er gleich wieder aneinander geraten würde. Toni, das Phantom, der Killer, der Enza bedrohte, jetzt sollte er plötzlich tot sein?

Als sie die Garage betraten, wich das Chaos in seinem Hirn einem reflexhaften Ärger. Er ärgerte sich eigentlich immer, wenn er dem Dienstwagen der Genueser Gerichtsmedizin gegenüber stand. Ein praktisch nagelneuer Fiat Freemont mit Allradantrieb, fast fünf Meter lang und annähernd zwei Tonnen schwer. Johann erinnerte sich noch gut daran, wie perplex er gewesen war, als das Fahrzeug in den ersten Tagen seiner Amtszeit geliefert wurde. Bestellt von seinem Vorgänger, der offenbar alle Hebel dafür in Bewegung gesetzt, die Lieferung der Luxuskarosse aber schließlich verpasst hatte.

Johann hasste dieses absurde Fahrzeug und benutzte es so selten wie möglich. Die seltsame Mischung aus Jeep und Limousine gab es nur deshalb im Programm von Fiat, weil der Konzern vor ein paar Jahren Chrysler übernommen hatte. Sich mit dem eigentlich amerikanischen SUV durch die engen Straßen von Genua zu quälen, empfand er als Zumutung. Und es ging auch diesmal nur im Schneckentempo, obwohl Guido schon bei der Ausfahrt das Blaulicht eingeschaltet hatte.

Guido wiederum liebte diesen protzigen Wagen. Während er sich hupend und wild gestikulierend den Weg durch den Feierabendverkehr von Genua bahnte, löste sich endlich der Knoten in Johanns Denken, und er erkannte wieder, was ihm wichtig war. Mehrmals wählte er Enzas Nummer, sprach auf ihren Anrufbeantworter und auf ihre Mailbox, erzählte, dass er auf dem Weg zu Toni war, oder jedenfalls zu seiner Leiche, flehte sie an endlich dranzugehen. Er wiederholte seine Worte immer wieder, bis das Piepen und ihre Stimme ihn jedes Mal erbarmungslos abschnitten: Danke für Ihren Anruf.

Guido gab Gas. Sie hatten die Provinzstraße erreicht und rasten jetzt mit quietschenden Reifen durch die Serpentinen in die Berge. Vorbei an Castelbianco immer höher hinauf, bis das Navi sie abzweigen ließ auf einen unbefestigten Feldweg. Der führte mitten durch verkrüppelte Steineichen und mächtige Brombeerbüsche direkt bergauf. Zum ersten

Mal musste sich Johann eingestehen, dass die Geländegängigkeit seines Dienstwagens von Nutzen war. Ohne den Allradantrieb wären sie auf diesem steilen Mischmasch aus Matsch, Geröll und Schotter gar nicht vorwärts gekommen. Er schaute auf das Navigations-Display: Drei Minuten bis zum Ziel, nur noch wenige hundert Meter bis zu einer Leiche, die möglicherweise die von Toni war.

„Was glauben Sie, stehen wir vor der Lösung des Rätsels?"

Guido sprach und drehte gleichzeitig das Lenkrad energisch nach rechts, um den Wagen durch eine enge Kurve zu bugsieren. Plötzlich öffnete sich die Sicht auf eine saftig grüne Weide. Rund ein Dutzend schmutzig gefleckter Kühe zupfte gemütlich Grasbüschel um Grasbüschel. Dahinter, etwa 50 Meter entfernt, suchten mehrere Kriminalbeamte in weißen Schutzanzügen den Boden ab. Zwischen ihnen lag eine bräunliche Figur auf dem Boden, möglicherweise die Überreste eines Menschen, auf den ersten Blick und aus dieser Entfernung war das nicht klar auszumachen.

„Ich fürchte eher, dass jetzt alles noch rätselhafter wird", antwortete Johann und löste seinen Gurt. „Wenn der Mörder wirklich tot sein sollte, dann kann er uns leider nichts mehr über die Hintergründe seiner Taten erzählen. Außerdem stehen wir vor einer neuen Frage, nämlich der, wer den Mörder getötet hat."

Guido hielt neben zwei Polizeiautos, die inmitten von getrockneten Kuhfladen auf der Alm geparkt waren. Dann stiegen sie aus. Erst jetzt wurde Johann gewahr, dass sie im Schatten eines Berggipfels standen. Unmittelbar vor ihnen reckte sich annähernd senkrecht eine Steilwand in den tiefblauen Himmel. Johann schätzte, dass es bis zum Gipfelkreuz, das da oben schemenhaft vor einem weißen Wölkchen zu sehen war, mindestens 50 Meter sein mussten. Sofort keimte in ihm ein Gedanke auf: Wenn jemand von dort oben in die Tiefe sprang, dann würde er ungefähr da landen, wo die Spurensicherung gerade zugange war.

Sie zogen sich ihre Schutzanzüge an und näherten sich den Kripo-Beamten. Moreno, auch er in weißer Vollmontur, stand etwas abseits und rauchte eine Zigarette. Sie begrüßten sich mit einem reservierten Kopfnicken. Johann verzichtete auf jegliche Höflichkeitsfloskel:

„Was können Sie uns sagen?“

„In seinem Portemonnaie steckten 20 Euro und der Ausweis von Antonio Testa. Ob er es ist? Schwer zu sagen. Was da liegt, sieht ihm jedenfalls nicht mehr ähnlich.“

Moreno spuckte wie zur Bekräftigung seiner Worte einen dicken Schwall gelblichen Speichels vor sich auf den Boden und machte eine Handbewegung in Richtung der verkrümmten Gestalt, die etwa zehn Meter hinter ihm lag. Johann nahm es als Aufforderung, seiner Arbeit nachzugehen. Ohne ein weiteres Wort näherte er sich der Leiche, die aus der Nähe plötzlich nicht mehr braun, sondern eher grün wirkte. Obwohl ein frischer Wind wehte, zog ihm ein stechender Fäulnisgeruch in die Nase. Er warf einen besorgten Seitenblick auf Guido, der neben ihm niederkniete, um ihm zur Hand zu gehen. Doch sein Assistent schien tapfer durchzuhalten; er schaute eher fassungslos als angeekelt auf den zerschmetterten Körper vor ihnen.

Die Leiche lag seltsam verdreht, halb auf dem Bauch, halb auf der Seite. Der Schädel war eingedrückt und an der rechten Schläfe so gespalten, dass Johann eingetrocknete Hirnmasse sehen konnte. Alle Gliedmaßen lagen grotesk verrenkt, wahrscheinlich waren sie vielfach gebrochen. Was von der Kleidung übrig war, offenbar Jeans und T-Shirt, hing in Fetzen um eine völlig zerschundene Haut. All das deutete darauf hin, dass der Mann die Steilwand hinabgestürzt, mehrfach auf Felsvorsprüngen aufgeschlagen und schließlich tot hier liegen geblieben war. Hatte ihn jemand gestoßen? Oder war er gesprungen? Johann wandte sich zu Moreno.

„Haben Sie jemanden auf den Gipfel geschickt, um dort Spuren zu sichern? Ich halte es für ziemlich wahrscheinlich, dass unsere Leiche ursprünglich dort oben gewesen ist.“

Moreno reagierte genervt.

„Auf die Idee sind wir auch schon gekommen. Zwei meiner Männer sind hoch gestiegen und kommen hoffentlich bald zurück."

Johann schaute auf die Uhr. Es war nach acht Uhr, die Sonne war längst untergegangen, in einer halben Stunde würde es dunkel sein. Normalerweise hätten die Beamten elektrisches Licht aufgestellt, damit er die Leiche in aller Ruhe hier vor Ort untersuchen konnte. In dieser Einöde war das nicht möglich. Er musste sich mit seiner Untersuchung beeilen. Nachdem er sich vergewissert hatte, dass Tatort und Leiche bereits ausführlich fotografiert worden waren, drehte er den Körper vorsichtig auf den Rücken. Guido zuckte zusammen und stieß einen unterdrückten Schrei aus. Die Leiche hatte gerade laut und vernehmlich eine Art Seufzer ausgestoßen.

„Haben Sie das noch nie gehört?", fragte Johann seinen Assistenten. „Das ist der so genannte Totenlaut. Er wird hervorgerufen durch Gas, das sich in der Leiche gebildet hat. Vor allem, wenn die Leiche bewegt wird, kann das Gas durch die Mundhöhle austreten, und es kommt zu solchen Seufzern oder Stöhnlauten."

„Entschuldigen Sie, Dottore." Guido hatte sich wieder in der Gewalt. „Ich habe natürlich in der Literatur davon gelesen, aber es hat mich einfach überrascht."

„Es ist übrigens ein klares Anzeichen für Fäulnisprozesse, die bereits eingesetzt haben. Aber das sehen Sie ja auch äußerlich an den grünlich-schwarz verfärbten Stellen am Unterbauch. Was übrigens bedeutet, dass diese Leiche schon mindestens ein paar Tage hier liegt. Es kann also gar nicht Toni sein."

„Ach, was reden Sie da." Moreno, der sich bisher im Hintergrund gehalten hatte, mischte sich plötzlich ein. „Wenn hier oben die Sonne scheint, dann wird es richtig heiß. Und Sie wissen genau, dass Leichenfäulnis durch Wärme beschleunigt wird."

Johann starrte den Commissario überrascht an. Moreno hatte zwar grundsätzlich Recht mit seiner Bemerkung. Doch seine Erfahrung sagte ihm, dass diese Leiche schon mindestens drei oder vier Tage hier gelegen hatte. Auf jeden Fall war die Art und Weise, wie der Polizist seine Sachkenntnis als Gerichtsmediziner in Guidos Anwesenheit in Frage stellte, plump beleidigend.

„Commissario, ich wusste gar nicht, dass Sie sich so intensiv für unser Fachgebiet interessieren", antwortete er deshalb mit beißender Ironie. „Aber dann haben Sie ja vielleicht auch schon einmal vom ‚rigor mortis' gehört?"

Moreno schaute ihn aus kalten Augen an und sagte nichts.

„Das ist der lateinische Name für die Totenstarre. Wie Sie vielleicht wissen, bildet sie sich etwa sechs bis acht Stunden nach Eintritt des Todes aus. Aber schauen Sie mal." Er hob einen Arm der Leiche an und bewegte ihn problemlos in mehrere Richtungen. „Die Totenstarre hat sich schon wieder gelöst. Und das passiert frühestens zwei bis drei Tage nach dem Tod."

Der Commissario schien einen Moment nachzurechnen, dann huschte ein triumphierendes Lächeln über sein Gesicht.

„Das kommt doch hin. Die Nutte wurde am Sonntag erdrosselt. Heute ist Dienstag. Wenn sich Toni direkt nach dem Mord hier herunter gestürzt hat, dann passt das von der Zeit her genau. Könnte doch sein, dass der Mörder sich selbst gerichtet hat. Sie werden sehen, die DNA-Untersuchung wird das bestätigen."

Johann wusste es besser. Aber er durfte nicht darüber sprechen. Vor weniger als 24 Stunden war Toni ins Aquarium eingedrungen und hatte den Delfintrainer ermordet. Selbst wenn er sofort danach hier in den Tod gesprungen wäre, war es naturwissenschaftlich unmöglich, dass sich sein Körper so schnell zersetzt hatte. Nachdenklich schaute er dem Toten ins Gesicht. Es war unmöglich, aus dieser zerstörten Physiognomie irgendwelche Schlüsse zu ziehen. Die Nase war praktisch nicht mehr vorhanden. Auch die Augäpfel und Teile der Wangen fehlten. Ganz offensichtlich hatten Vögel und vielleicht auch Luchse an der Leiche gefressen.

„Dottore, schauen Sie!"

Guido hatte vorsichtig die Reste des T-Shirt-Ärmels nach oben gezogen und damit den linken Oberarm freigelegt. Johann ignorierte den fragenden Blick des Commissario und verständigte sich mit seinem Assistenten durch ein wortloses Nicken. Es gab keine Tätowierung, der letzte Beweis, dass es sich nicht um Tonis sterbliche Überreste handeln konnte.

„Was soll das mit dem Arm?"

Moreno spürte ganz offensichtlich, dass hinter dem stummen Einverständnis der beiden Gerichtsmediziner ein Geheimnis steckte.

Johann sah Guido an und schüttelte unmerklich den Kopf. Sie würdigten den Commissario keiner Antwort.

45. KAPITEL

DIENSTAG, 21:13 UHR

Enza war kurz davor aufzugeben. Sie saß immer noch vor dem Laptop, ihre Augen brannten. Frustriert starrte sie auf die Liste der Toten, die daneben auf dem Tisch lag, von ihr handschriftlich ergänzt und mit einem Leuchtstift markiert:

1. Rodolfo Ermia, gest. 2003 in **Castelbianco**
2. Franca Ermia, gest. 2012 in Genua, geb. in **Castelbianco**
3. Martin Bergmann, gest. 2007 in Berlin
4. Heinz Wohlgemut, gest. 2012 in Hamburg
5. Giuseppe Manzo, gest. 2004 in Albenga, geb. in **Castelbianco**
6. Nino Bergamaschi, gest. 2005 in Genua, geb. in **Genua**

Sie hatte gerade herausgefunden, dass Nino Bergamaschi in Genua geboren war. Nicht in Castelbianco. Sie fühlte sich ausgebremst, ratlos. Sie wusste nicht weiter.

Dann kam ihr eine Idee. Sie googelte nicht mehr die Namen der Toten, sondern tippte ‚Castelbianco' in das Fenster der Suchmaschine und verknüpfte den Ort mit den Begriffen ‚Faschismus' und ‚Kriegsverbrechen'. Nach einigen Klicks stieß sie auf einen Aufsatz. Das Thema: Deutsche Kriegsverbrechen in Italien, geschrieben von einem deutschen Historiker, glücklicherweise übersetzt ins Italienische.

Zögernd fing Enza an zu lesen. Seit ihrer Studienzeit war sie froh gewesen, solche holprig geschriebenen wissenschaftlichen Arbeiten nicht mehr durchackern zu müssen. Doch schon nach wenigen Sätzen begann der Text sie zu fesseln. Die Fakten, die der Autor zusammengetragen hatte, waren einfach haarsträubend. Demnach hatten deutsche Soldaten im Land des ehemaligen faschistischen Verbündeten unsägliche Verbrechen begangen. Enza wusste praktisch nichts davon. Sie erinnerte sich nur noch an die Ereignisse, die sie in der Schule gelernt hatte: Die Absetzung und Festnahme Mussolinis im Juli 1943, danach der italienische Waffenstillstand mit den Alliierten. Die Reaktion der Deutschen ließ nicht auf sich warten: Sie besetzten kurzerhand Italien, befreiten Mussolini und errichteten mit ihm eine Art Marionettenregierung am Gardasee.

Dass damit auch das große Morden an der italienischen Zivilbevölkerung begonnen hatte, war ihr neu. Fassungslos las sie vom ‚Massaker der Unschuldigen' in Valla sul Bardine, bei dem deutsche Truppen 115 Kinder, Frauen und Alte ermordeten, die sich in eine Kaserne geflüchtet hatten. Angeekelt verfolgte sie die Ereignisse im kleinen Bergdorf Bergiola Foscalina, wo SS-Männer insgesamt 72 Menschen niedermetzelten. 15 davon Frauen und Kinder, die sie in einer Schule einsperrten und anschließend mit Flammenwerfern bei lebendigem Leibe verbrannten. Noch schlimmer klang die Geschichte von Vinca in den Apuanischen Alpen, wo die Nazi-Schergen 173 Menschen auf unvorstellbar brutale Art und Weise umgebracht hatten. Zeitzeugen berichteten von aufgeschlitzten Schwangeren, lebendig verbrannten Alten und gepfählten Frauen.

Enza hielt inne. Zu schrecklich waren die Bilder, die sich vor ihrem inneren Auge gebildet hatten. Doch dann zog der Text sie wieder in den Bann, fieberhaft las sie zu Ende. Im Schnitt hatten deutsche Soldaten in den letzten anderthalb Jahren des zweiten Weltkriegs jeden Tag 165 Italiener ermordet. Immer mit der

Begründung, man habe gegen aufständische Banden vorgehen müssen. Oft waren die Deutschen sogar von den Schwarzhemden, also italienischen Faschisten, tatkräftig unterstützt worden. Und was Enza am nachhaltigsten schockierte: Obwohl nach dem Krieg in Einzelfällen vor deutsche Gerichte gestellt, war nicht ein einziger Täter rechtskräftig verurteilt worden.

Ihr Blick fiel wieder auf die Liste der Toten. Hatten die beiden Deutschen mit diesen Gräueltaten zu tun? Und welche Rolle spielte dabei Castelbianco? Sie überflog noch einmal den Text und fand die Passage, in der Castelbianco erwähnt wurde. Eine Auflistung von Orten, in denen angebliche Partisanen von den Deutschen hingerichtet worden waren. Das war alles, keine Namen von Opfern, keine Namen von Tätern. Und jetzt?

Während sie darüber nachgrübelte und auf den Text starrte, fiel ihr eine kleine Ziffer ins Auge. Die Zahl 143, sie gehörte irgendwie zum Wort ‚Castelbianco', rechts davon leicht hoch gerückt, plötzlich begriff sie: Es war eine Fußnote. Fieberhaft scrollte sie zum Ende des Textes, wo alle Fußnoten untereinander aufgereiht waren. Bei der ‚143' standen genau sechs Worte: ‚Vgl. Museo della Resistenza di Savignone'. Offenbar hatte der Autor seine Informationen zu den Hinrichtungen in Castelbianco vom ‚Museum des Widerstands' in Savignone bekommen. Mit wenigen Klicks fand Enza die Telefonnummer und rief dort an. Es meldete sich nur ein Anrufbeantworter. Sie schaute auf die Uhr: kein Wunder, es war nach 22 Uhr. Sie würde es morgen wieder versuchen müssen. Möglichst früh, bevor sie sich auf den Weg machte zur Kirche San Pietro in Banchi. Irgend jemand wollte dort auf sie warten, um ihr etwas über Franca zu erzählen.

Sie stand auf und trat ans Fenster. Das Meer glänzte glutrot, letzter Spiegel der längst untergegangenen Sonne. Die Lanterna stand wie ein gelblich schwarzer Schatten vor dem nachtblauen Himmel. Ein sanftes Spiel der Farben, das ihr aufgewühltes Inneres nicht zur Ruhe bringen konnte. Sie dachte an Johann, sah das Blinken ihres Anrufbeantworters, den sie längst auf lautlos gestellt hatte, überlegte, ob sie sich anhören sollte, was er ihr sagen wollte, entschied sich dagegen. Morgen war ein neuer Tag. Für die Liste der Toten, für das Treffen mit dem geheimnisvollen Unbekannten, und vielleicht auch für Johann.

46. KAPITEL
DIENSTAG, 22:02 UHR

Der Mann sah nach oben. Die Silhouette am großen Fenster in der obersten Etage verschwand. Kam sie jetzt endlich raus? Er zog sich zurück in den Schatten einer dicken Eiche und starrte minutenlang auf die Haustüre. Nein, sie blieb verschlossen.

Er hatte gehofft, auch die Blonde würde bald das Haus verlassen, nachdem der Gerichtsmediziner und der schwule Typ endlich gegangen waren. Doch jetzt wartete er schon seit 12 Stunden. Auf der Bank mit einer Zeitung. An einen Baum gelehnt, als würde er die schöne Aussicht genießen. Auf und ab gehend mit einem Telefon am Ohr. Regelmäßig die Position wechseln, keinen Verdacht erregen, geduldig sein. So hatte es immer funktioniert.

Und doch war er zum ersten Mal nervös. Es dauerte zu lange. Er musste endlich abschließen, wollte sicher sein, dass die beiden nicht mehr in seinem Leben herumstocherten. Erst dann war es an der Zeit wegzugehen. Irgendwohin in den Süden, wo Männer wie er gebraucht wurden. Er hatte viel von den Organisationen gehört: Camorra, Ndrangheta, Cosa Nostra. Wie sie auch immer hießen, irgendwer dort würde seine Fähigkeiten zu schätzen wissen.

Hier hielt ihn nichts mehr. Mit der Nonna ging es zu Ende. Am Morgen hatte sie ihn gar nicht mehr wahrgenommen, sondern nur noch schaukelnd vor sich hingestarrt. Als wäre die Polizei im Haus, und sie müsste wieder die senile Greisin spielen. Dann hatte sie ihn plötzlich angestarrt wie einen Geist und gefragt: ‚Antonio, bist du das?'

Was er wohl machte, sein schwächlicher Deppen-Bruder? Eigentlich war es ihm egal. Er hätte ihn längst umgebracht, wenn es die Nonna nicht verboten hätte. Am besten schon damals, nachdem Franca ihm höhnisch ins Gesicht gespuckt hatte. Als er daran dachte, konnte er plötzlich alles wieder spüren: die heißen Wellen von Scham und Wut, ihre Spucke, die warm und eklig sein Gesicht herunter lief, ihre Worte, die ihn erniedrigten wie ein Tier.

Sie war damals 14 Jahre alt gewesen, er gerade ein Jahr älter. Franca, das hübscheste Mädchen von Castelbianco, reizte ihn mit ihren kurzen Röcken und engen Blusen. Oh, dieser Arsch, diese Titten! Was hätte er dafür gegeben, sie nur einmal zu berühren. Er machte ihr Komplimente, legte Blumen auf ihr Pult, schickte kleine Liebesbotschaften durch die Klasse. Doch egal, was er tat, sie hatte nur Augen für seinen dämlichen Bruder und behandelte ihn wie Luft. Nein, schlimmer noch: Es war, als ob er gar nicht existierte. Irgendwann war ein Knoten in ihm geplatzt. Er lauerte ihr an einer dunklen Ecke auf, hielt sie mit all seiner Kraft fest und versuchte sie zu küssen. Sie wehrte sich nicht einmal. Blieb einfach stocksteif stehen, kniff die Lippen zusammen und schaute ihn unverwandt mit diesen spöttischen Augen an. Das machte ihn unsicher. Er merkte, dass er vor lauter Aufregung gekommen war, und ließ sie los. Sie stand einfach da, schaute abschätzig auf den großen dunklen Fleck an seinem Hosenstall und sagte mit beißendem Spott:

„So schnell? Vielleicht solltest du mal Nachhilfe bei deinem Bruder nehmen."

Während die Bedeutung ihrer Worte langsam in sein Bewusstsein sickerte, sammelte Franca in aller Ruhe Spucke in ihrem Mund und spie ihm schließlich einen Riesenschwall in die Fresse. Dann sprach sie weiter, und es war, als spuckte sie ihm voller Verachtung jedes einzelne Wort zusätzlich ins Gesicht:

„Was bildest du dir ein, du Schlappschwanz? Du bist ein Wurm, ein Nichts. Du bist es nicht wert, dieselbe Luft zu atmen wie Toni und ich. Wenn wir uns lieben, dann lachen wir über dich. Und weißt du, was am lächerlichsten ist: Dass du es tatsächlich für möglich hältst, irgendein Mädchen würde sich für dich erniedrigen."

Neun Jahre lag diese Szene jetzt zurück. Er hatte lange warten müssen, bis er sich rächen durfte. Bis die Nonna ihm endlich den Auftrag erteilte. Und doch spürte er, dass die Scham immer noch in seiner Seele brannte, dass die Rache niemals aufhören würde. Er wischte sich das Gesicht mit beiden Händen, als wäre die Spucke immer noch da. Dann schaute er wieder nach oben. Wenn er die Blonde in seiner Gewalt hatte, dann würde er sich vorstellen, sie sei Franca.

Es wurde dunkel. Er zog sich die Kapuze seiner Jacke über den Kopf. Diesmal würde er warten, bis sie kam.

47. KAPITEL
DIENSTAG, 22:04 UHR

Auf dem Rückweg nach Genua gelang es Guido wider Willen, seinem Chef einen gewaltigen Schreck einzujagen. Sie hatten die Untersuchung der Leiche wegen der Dunkelheit abbrechen müssen und waren schon vorgefahren. Hatten im Auto zunächst darüber spekuliert, wer der geheimnisvolle Tote sein könnte und warum er wohl Tonis Ausweis in der Tasche hatte. Ein weiteres Opfer des Mehrfachmörders? Ein Versuch, die Polizei glauben zu lassen, Toni sei tot? Ihre Argumente drehten sich im Kreis, der Gesprächsfluss war erlahmt. Jetzt versuchte Guido, das Thema zu wechseln.

„Was ich Ihnen noch gar nicht erzählt habe: Es gibt Neuigkeiten aus dem Labor."

Johann hatte sich, müde nach dem langen und ereignisreichen Tag, im vielfach verstellbaren Beifahrersitz seines Dienstwagens lang gelegt. Jetzt fuhr er hoch, als hätte ihm der Ledersessel einen Stromschlag versetzt. Ihm war klar gewesen, dass die Bombe irgendwann platzen würde. Aber jetzt klopfte ihm doch das Herz bis zum Hals. Er bemühte sich, ganz ruhig zu antworten.

„Ist meine DNA endlich aufgeploppt?"

Guido sah ihn überrascht an, konzentrierte sich dann aber schnell wieder auf die kurvige Straße, er fuhr auch im Dunkeln wie ein Berserker.

„Sie meinen die Spuren aus der Wohnung der Prostituierten? Nein, nein, das kann dauern. Und an Ihrer Stelle würde ich mir da auch keine allzu großen Sorgen machen. Es geht um die Drahtschlinge, mit der Zoulaya Diouf erdrosselt wurde? Sie erinnern sich?"

„Ja natürlich, warum?", antwortete Johann, leicht verwirrt, weil er darüber nachgrübelte, was hinter der seltsamen Andeutung seines Assistenten steckte. Weshalb sollte er sich plötzlich keine Sorgen mehr machen?

„Wir haben tatsächlich genetische Spuren an der Schlinge gefunden", fuhr Guido fort. „Logischerweise jede Menge vom Mordopfer. Aber auch noch eine zweite DNA. Und Sie werden nicht glauben, von wem sie stammt."

„Erzählen Sie einfach", stöhnte Johann, der Guidos Hang zu dramatischen Pausen gerade nicht gut ertragen konnte.

„Von einem Wildschwein."

„Ein Wildschwein?"

Die Überraschung war Guido gelungen. Johann war tatsächlich ziemlich perplex.

„Ja, in diesem Fall eine Sau. Und ich glaube auch zu wissen, was dahinter steckt. Einer der Labortechniker ist in den Bergen aufgewachsen, er hat mir erzählt, dass diese Drahtschlingen von Wilderern benutzt werden. Sie legen sie auf Wildschweinpfaden aus und befestigen das Ende des Seils an einem Felsen oder einem Baumstamm. Wenn das Schwein auf der Suche nach Nahrung mit seiner Nase am Boden entlang schnuffelt, gerät es mit dem Kopf in die Schlinge. In Panik versucht es wegzulaufen und zieht die Schlinge immer weiter zu. Es erdrosselt sich also selbst. Keine schöne Vorstellung."

Guido zog eine angeekelte Grimasse.

„Das bedeutet, Toni ist wahrscheinlich auch als Wilderer unterwegs", schlussfolgerte Johann. Während er darüber nachdachte, ob diese neue Information sie bei der Lösung des Rätsels irgendwie weiter brachte, klingelte plötzlich sein Handy. War es Enza, die sich endlich meldete? Eilig, ohne aufs Display zu schauen, ging er dran.

„Pronto."

„Ciao, spreche ich mit dem attraktiven Gerichtsmediziner, der leider keine Zeit findet mich anzurufen?"

Eine helle Frauenstimme, definitiv nicht Enza. Verwirrt nahm Johann das Smartphone vom Ohr und schaute auf das Display. Es war Raffaella. Aber wer um Himmels Willen war Raffaella? Fieberhaft ging er im Kopf die Frauen durch, die er kannte. Eine Raffaella war nicht dabei. Oder doch?

„Entschuldigen Sie, aber Sie erwischen mich gerade in einem sehr stressigen Moment. Wie kann ich Ihnen helfen?"

Er hörte die Frau am anderen Ende der Leitung kichern. War sie betrunken?

„Sie erinnern sich nicht, geben Sie es zu. Ich helfe Ihnen. Wir sind sozusagen Nachbarn, ich arbeite in der Neurologie."

Plötzlich sah er sie wieder vor sich: die gut aussehende Ärztin, die ihn auf dem Parkplatz mit dem Telefontrick angemacht hatte. Sie hatte definitiv kein gutes Timing.

„Raffaella, es tut mir leid, aber ich habe gerade überhaupt keine Zeit für Sie."

Wieder dieses Kichern. Dann ein Schlürfen, das Klirren eines Glases. Und jetzt hörte er auch, dass sie ganz leicht lallte:

„Schade. Vielleicht morgen? Was werden Sie morgen tun, Herr Gerichtsmediziner?"

Johann versuchte sich zu beherrschen und atmete einmal tief durch. Er hatte gerade nicht die geringste Ahnung, was morgen sein würde. Das einzige, was in seinem Leben fest stand, war, dass er jetzt gleich eine zerschmetterte Leiche im Institut obduzieren würde. Vorausgesetzt, Hobby-Rennfahrer Guido gelang es, den schweren SUV auf der Straße zu halten. Alles, was danach kam, schien ihm völlig ungewiss. Sein gesamtes Dasein war zum Spielball dieses Falles geworden. Obwohl, jetzt erinnerte er sich plötzlich: Morgen hatte Enza das geheimnisvolle Treffen in dieser Kirche in Genua. Dabei würde er sie auf jeden Fall begleiten, ob sie es wollte oder nicht. Er merkte, dass er immer noch sein Telefon ans Ohr drückte, und bemühte sich, das skurrile Telefonat so höflich wie möglich zu beenden.

„Raffaella, ganz ehrlich, ich werde auch morgen keine Zeit für Sie haben, und übermorgen auch nicht. Es tut mir wirklich leid."

„Es sollte Ihnen auch leid tun", antwortete die Neurologin mit einem Kieksen in der Stimme und legte auf.

In der Stille, die darauf folgte, konnte Johann die Neugier seines Assistenten fühlen. Doch er hatte weder die Lust noch die Energie für eine Erklärung. Er lehnte sich zurück in seinen Sitz, schloss die Augen und versuchte sich zu entspannen, bis sie das gerichtsmedizinische Institut erreichten. Vergeblich. Er sah die Drahtschlinge um Veronicas Hals, sah ihr gequältes totes Gesicht und fühlte einen tiefen, unerbittlichen Hass auf Toni.

48. KAPITEL
MITTWOCH, 9:01 UHR

Um 9 Uhr morgens wählte Enza die Nummer des Museo della Resistenza. Ein Mann meldete sich, Salvatore Giacosa, der Stimme nach musste er schon älter sein. Sie zögerte, suchte nach den richtigen Worten, beschloss, mit der Tür ins Haus zu fallen.

„Entschuldigen Sie, mein Name ist Enza Marconi, ich ermittle in einem Mordfall. Ich würde gerne den Museumsleiter sprechen."

„Buongiorno Signora, ich bin Kassierer, Telefonist und Direktor in einer Person. Wir sind ein kleines Museum. Wie kann ich Ihnen denn helfen?"

Nahm er an, sie wäre Kripo-Beamtin? Enza hatte nichts dagegen.

„Eine junge Frau wurde ermordet. Sie stammte aus Castelbianco. Und es scheint, als hätte ihr Tod etwas zu tun mit Ereignissen, die im zweiten Weltkrieg dort vorgefallen sind, Kriegsverbrechen von deutschen Soldaten. Unsere Recherchen haben uns jedenfalls zu Ihrem Museum geführt."

Enza wusste nicht weiter. Sollte sie dem unbekannten Mann am anderen Ende der Leitung gegenüber Namen nennen? Giacosa schien ihre Unsicherheit zu spüren.

„Signora, Sie sind nicht von der Polizei, oder?"

Enza seufzte und entschied sich für die Wahrheit.

„Nein, ich bin privat in die Sache hinein geraten. Aber sie war meine beste Freundin. Und die ganze Geschichte wird von Tag zu Tag schlimmer. Immer mehr Menschen sterben."

Mit jedem Satz war sie lauter geworden, sie riss sich zusammen.

„Verstehen Sie, ich kann das nicht mehr ertragen, ich muss einfach irgendwie weiter kommen."

Salvatore Giacosas sonore Bassstimme war dagegen die Ruhe selbst.

„Gut, ich habe kein Problem damit, mit Ihnen zu sprechen. Ich kenne Castelbianco, und ich kenne auch manche Dinge, die im Krieg dort passiert sind. Aber Sie müssen mir schon ein bisschen mehr erzählen, worum es hier eigentlich geht."

Enza fasste sich ein Herz. Was hatte sie zu verlieren. Zehn Minuten lang sprach sie ohne Unterbrechung, erzählte chronologisch, was passiert war, was sie erfahren, erlebt und recherchiert hatte. Sie nannte alle Opfer beim Namen und ließ kein noch so schreckliches Detail aus. Sie endete mit der Fußnote, über die sie auf das Museum gestoßen war:

„Und ich dachte mir, wenn der Autor die Informationen über den zweiten Weltkrieg von Ihnen bekommen hat, dann kennen Sie möglicherweise auch Namen. Von Tätern, von Opfern, von wem auch immer. Vielleicht können Sie uns helfen, irgendeine Ordnung in dieses furchtbare Chaos zu bringen."

Sie hatte alles gesagt und wartete auf eine Antwort. Doch Giacosa ließ sich Zeit. Erst als die Stille unerträglich wurde, als sie schon dachte, die Leitung sei unterbrochen worden, meldete er sich zu Wort, zunächst mit einem verlegenen Räuspern, dann mit einer seltsamen Bitte.

„Sie haben gesagt, der mutmaßliche Täter habe eine gruselige Tätowierung. Können Sie die noch einmal beschreiben."

„Es ist ein Galgen, an dem mehrere Leichen hängen."

Wieder Stille. Dann der merkwürdige Satz:

„Das ist eigentlich nicht möglich, aber es könnte einen Sinn ergeben."

Enza lauschte gebannt, hörte Salvatore Giacosa aber nur tief ein- und ausatmen. Sie verlor die Geduld.

„Was meinen Sie, es könnte einen Sinn ergeben? Sprechen Sie weiter!"

„Wir haben ein Bild hier im Museum. Eine Fotografie aus Castelbianco aus dem Jahr 1944. Ein Galgen, aber es hängt nur eine Leiche daran, davor stehen ein paar Männer."

Giacosa machte wieder eine lange Pause. Offenbar dachte er darüber nach, wie viel er Enza erzählen wollte. Dann sprach er mit fester Stimme weiter.

„Hören Sie Signora, ich weiß nicht, ob das alles ein Zufall ist. In jedem Fall ist das eine lange Geschichte, über die ich nicht gerne rede. Aber wenn ich darüber sprechen soll, dann möchte ich Ihnen dabei in die Augen sehen. Können Sie hierher nach Savignone kommen?"

Enza sah auf ihre Uhr. Viertel vor zehn, höchste Zeit, sich auf den Weg zu der mysteriösen Verabredung in der Kirche zu machen.

„Ich habe gleich noch einen Termin. Aber danach könnte ich den Bus nehmen. Sagen wir, um 14 Uhr bei Ihnen im Museum?"

„Ich warte auf Sie Signora."

Giacosa legte unvermittelt auf. Enza packte eilig ihre Tasche und verließ die Wohnung. Die Sonne schien warm auf die Piazza. Bis zur Kirche San Pietro in Banchi war es ein schöner Spaziergang mitten durch die Altstadt. Sie überlegte, ob sie den öffentlichen Aufzug hinunter zum Portello nehmen sollte, entschied sich aber dann für die Treppen. Plötzlich hatte sie das Gefühl, sie werde verfolgt. Sie blieb stehen und drehte sich unvermittelt um. Doch im Schatten der Palmen vor ihrem Haus sah sie nur ein paar Kinder, die Fußball spielten.

49. KAPITEL

MITTWOCH, 9:27 UHR

Johann erwachte aus seinem üblichen Albtraum. Keuchend, nass geschwitzt, orientierungslos. Was für einen Blödsinn hatte sein Unterbewusstsein da schon wieder zutage gebracht: Selbstverständlich Enza, natürlich nackt, schön und erregend. Sie sitzt auf ihm, beugt sich zu ihm nieder, beißt zärtlich in seinen Hals. Der Biss wird immer fester, er bekommt keine Luft mehr, versucht sie abzuschütteln. Doch sie ist tonnenschwer, kniet auf seiner Brust, erdrückt ihn. Ihre Zähne bohren sich in seine Kehle, er schmeckt sein eigenes Blut. Und wird wach.

Er war erst gegen zwei Uhr morgens nach Hause gekommen. Die Leichenöffnung hatte lange gedauert, aber leider wenig zu Tage gebracht. Wie erwartet war der Mann an einem Polytrauma gestorben. Seine Halswirbelsäule war durchtrennt, die Aorta unterhalb des Halses gerissen, mehrere gebrochene Rippen hatten sich durch Herz und Lunge gebohrt, dazu der gebrochene Schädel mit Austreten der Hirnmasse. Jede dieser Verletzungen für sich wäre schon tödlich gewesen. Dazu kamen Schürf- und Schnittwunden am ganzen Körper. Für all das gab es nur eine vernünftige Erklärung: Der Mann war tatsächlich die Steilwand hinunter gestürzt. Da die Kripo-Leute auf dem Gipfel keine weiteren Spuren gefunden hatten, blieb offen, ob es sich um eine Selbsttötung, einen Unfall oder ein Verbrechen handelte.

Johann war sich jetzt allerdings sicher, dass die Leiche mindestens eine Woche auf der Alm gelegen haben musste. Schon deshalb konnte es sich nicht um Toni handeln, ganz zu schweigen von der fehlenden Tätowierung. Vielleicht würde die DNA-Analyse heute neue Erkenntnisse zur Identität liefern. Immerhin hatte es zu diesem Thema keinen Streit mehr mit Moreno gegeben. Der Commissario war nämlich gar nicht mehr zur Obduktion ins Institut gekommen, warum auch immer. Johann war ganz froh darüber gewesen. Sein Bericht würde im Laufe des Vormittags abgetippt und an die Questura geschickt werden. Was Moreno damit anfing, war ihm in diesem Moment ziemlich egal.

Er duschte kalt und zog sich schnell etwas an. Das Frühstück würde er nachholen müssen. Es war höchste Zeit, sich auf den Weg zu der kleinen Kirche zu machen, wo Enza ihr geheimnisvolles Treffen hatte. Er machte sich gar nicht erst die Mühe, noch einmal bei ihr anzurufen. Ob sie wollte oder nicht, er würde sie beschatten. Er hatte beschlossen auf sie aufzupassen.

Als er aus der Haustüre trat, stellten sich ihm drei Männer in den Weg. Sie trugen die blank gewichsten Stiefel und die blaue Uniform der Carabinieri, Militärpolizei. Der in der Mitte war den Schulterklappen nach der Ranghöchste. Er fasste Johann unhöflich an den Arm und sagte:

„Dottore Sorbello, bitte kommen Sie mit uns. Wir haben den Auftrag, Sie ins Präsidium zu bringen."

Johann riss sich los und entgegnete wütend:

„Was bilden Sie sich ein. Ich bin der leitende Gerichtsmediziner dieser Stadt. Wenn Moreno etwas von mir will, dann soll er zu mir ins Institut kommen."

Die beiden anderen Polizisten stellten sich jetzt bedrohlich um ihn herum, als wollten sie ihn am Weglaufen hindern. Der Offizier griff an seinen Gürtel und löste dort ein Paar Handschellen. Provozierend ließ er die beiden Stahlringe vor Johanns Gesicht baumeln und sagte barsch:

„Sorbello, wenn Sie sich wehren, dann haben wir den Befehl, Sie zu fesseln und mit Gewalt in die Questura zu bringen. Sie haben die Wahl."

Johann schaute auf sein Handy: Es war zehn Uhr, noch eine Stunde, bis Enza die Verabredung in der Kirche hatte. Vielleicht würde er es immer noch rechtzeitig schaffen, wenn er dieses Missverständnis schnell aus dem Weg räumen konnte.

„Und keine Telefonate! Das hat der Commissario verboten."

Der Polizist versuchte, ihm das Telefon aus der Hand zu nehmen. Empört hielt Johann es fest und steckte es in die Hosentasche.

„Was fällt Ihnen ein?", rief er. „Sie haben vielleicht den Befehl mich mitzunehmen, aber auf keinen Fall das Recht, mir mein Eigentum wegzunehmen."

Ungerührt nahmen ihn die Carabinieri in die Mitte und führten ihn zu ihrem Wagen, den sie am Straßenrand geparkt hatten. Auf der Fahrt zum Präsidium dachte Johann fieberhaft darüber nach, was in den wenigen Stunden seit seiner letzten Begegnung mit Moreno passiert sein konnte. Es gab nur eine Möglichkeit: Im Labor hatte man seine DNA analysiert. Und es war bestimmt sein spionierender Laborleiter Garzetti gewesen, der Moreno sofort mit der brandheißen Information versorgt hatte: Johann Sorbello war in der Wohnung der ermordeten Prostituierten gewesen.

Doch warum diese dramatische Symbolik? Er hatte mittlerweile recherchiert, dass es in Italien nicht strafbar war, sich auf käuflichen Sex einzulassen. Seine Beziehung mit Veronica war ihm auch nicht peinlich, schon gar nicht vor Moreno. Das einzige, was man ihm vorwerfen konnte, war, dass er nichts davon gesagt hatte, als das Mordopfer auf seinem Seziertisch gelandet war. Aber es hatte ihn ja auch niemand danach gefragt. Nach außen hin allerdings wurde die Geschichte zum potenziellen Skandal. „Oberster Gerichtsmediziner im Bett mit ermordeter Prostituierter – was steckt dahinter?" Für die Boulevardpresse wäre diese Schlagzeile natürlich ein gefundenes Fressen. Wie also sollte er Moreno gegenüber treten?

Sie erreichten das Präsidium. Der Polizeioffizier geleitete ihn bis zu Morenos Zimmer im zweiten Stock. In dem Moment, als sich die Tür vor ihm öffnete, war er entschlossen, das Ganze so offensiv wie möglich anzugehen. Er formulierte im Geiste seine ersten beiden Sätze: „Ja, ich hatte eine Beziehung mit Zoulaya Diouf. Aber was soll jetzt dieser Polizisten-Zirkus hier?" Doch der Commissario kam ihm zuvor. Noch bevor Johann die Türe hinter sich zugezogen hatte, hielt er ihm schon anklagend ein Foto unter die Nase und blaffte ihn an:

„Wollen Sie mich verarschen, Sorbello?"

Verdutzt schaute Johann auf das Foto. Eine grob gepixelte Vergrößerung. So unscharf, dass er erst auf den zweiten Blick erkannte, was es war: der Galgen, die Tätowierung auf Tonis Oberarm. Das also war der Grund, warum Moreno sauer war. Insgeheim erleichtert antwortete er mit ruhigem Spott:

„Kompliment Herr Kommissar! Sie scheinen ja tatsächlich mal ein bisschen recherchiert zu haben."

Moreno platzte fast vor Wut, versuchte aber sich zu beherrschen.

„Was glauben Sie eigentlich, wer Sie sind? Inspektor Columbo? Ich habe Ihnen mehrmals gesagt, Sie sollen sich da heraus halten. Und was tun Sie? Sie baggern die Marconi-Zicke an und spielen mit ihr zusammen Hobby-Kommissar. Und jetzt erzählen Sie mir nicht, dass das alles ein Missverständnis ist. Heute früh hat mich der Direktor des Aquariums angerufen und gefragt, wie es meiner bezaubernden jungen Kollegin, der Kommissarin Enza Marconi, geht."

Johann versuchte es hinunterzuschlucken. Doch das Lachen brach einfach aus ihm heraus. Die Erinnerung, wie Enza den Direktor um den Finger gewickelt hatte, war zu schön. Das brachte Moreno natürlich noch mehr auf die Palme. Der Kommissar baute sich wie ein Boxer vor dem fast einen Kopf größeren Johann auf und brüllte ihm von unten ins Gesicht:

„Sie finden das lustig? Ich finde das einen Skandal. Ich weiß jetzt, dass Sie den Delfintrainer Carlo Grasso obduziert haben, ohne uns zu informieren. Ich weiß, dass Antonio Testa in der fraglichen Nacht im Aquarium war und den Mann wahrscheinlich auch ermordet hat. Ich weiß, dass Testa diese verfluchte Tätowierung hat und begreife jetzt auch, warum Sie und Ihr dämlicher Homo-Assistent gestern so bedeutungsschwanger auf den Arm der Leiche geschaut haben."

Moreno holte tief Luft und senkte seine Stimme zu einem bedrohlichen Zischen:

„Sorbello, ich warne Sie, ich lasse mich nicht verarschen. Ich bin kurz davor, Sie wegen der Behinderung von Ermittlungen festnehmen zu lassen. Ich weiß schon, damit werde ich auf die Dauer nicht durchkommen. Aber ich schwöre Ihnen: Wenn sie mir jetzt nicht sofort alles sagen, was Sie wissen, dann lasse ich Sie mindestens eine Woche in der U-Haft schmoren. Und Ihre dämliche Freundin bekommt die Gruppenzelle gleich daneben."

Johanns Erleichterung verflog. Er erkannte den Ernst seiner Lage. Ihm war völlig klar, dass die Polizei in diesem Staat durchaus die Macht hatte, Unschuldige tagelang einzusperren. Aber sollte er deshalb mit Moreno kooperieren? Er sah die manikürten Fingernägel des Commissario, die gepflegten, feingliedrigen Finger, die immer noch krampfhaft das Foto der Tätowierung festhielten. Hände eines Folterers. Schon darüber nachzudenken, mit Moreno gemeinsame Sache zu machen, kam ihm wie ein Verrat an Enza vor. Überhaupt, Enza! Die Uhr an der Wand zeigte 10:45 Uhr. Noch eine Viertelstunde. Er musste hier weg. Er beschloss kurzerhand, alles auf eine Karte zu setzen.

„Die Ergebnisse der Obduktion von Carlo Grasso werde ich Ihnen zukommen lassen", sagte er eiskalt zum Commissario. „Den Rest müssen Sie schon selber herausfinden. Das ist schließlich Ihr Job."

Moreno wollte etwas entgegnen, doch Johann brachte ihn mit einer Handbewegung zum Schweigen.

„Und wenn Sie mich nicht sofort gehen lassen, dann werde ich zwei Stockwerke höher dem Polizeipräsidenten einen Besuch abstatten. Es gibt da nämlich eine interessante Geschichte, für die er sich Zeit nehmen wird. Die Geschichte der bisher nicht identifizierten Polizisten, die während der skandalösen Ereignisse des G8-Gipfels Demonstranten brutal gefoltert haben. Einer von denen hat sich besonders hervor getan. Erinnern Sie sich an die Kaserne in Bolzaneto? Danach hat dieser unbekannte Polizist übrigens eine steile Karriere gemacht. Aber damit wird es ganz schnell vorbei sein, wenn der Polizeipräsident davon erfährt."

Moreno war während seiner Worte Schritt für Schritt zurück gewichen. Sein sonnengebräuntes Gesicht hatte eine aschfahle Farbe angenommen. Sein Blick ging an Johann vorbei ins Leere. Die Stille im Raum war fast schon mit Händen zu greifen. Johann nahm es als Signal. Er drehte sich um, verließ das Zimmer und knallte die Tür hinter sich zu. Dann lauschte er kurz, ob es irgendeine Reaktion gab. Nichts. Er lief los.

50. KAPITEL
MITTWOCH, 10:43 UHR

Enza bahnte sich einen Weg durch die Menschenmassen in den engen Gassen der Altstadt. An der Piazza Banchi rückten die düsteren Häuserfronten auseinander, ließen Platz für ein paar Sonnenstrahlen, für zwei Marktstände mit antiken Büchern und für den Blick auf das fröhliche beige-rot-grüne Muster der Kirchenfassade. Eine große Uhr auf dem Bankgebäude gegenüber zeigte ihr, wie spät es war. Zehn Minuten vor elf, sie hatte noch etwas Zeit. Gemächlich ging sie an den beiden Haushaltswarenläden vorbei, die im Erdgeschoss unter der Kirche lagen, und stieg langsam die Stufen zum Portal empor. Sie mochte die Geschichte dieses höhergelegten Gotteshauses. Sie war so typisch für die geizigen Genueser.

In der zweiten Hälfte des 16. Jahrhunderts hatte man die Kirche geplant. Zu der Zeit galt Genua wegen ihrer mächtigen Geldhäuser als reichste Stadt der Welt. Und doch wollte man hier, ausgerechnet am ‚Platz der Banken', Geld sparen. Kurzerhand wurde das Gotteshaus in den ersten Stock verlegt, darunter baute man Geschäftsräume. Über den Verkauf dieser Läden wurde der Kirchenbau finanziert. Ein Lächeln huschte über Enzas Gesicht. So war sie eben, die Stadt, in der Menschen wie ihr Vater zu Reichtum kamen.

Sie ließ das schwüle Rauschen der Altstadt hinter sich und trat ein. Im Zwielicht unter der hohen Marmorkuppel saßen ein paar ältere Menschen auf den Holzbänken, andächtig oder betend, niemand dabei, der auf sie zu warten schien. Unsicher ging sie eine Weile auf und ab und beobachtete die Beichtstühle, vielleicht hatte sich jemand hinter den Vorhängen darin versteckt? Die komischen Holzhäuschen mit den vergitterten Flüsterfenstern erinnerten sie an ihren verstörenden Besuch bei Don Giorgio in Castelbianco. Dieses dämliche Beichtgeheimnis. Nur zu gerne hätte sie erfahren, welche intimen, wahrscheinlich schrecklichen Geheimnisse Toni dem versoffenen Priester anvertraut hatte.

Plötzlich wurde ein Vorhang zur Seite gezogen, knarrend öffnete sich die zugehörige Tür, und ein alter Pater in schwarzer Soutane trat heraus. Ihre Blicke trafen sich. War er der Mann, auf den sie wartete? Nein, er ging nach hinten und verschwand in den Priestergemächern. Enza wurde unruhig. Sie wartete schon eine Viertelstunde, hatte sie sich umsonst auf den Weg gemacht? Unentschlossen setzte sie sich in die hinterste Kirchenbank und musterte die Menschen vor ihr. Irgendwann drehte sich eine ältere Frau mit blau-weiß gemustertem Kopftuch zu ihr um und nickte ihr kaum merklich zu. Jetzt erkannte Enza sie wieder. Es war die Frau, die auf der Beerdigung geweint hatte. Sie stand auf und setzte sich neben sie. Starr geradeaus schauend flüsterte die Frau ihr etwas zu:

„Ich wollte sicher gehen, dass Sie alleine sind. Niemand darf wissen, dass wir uns treffen. Vor allem mein Mann nicht."

„Sie sind Francas Mutter, richtig?", fragte Enza. Und als die Frau nickte, sprach sie hastig weiter: „Ich bin Enza Marconi, Francas Freundin. Ich möchte herausfinden, wer sie umgebracht hat. Können Sie mir dabei helfen?"

Die alte Dame drehte jetzt langsam den Kopf und schaute sie aus rot geschwollenen Augen an. In den harten Linien ihres schmalen Gesichts erahnte Enza eine erloschene Schönheit. Sie musste einst ähnlich attraktiv gewesen sein wie ihre ermordete Tochter. Doch in diesem Moment strahlte Signora Ermia nur noch Schmerz und Bitterkeit aus.

„Ich weiß es nicht", antwortete sie mit brüchiger Stimme. „Aber ich habe Sie vor unserem Haus gesehen. Ich habe gehört, wie mein

Mann Sie angeschrien hat. Und ich habe entschieden, dass ich dieses schreckliche Schweigen endlich durchbrechen will."

Enza rückte näher an die alte Frau heran und sprach leise in ihr Ohr:

„Wissen Sie, wer Franca getötet hat? Glauben Sie auch, dass es Toni war?"

„Wahrscheinlich war es der andere. Auf jeden Fall bin ich mir sicher, dass die alte Hexe dahinter steckt."

Enza wurde heiß vor Aufregung. Sie begriff den Zusammenhang nicht, aber sie hatte das Gefühl, endlich vor einem Durchbruch zu stehen.

„Wen meinen Sie? Ist Tonis Oma ‚die alte Hexe'? Aber wer ist dann ‚der andere', von dem Sie reden?"

Beide schraken zusammen, das Kirchenportal war mit einem lauten Krachen ins Schloss gefallen. Hatte jemand die Kirche betreten? Sie schauten sich um, aber es war niemand zu sehen.

„Nicht hier", sagte Francas Mutter nervös. „Das ist eine lange Geschichte. Nicht weit von hier gibt es ein Café, wo wir in Ruhe reden können. Lassen Sie uns dorthin gehen."

Sie standen auf und huschten aus der Kirche. Signora Ermia nahm Enza an der Hand und zog sie eilig, fast schon im Laufschritt, hinter sich her in das schattige Gewirr der Carruggi. Enza ertappte sich dabei, dass sie den Kopf einzog, furchtsam und verstohlen, als wäre sie auf der Flucht.

51. KAPITEL

MITTWOCH, 11:27 UHR

Völlig außer Atem hastete Johann die Stufen hinauf. Kurz davor, die kleine Tür im dunkelgrün lackierten Kirchenportal aufzureißen, zwang er sich zur Ruhe. Ein Schatten wollte er sein, Enza und ihr Gesprächspartner sollten ihn auf keinen Fall bemerken. Auf Zehenspitzen schlüpfte er ihn die Kirche und verbarg sich sofort im Schatten eines dicken Pfeilers. Von dort aus scannte er vorsichtig den Innenraum. Ein paar Betende. Eine japanische Touristengruppe, die sich mit ihren Kameras um eine merkwürdige Jesusfigur ohne Hände scharte. Ein schwarz gekleideter Küster, der die Info-Broschüren am Eingang ordnete und ihn mit erstauntem Blick musterte. Sonst nichts.

Johann ließ alle Vorsicht fahren, ging mit eiligen Schritten einmal durch die kleine Kirche, kontrollierte, ob in den Beichtstühlen Licht brannte, schaute in jede Ecke. Doch er kam zu spät, Enza war weg. Er rannte wieder hinaus, blieb auf dem kleinen Vorplatz stehen und suchte von dort mit den Augen die gesamte Piazza ab. Keine Enza. Er wählte ihre Handynummer, landete zum werweißwievielten Mal auf ihrer Mailbox, legte auf, dachte nach. Was konnte er tun? Sein Handy klingelte, Guidos Name auf dem Display, er ging dran.

„Guido, was gibt‘s neues?"

„Dottore, ich habe gerade das Ergebnis aus dem Labor bekommen. Sie werden nicht glauben, wessen genetischen Fingerabdruck unsere zerschmetterte Leiche hat."

„Guido, ich bin im Stress. Sagen Sie es einfach."

„Antonio Testa."

„Nein!" Johann war tatsächlich sprachlos.

„Doch, ich habe mir die Analyse persönlich angesehen. Es gibt keinen Zweifel."

„Guido, Sie wissen, dass das nicht möglich ist. Toni hat in der Nacht von Montag auf Dienstag den Delfintrainer ermordet. Da war unsere Leiche längst tot."

Sein Assistent schwieg ein paar Sekunden. Dann sagte er zögernd: „Vielleicht gibt es eine Art Doppelgänger. Jemand, der so aussieht wie Toni, der aber diese Tätowierung hat. Die Bilder von der Überwachungskamera sind ja nicht besonders scharf."

Johann blitzte ein Gedanke durch den Kopf, wieder mal zu schnell um ihn festzuhalten. Ein alter Fall, eine DNA, zwei mögliche Täter, irgendetwas mit einem Kaufhaus. Er versuchte sich genauer zu erinnern, kam aber nicht weiter. Das Bild von Toni auf der Überwachungskamera schob sich dazwischen. Und das Bild von Enza, ihr letzter Blick, traurig, vorwurfsvoll und schön. Er spürte: Sie war in Gefahr. Er musste etwas tun.

„Guido, ich muss weiter. Aber ich möchte Sie um etwas bitten. Checken Sie das alles noch einmal durch. So weit ich mich erinnere, haben wir Tonis DNA in folgenden Proben gefunden: seine Zahnbürste, Sperma aus der Vagina der Piranha-Leiche, die Eintrittskarte zum Aquarium, Sperma aus der Vagina der Prostituierten und jetzt die Leiche, die vom Berg gefallen ist. Prüfen Sie jedes einzelne Ergebnis noch einmal, als wäre es das erste Mal. Irgendwo müssen wir einen Fehler gemacht haben."

Guido druckste ein wenig herum, bevor er antwortete.

„Okay, aber was sage ich Garzetti? Er ist immerhin der Leiter des Labors."

„Das ist mir scheißegal", rief Johann spontan in sein Telefon. Vor lauter Anspannung dröhnte sein Schädel. Er riss sich zusammen. Guido trug keine Schuld an diesem Mega-Schlamassel, in das er sich selbst hinein manövriert hatte. „Entschuldigen Sie, sagen Sie ihm einfach, Sie hätten die persönliche Anweisung von mir. Und wenn ihm das nicht passt, dann soll er sich beschweren, wenn ich wieder da bin. Wir haben sowieso noch mehr als ein Wörtchen miteinander zu reden."

Johann beendete das Gespräch und rannte los. Ihm war plötzlich eine Idee gekommen, wie er Enza finden könnte. Ihre Wohnung lag rund einen Kilometer entfernt. Also lief er den Vico del Fornaro entlang, immer weiter bergauf, zum Schluss die endlosen Stufen der Salita. Keuchend stand er schließlich vor dem Haus. Die Tür war verschlossen, auf sein Klingeln reagierte niemand. Er schellte bei den Nachbarn. ‚Hofmann' stand auf dem Schild. Er erinnerte sich: Enza hatte das andere Appartement an eine deutsche Familie vermietet. Mit ein bisschen Glück würde er dort vielleicht einen Zweitschlüssel finden.

„Si, pronto?"

Er erkannte den Akzent und überredete die Frau auf Deutsch, ihm die Türe zu öffnen. Er nahm die Treppe, der Aufzug dauerte ihm zu lange. Im obersten Stock erwartete ihn eine freundlich wirkende Dame Ende fünfzig, die ihn allerdings, als er näher kam, ziemlich überrascht anstarrte. Er musste ein seltsames Bild abgegeben, der Schweiß lief ihm in Strömen über das Gesicht. Auch sein Hemd hatte er völlig durchgeschwitzt. Schwer atmend versuchte er so kurz wie möglich die Dringlichkeit der Situation zu erklären. Es gehe um Leben und Tod, er habe Angst um Enza und müsse unbedingt in ihre Wohnung hinein. Ob sie einen Schlüssel dafür habe.

Frau Hofmann reagierte skeptisch:

„Ja, ich habe einen Schlüssel. Aber wieso soll ich Ihnen diese ganze abstruse Geschichte glauben?"

Er zeigte ihr seinen deutschen Personalausweis und den italienischen Dienstausweis, der ihn als Leiter der Gerichtsmedizin auswies. Er redete auf sie ein. Schließlich gab sie nach.

„Gut, ich lasse Sie hinein, aber ich gehe mit."

Die Wohnung war leer. Aber auf Enzas Schreibtisch stand, wie er gehofft hatte, ihr Laptop. Er setzte sich davor, klappte den Computer auf und fuhr ihn hoch. Unter dem misstrauischen Blick der Nachbarin loggte er sich in Enzas Cloud ein und startete das Programm „mein Smartphone suchen". Das war der Gedanke, der ihm vorhin auf dem Kirchplatz gekommen war: Wenn Enza es geschafft hatte, ihn bis zu seinem Sturz ins Olivenöl zu überwachen, dann konnte er auf diese Weise herausfinden, wo sie sich jetzt gerade befand. Gebannt wartete er auf den grünen Punkt im Stadtplan von Genua. Doch das Ergebnis war eine Enttäuschung. Der Punkt war grau, er lag exakt über dem Haus, in dem er sich gerade aufhielt, und die Meldung dazu lautete: ‚Smartphone von Enza Marconi vor 18 Stunden'. Das erklärte auch, warum sie nicht mehr ans Telefon gegangen war. Sie hatte es gestern Abend in der Wohnung ausgeschaltet und seitdem nicht mehr angemacht.

Ein leises Räuspern von Frau Hofmann erinnerte ihn daran, dass er nicht alleine im Raum war. Er drehte sich zu ihr um und schüttelte den Kopf.

„Es klappt leider nicht. Ich kann sie nicht finden."

„Das tut mir leid für Sie. Aber ich muss Sie jetzt definitiv bitten wieder zu gehen. Ich fürchte, ich hätte sie hier niemals hinein lassen dürfen."

Johann dachte fieberhaft nach. Sein Blick irrte durch den Raum, fiel auf einen Notizblock neben dem Computer. Ein paar Worte nur in Enzas Handschrift: Museo della Resistenza Savignone, Salvatore Giacosa, Mittwoch 14 Uhr. Er wusste ungefähr, wo Savignone lag. Er schaute auf die Uhr, halb eins, wenn er sich beeilte, konnte er es schaffen. Kurzentschlossen riss er das Blatt vom Notizblock und steckte es in seine Gesäßtasche.

„Was tun Sie da? Sie können doch hier nicht einfach etwas mitnehmen", meldete sich die Nachbarin empört.

Johann ignorierte sie. Er klappte den Laptop zusammen, klemmte ihn unter seinen Arm und wandte sich zur Tür.

„Vielen Dank für Ihre Hilfe, es geht nicht anders, das ist meine einzige Chance", sagte er und lief wieder los. Frau Hofmann schrie hinter ihm her und drohte damit, die Polizei zu rufen. Ach ja, die Polizei, dachte er. Da war ich heute schon.

Es war ihm völlig egal.

52. KAPITEL
MITTWOCH, 12:41 UHR

Aufgewühlt sah Enza der alten Frau hinterher. Francas Mutter stakste auf dürren Beinen die Gasse entlang, Schultern und Hals tief gebeugt, als müsste sie die ganze Last ihrer Familiengeschichte tragen. Sie drehte sich nicht mehr um, sie hatte alles gesagt, was sie wusste. Und jetzt stand Enza da mit schwirrendem Kopf. Geschockt über das Ausmaß der Familienfehde. Irgendwie erleichtert, weil sie insgeheim immer noch daran gezweifelt hatte, dass Toni ein Mörder war. Aber auch frisch verwirrt, denn das Rätsel um die vielen Toten blieb weiter ungelöst.

In Savignone würde sie hoffentlich mehr erfahren. Sie schaltete ihr Handy ein, um die Zeit zu checken. Schon nach halb eins, höchste Zeit zum Busbahnhof zu gehen. Und 9 verpasste Anrufe von Johann. Der Idiot. Sie spürte, dass sich ihr Ärger auf ihn in Luft aufgelöst hatte. Sollte sie ihn zurückrufen? Sie hatte so viel neues erfahren.

Zunächst einmal hörte sie ihre Mailbox ab. Johann machte sich also Sorgen um sie und wollte sie zur Kirche begleiten. Tja, dafür war es wohl zu spät. Die nächste Nachricht: Johann, immer noch aufgeregt, diesmal auf dem Weg zu einer Leiche in den Bergen. Wahrscheinlich auf dem Weg zu Tonis Leiche. Gebannt hörte sie die Nachricht zu Ende, hörte seine Bitte an sie: Geh doch endlich dran! Hörte die gleiche Botschaft noch dreimal in aufeinander folgenden Variationen.

Bestürzt machte sie sich auf den Weg Richtung Busbahnhof. Stieß, tief in Gedanken, immer wieder mit entgegen kommenden Passanten zusammen. Entschuldigte sich, ging hastig weiter. Und widerstand dem Drang, Johann sofort anzurufen um ihn zu fragen: War es wirklich Toni? Sie hatte Angst vor Johanns Antwort. Wo sollte Toni auch sein nach diesen zwei Wochen des Schreckens? Wahrscheinlich war Johann gerade dabei, die Leiche im Institut zu sezieren. Sie würde noch warten. Erst das Museum in Savignone, dann Johann.

Plötzlich war der Weg vor ihr zu Ende. Sie hatte irgendwo einen falschen Abzweig genommen und war in einer Sackgasse gelandet. Kein Mensch war mehr zu sehen, in diese dunkle Ecke drangen die Geräusche der Altstadt nur noch als leises Rauschen. In den leeren Fensterhöhlen vor ihr nisteten Tauben. Das Haus schien seit Jahrzehnten verlassen. Enza fröstelte unwillkürlich.

Hinter sich hörte sie Schritte. Sie wandte sich um, wollte den Menschen, der sich näherte, nach dem Weg fragen. Im Augenwinkel sah sie eine blitzartige Bewegung, spürte im Nacken einen kühlen Lufthauch. Dann wurde alles schwarz.

53. KAPITEL

MITTWOCH, 14:25 UHR

Mit quietschenden Riesenreifen hielt Johann vor dem Museum. Weil die Garage des Instituts näher lag als der Parkplatz seines eigenen Autos, hatte er widerwillig den verhassten Dienstwagen genommen. Immerhin hatte das hochmoderne Navigationsgerät ihn schnell und direkt hierher geleitet. Dafür war es jetzt praktisch unmöglich, einen Parkplatz zu finden. Kurzerhand stellte er den protzigen Geländewagen halb auf die Straße, halb in den Straßengraben, dafür war der SUV wenigstens gut geeignet.

Museo della Resistenza, der Name war in großen schwarzen Lettern auf den matt gelben Putz gemalt. Die Tür, eine bäuerliche Tischlerarbeit aus Kastanienholz, stand offen. Er ging hinein. Ein kleiner niedriger Raum, schwach erleuchtet durch das Tageslicht, das durch die beiden Fenster zur Straße fiel. Rechts an der grob verputzen Wand hingen ein paar Schwarz-Weiß-Fotos, darunter eine verblichene Flagge sowie ein seltsames Holzgestell, das mit Leder bespannt war, offensichtlich eine Trage für den Transport von verwundeten Partisanen. Auf einem Tisch in der Ecke ein uraltes Maschinengewehr auf einem Dreibein, in der Mitte des Raumes ein langer Schaukasten aus Glas, montiert auf einem langen Holztisch mit roter Plastik-Tischdecke. Darin ein kunterbuntes Sammelsurium aus Weltkriegs-Helmen, Pistolen, Munitionskisten und Geschosshülsen.

Johann ging einmal durch den Raum, das Unprofessionelle dieser Ausstellung rührte ihn. Aber Enza war nirgendwo zu sehen. Was hatte sie bloß herausgefunden? Wie war sie auf dieses Museum gekommen?

„Kann ich Ihnen helfen?"

Die sonore Stimme kam plötzlich aus einem dunklen Türsturz und ließ ihn zusammenfahren. Ein Mann trat langsam in den Raum und kam auf ihn zu. Er war groß und hager, trug den blauen Arbeitsanzug der Landbevölkerung, auf dem fast kahlen Kopf eine grüne Kommunistenkappe. Die Linien in seinem eingefallenen Gesicht waren tief. Obwohl er körperlich rüstig wirkte, schätzte Johann ihn auf mindestens 80, wahrscheinlich weit älter. Sein Blick blieb verschlossen, als Johann in hastigen Worten zu erklären versuchte, warum er gekommen war. Doch als er Enzas Namen nannte, hellte sich die Miene des Mannes auf.

„Ich bin Salvatore Giacosa, der Leiter dieses Museums. Enza Marconi hat heute Morgen hier angerufen. Sie wollte mich um 14 Uhr hier besuchen. Bisher ist sie nicht gekommen."

Johann sah auf seine Uhr. Es war mittlerweile halb drei.

„Darf ich fragen, warum Enza zu Ihnen wollte? Ich mache mir große Sorgen um sie."

„Sie ist bei ihren Recherchen auf unser Museum gestoßen. Aber was geht Sie das an? Sie sind kein Italiener, oder?"

Giacosa schaute ihm klar und direkt in die Augen, jetzt wieder unverhohlen misstrauisch. Johann seufzte. Er wusste, dass es bei alten Menschen in den ligurischen Bergen immer noch heftige Ressentiments gegen die Deutschen gab. Giacosa hatte offensichtlich als junger Widerstandskämpfer gegen die Nazis gekämpft. Wie konnte er mit seinem leichten deutschen Akzent das Vertrauen des alten Mannes gewinnen? Wo sollte er anfangen?

„Ich bin in Hamburg geboren, mein Vater ist Italiener und lebt in Casanova. Enza ist …", er dachte darüber nach, was Enza für ihn eigentlich war. Vor allem, was er für Enza bedeutete, nach allem, was passiert war. Egal, die Zeit drängte.

„Enza ist meine Freundin, und ihre Recherche ist auch meine Recherche."

Giacosa unterbrach ihn abrupt:

„Wenn Sie sich so nahe stehen und zusammen recherchieren, warum wissen Sie dann nichts darüber, was Signora Marconi in unserem Museum wollte?"

Es war deutlich. So schnell würde er seine Vorbehalte nicht aufgeben. Johann seufzte zum zweiten Mal. Er hatte keine Lust mehr zu taktieren und entschied sich für die Flucht nach vorne.

„Nun gut, wir haben uns gestern fürchterlich gestritten. Seitdem versuche ich Sie zu erreichen, aber sie geht nicht ans Telefon. Und zu Hause habe ich Sie auch nicht angetroffen. Glauben Sie mir, ich habe wirklich Angst um Enza. Ich fürchte, sie ist in Gefahr."

Der alte Partisan schaute ihn schweigend an, offenbar nicht überzeugt. Johann sprach weiter.

„Geben sie mir fünf Minuten. Ich versuche, Ihnen die ganze Geschichte so kurz und knapp wie möglich zu schildern."

„Gut, ich höre zu."

Johann erzählte. Von Francas Leiche im Piranhabecken. Von Veronica-Zoulaya, die mit einer Wildschweinschlinge erdrosselt worden war. Von Carlo Grasso, dem ertränkten Delfintrainer. Vom mutmaßlichen Mörder Toni, der längst tot war, als jemand mit seinem genetischen Fingerabdruck weiter mordete. Er spannte den Bogen zu den anderen Todesfällen, zwei in Deutschland, drei in Italien, die nichts miteinander zu tun haben schienen, außer dass sie dieselbe Zahnlücke aufwiesen. Und natürlich der erstaunlichen Tatsache, dass einer von ihnen, Rodolfo Ermia, Francas Großvater gewesen war.

Er brauchte wesentlich länger als fünf Minuten. Doch Giacosa hörte ihm aufmerksam zu bis zum Schluss. Das Minenspiel des alten Mannes war schwer zu deuten. Aber Johann hatte das Gefühl, dass sich sein Misstrauen langsam aufgelöst hatte. Statt dessen stand jetzt ein anderer Ausdruck im runzligen Gesicht seines Gegenübers: ein diffuser Schrecken, hinter dem mehr zu stecken schien als die durchaus verständliche Reaktion eines Mannes, der von brutalen Morden hört. Johann spürte plötzlich, dass es hier Zusammenhänge gab, von denen er noch nichts ahnte, die Enza in ihrer Recherche entdeckt hatte. Gespannt wartete er auf eine Reaktion.

Giacosa ließ sich Zeit. Er schloss für ein paar Sekunden die Augen, als müsse er sich auf etwas besinnen, das schon lange zurück lag. Dann ging er langsam ans Ende der Glasvitrine, öffnete eine Klappe und nahm ein vergilbtes Schwarz-Weiß-Foto heraus. Er reichte es Johann und sagte:

„Ich glaube Ihnen. Sie haben mir die gleiche Geschichte erzählt wie Signora Marconi. Das hier ist das Foto, das ich Ihrer Freundin zeigen wollte. Deshalb wollte sie hierher kommen."

Johann sah auf das Bild. Es war ein Hochformat. In der unteren Hälfte standen sechs Männer auf einer Straße in einem Bergdorf. Drei von ihnen in der Uniform der Wehrmacht, die anderen in dunklen Hemden, wahrscheinlich den Schwarzhemden der Faschisten. Alle wirkten sehr jung, einige fast wie Jugendliche. Alle lächelten stolz in die Kamera, was einen abschreckenden Gegensatz zur oberen Hälfte des Bildes bildete. Dort hing ein Mann in grauer Partisanenuniform an einem grob zusammen gezimmerten Galgen, das Gesicht im Todeskampf zur grässlichen Grimasse verzerrt.

„Kommen Sie mit, wir müssen reden. Und ich kann mit meinen 87 Jahren nicht mehr so lange stehen."

Salvatore Giacosa führte Johann in den Nebenraum, wo ein Tisch und zwei Stühle standen. Johann setzte sich, die Augen immer noch auf das Foto geheftet. War das der Schlüssel für das Rätsel?

„Ist das Foto in Castelbianco entstanden?", fragte er Giacosa, der sich schwer atmend auf den anderen Stuhl hatte fallen lassen.

„Ja, es wurde aufgenommen am 13. Dezember 1944."

„Und wissen Sie, wer die Männer auf dem Bild sind?"

Giacosa nickte langsam.

„Ja, ich weiß es. Aber ich muss ein bisschen weiter ausholen. Was Sie auf diesem Foto sehen, hat sich 1944 und 1945 jeden

Tag abgespielt. Es gibt hunderte solcher Bilder und tausende von ähnlichen Fällen. Jedes Dorf hier hat seine tragischen Helden und seine verhassten Feinde. In diesem Fall ist es den deutschen Besatzern gelungen, einen Widerstandskämpfer festzunehmen. Faschisten aus dem Dorf haben sie dabei unterstützt. Und was passiert jetzt? Theoretisch müsste der gegnerische Soldat als Kriegsgefangener in ein entsprechendes Internierungslager gebracht werden. Aber es gab ja Hitlers Befehl zur Bandenbekämpfung. Also wurden gefangene Partisanen grundsätzlich hingerichtet."

Giacosa zündete sich eine Zigarette an, inhalierte tief und blies den Rauch an die Decke.

„Ich muss zugeben, dass wir es damals genauso gemacht haben, wenn wir ausnahmsweise mal einen Wehrmachtsoldaten geschnappt haben. Meistens haben wir sie einfach erschossen, ihnen die Stiefel ausgezogen und sie dann liegen lassen."

Er hatte die ganze Zeit durch ein imaginäres Loch in der Wand gestarrt. Jetzt sah er Johann direkt in die Augen.

„Sie sind jung. Sie wissen nichts über diese Zeit. Und Sie können sich nicht mal im Ansatz vorstellen, wie diese Bestien gewütet haben. Wir haben über 400 Massaker gezählt. Und glauben Sie mir, jeder Buchstabe dieses starken Wortes ist mehr als berechtigt. Rund 15.000 Menschen wurden dabei ermordet. Ich habe mich nach dem Krieg viel damit beschäftigt und schließlich dieses Museum aufgebaut."

Er nahm Johann das Foto aus der Hand und zeigte auf den gehenkten Partisan.

„Das ist Mario Rossi. Ich habe mit ihm zusammen gekämpft. Er war ein tapferer junger Mann, und er hatte Angst vor dem Sterben, wie wir alle. Mario hatte eine Verlobte in Castelbianco, die er manchmal nachts besucht hat. Heimlich natürlich, das Dorf war ja in der Gewalt von Deutschen und Faschisten. Eines Morgens erwischten sie ihn kurz vor Morgengrauen, als er gerade aus der Hintertür schlüpfte. Aber wie konnten die Häscher wissen, dass er da war?"

Giacosa zeigte jetzt auf einen der Männer im schwarzen Hemd.

„Der hier hat ihn verraten. Sie waren zusammen zur Schule gegangen, hatten sich in dasselbe Mädchen verliebt. Und jetzt, nachdem das Schicksal sie auf verfeindete Seiten gespült hatte, kam für den Unterlegenen die Chance sich zu rächen. Dieser Mann ist Rodolfo Ermia."

Francas Großvater, angeblich ertrunken im Dorfteich mit einer auffälligen Zahnlücke, erinnerte sich Johann gebannt und holte die Liste mit den Namen der Toten aus der Tasche. Er legte sie auf den Tisch und lauschte den Worten des alten Partisanen weiter.

„Der hier", Giacosa zeigte auf den nächsten Mann im Faschistenhemd, „heißt Giuseppe Manzo, ich sehe seinen Namen auf Ihrer Liste. Und das dritte Schwarzhemd auf dem Bild heißt Paolo Bergamaschi. Auf Ihrem Zettel steht Nino Bergamaschi, so weit ich weiß, ist das sein Sohn."

Giacosa drückte seine Zigarette in einer fleckigen Untertasse aus und fuhr fort.

„Die Namen der deutschen Soldaten habe ich erst viel später herausgefunden. Zwei von Ihnen stehen auf Ihrer Liste: Heinz Wohlgemut und Martin Bergmann. Der dritte heißt Rudolf Müller. Er war damals 23, müsste also auch schon tot sein. Aber vielleicht können Sie ja recherchieren, dass auch er mit dieser Zahnlücke gestorben ist."

„Wie hieß die Verlobte des gehenkten Widerstandskämpfers?", fragte Johann.

„Sie wissen es doch längst", antwortete der alte Mann auf der anderen Seite des Tisches.

Er hatte Recht. Johann kannte den Namen.

„Gina Testa, Tonis Großmutter."

54. KAPITEL

MITTWOCH, 15:12 UHR

Alles um sie herum war schwarz und still. In ihrem Schädel füllte ein dicht gepresster Ballen aus Watte alles aus. Kein Platz für Gedanken oder Gefühle außer hämmernden Kopfschmerzen. Sie hörte ein aufgeregtes Zwitschern, das Kreischen eines Eichelhähers, draußen, irgendwo. Wo um Himmels Willen war sie?

Enza versuchte sich zu bewegen, doch etwas hielt sie fest. Sie schlug die Augen auf. Ein kleines, rundes Zimmer, kaum beleuchtet durch das Zwielicht, das durch eine etwa anderthalb Meter niedrige Türöffnung fiel. Keine Fenster, die Wände grob verputzt, darüber eine rissige Kuppel aus Stein, wie eine Art Iglu aus Felsen. Sie lag auf dem Boden, ihre Wange ruhte auf festgetretener trockener Erde. In ihrem Kopf schien sich alles zu drehen. Enza begriff weder, wo sie sich befand noch was mit ihr passiert war.

Ihre Arme waren hinter ihrem Rücken gefesselt, genauso wie die Beine. Sie schaute an sich herab. Silbernes Klebeband war in mehreren Lagen um die Fußgelenke gewickelt. Ihre Füße steckten noch in den hochhackigen Ankle Boots, die sie am Morgen gewählt hatte. Ansonsten war sie vollkommen nackt.

Die Panik machte sie mit einem Schlag hellwach. Eine Welle von heftigen Gefühlen fuhr durch ihren Körper. Erst die Scham, schnell verdrängt von heißer Wut und schließlich kalter Angst. Sie zog spontan ihre Knie zur Brust, krümmte sich wie ein Embryo auf dem kalten Boden, versuchte klar zu denken. Wer auch immer sie überfallen und hierher gebracht hatte, wollte sich offensichtlich an ihrem entblößten Körper aufgeilen. Was musste das für ein kranker Typ sein. Und was hatte er mit ihr vor?

Mühsam drehte sie sich erst auf den Bauch, dann auf die andere Seite, und sah sich in ihrem Gefängnis um. Sie lag in der Mitte des Raums. An der Wand lehnte eine unbezogene Matratze mit Wolldecke. Daneben steckten ein paar Nägel im Putz, an denen Kleidungsstücke hingen. Eine schwarze Jeans, ein rosafarbenes T-Shirt, darüber Slip und BH. Ihre Klamotten, die jemand ordentlich übereinander gehängt hatte.

Enzas Blick fiel auf ihre Handtasche, die daneben hing. Wenn sie Glück hatte, dann lag darin noch das Messer. Ihre Lebensversicherung, die sie seit der Folter in der Bolzaneto-Kaserne immer bei sich trug. Sie schaute zur Türöffnung, niemand zu sehen. Kurz entschlossen rollte sie sich über den Boden, bis sie mit dem Kopf unsanft an die Mauer stieß. Es gelang ihr, sich mit dem Gesicht zur Wand auf den Knien aufzurichten. Mit den Zähnen packte sie den Henkel ihrer Tasche und zerrte daran, bis die Tasche herunter fiel. Sie wälzte sich nochmals herum und bekam schließlich im Sitzen hinter ihrem Rücken die Tasche zu fassen. Fieberhaft nestelte sie mit ihren fast tauben Händen am Reißverschluss herum, bis er sich endlich öffnete. Ihre zusammengeklebten Hände wühlten sich durch den Inhalt, fanden das Messer, zogen es heraus.

Der Schlag traf sie völlig unvorbereitet. Seitlich ins Gesicht mit der flachen Hand, aber mit solcher Gewalt, dass ihr ganzer Oberkörper zur Seite geschleudert wurde. Sie war so sehr auf die Tasche konzentriert gewesen, dass sie die Annäherung des Mannes nicht bemerkt hatte. Das Messer war ihr aus der Hand geglitten. Sie lag keuchend auf der Seite, schmeckte das Blut aus ihrer aufgeplatzten Unterlippe und fühlte sich unendlich schwach.

Langsam hob Enza den Blick. Der Mann stand in der Mitte des Raums und sah ihr in die Augen. Sie erkannte ihn wieder, den aggressiven Blick des Mannes auf der Überwachungskamera. Der Mann mit dem Galgen-Tattoo auf dem Arm. Der Mann, der aussah wie Toni. Und jetzt, aus dieser intensiven Nähe, konnte sie zum ersten Mal sehen, dass es nicht Toni war.

„Du bist Marco."

Der Mann nickte. Er hob ihr Messer auf, ließ die Klinge heraus schnappen und beugte sich wortlos zu ihr herunter. Enza hielt den Atem an, als die Schneide knapp unterhalb des Nabels ihren Bauch berührte. Wie ein Rasiermesser schabte er die Klinge über ihre Haut, quälend langsam in Richtung ihrer Schamhaare. Erdkrümel waren dort kleben geblieben, als sie sich vorher über den Boden gerollt hatte. Er kratzte die Erde mit der Klinge weg und wischte die Schneide mit dem Finger wieder sauber. Dann hörte sie zum ersten Mal seine Stimme:

„Du sollst dich doch nicht schmutzig machen. Dreckige Mädchen haben bei mir keine Chance."

55. KAPITEL
MITTWOCH, 15:47 UHR

Johanns Gedanken überschlugen sich. Alle Lebenden auf dem Schwarz-Weiß-Foto waren jetzt tot. Während der einzige Tote auf dem Bild eine Verlobte hatte, die immer noch lebte. Das Foto stellte die Verbindung zwischen den Mordfällen dar. Deshalb also gab es die Feindschaft zwischen den Familien von Franca und Toni. Aber war es vorstellbar, dass hinter all diesen Morden eine späte Rache steckte? Die Vergeltung für den hingerichteten Verlobten, ausgeführt 60 Jahre nach der Tat? Warum um Himmels Willen hatte sich Gina Testa so lange Zeit gelassen? Giacosa schien seine unausgesprochene Frage zu erraten.

„Ich habe Gina Testa vor langer Zeit kennen gelernt. Schon in den 70er Jahren kam sie mit diesem Foto zu mir und fragte, ob ich herausfinden könne, wer die deutschen Soldaten seien. Die drei Schwarzhemden aus ihrem Dorf kannte sie natürlich. Ich konnte ihr nicht helfen, es gab keine Akten dazu in Italien, und von deutscher Seite keinerlei Bereitschaft zur Mitarbeit. Aber Gina Testa hatte einen langen Atem. Alle paar Jahre kam sie wieder bei mir im Museum vorbei, fragte mich jedes Mal aufs Neue, ob ich etwas erfahren habe, um dann wieder enttäuscht in ihr Dorf zurückzukehren. Bis ein Staatsanwalt in Rom eine unglaubliche Entdeckung machte. Haben Sie schon mal vom ‚Armadio della Vergogna' gehört, dem berüchtigten Schrank der Schande?"

Johann schüttelte den Kopf.

„Dieser Schrank stand im Keller des Palazzo Cesi, dem Sitz der Militärjustiz in Rom. Ende er 50er Jahre hatte ihn jemand mit einem Eisengitter zugesperrt und mit den Türen zur Wand gedreht. Mehr als drei Jahrzehnte lang nahm niemand Notiz davon, bis ein Staatsanwalt im Jahr 1994 den Entschluss fasste, das Schloss aufzubrechen und hineinzuschauen. Damit öffnete er die Türen zu einem gewaltigen Skandal."

„Was wurde darin aufbewahrt?"

„695 vergilbte Ermittlungsakten. Beweise für die Kriegsverbrechen der Wehrmacht während der italienischen Besetzung. Die Alliierten hatten das Material nach dem Krieg zusammen getragen. Hunderte deutscher Täter hätte man damit hinter Gitter bringen können. Statt dessen wurden die Akten im Jahr 1960 eingemottet. Der Kalte Krieg hatte begonnen, und man wollte dem neuen deutschen NATO-Verbündeten offenbar keine schlechte Stimmung bereiten."

Giacosa zündete sich eine neue Zigarette an.

„In den Unterlagen fand man zum Beispiel die Akte über das Massaker von Sant' Anna. Das ist Ihnen sicher ein Begriff."

„Ja, ich habe davon gehört", antwortete Johann. „Gab es da nicht irgendwann einen Prozess?"

Der alte Mann schenkte ihm ein ironisches Lächeln, bevor er weiter sprach.

„Ja, es gab sogar ein Urteil, aber eben viel zu spät. Aufgrund der Akten konnten tatsächlich zehn ehemalige SS-Männer als Täter ausfindig gemacht werden. Es dauerte noch einmal zehn Jahre, bis es endlich zum Prozess kam. Im Jahr 2005, also vor gerade einmal sieben Jahren, wurden alle Angeklagten zu lebenslanger Haft verurteilt. Sie waren erwiesenermaßen beteiligt an der bestialischen Ermordung von mehr als 500 Dorfbewohnern am 12. August 1944. Das Verfahren hatte nur einen Schönheitsfehler: Es fand in La Spezia statt, und die Angeklagten hatten dummerweise keine Lust, vor Gericht zu erscheinen. Sie wurden also in Abwesenheit verurteilt."

„Das heißt, sie sind bis heute auf freiem Fuß?“ Johann war aufrichtig überrascht.

„Mittlerweile sind die meisten von ihnen eines natürlichen Todes gestorben. Aber nein, keiner von ihnen kam ins Gefängnis, weil die deutsche Justiz sie nicht ausliefern wollte. Statt dessen haben die Staatsanwälte in Deutschland selbst Ermittlungen geführt. Mit dem Ergebnis, dass diese Ermittlungen vor wenigen Wochen eingestellt wurden. Und jetzt wollen Sie bestimmt wissen, warum ich Ihnen das erzähle. Ich will Ihnen noch etwas zeigen.“

Giacosa stand auf, ging mit müden Schritten zu einem Schrank an der Wand und zog einen staubigen Aktenordner heraus. Er entnahm ein Stapel Fotos und breitete sie auf dem Tisch aus.

„Schauen Sie, erkennen Sie die Männer wieder?“

Johann studierte die Bilder. Sie waren offenbar von einem Gerichtsfotografen aufgenommen worden und zeigten drei Angeklagte, die sich hinter irgendwelchen Zeitungen zu verbergen suchten. Auf einer der Zeitungen, den Stuttgarter Nachrichten, sah er ein Datum: 4.07.2003. Ein paar Mal war es dem Fotografen gelungen, auch die Gesichter der Männer einzufangen. Johann verglich sie mit den deutschen Soldaten auf dem Schwarz-Weiß-Foto und sagte zögernd:

„Es sieht ganz so aus, als hätten die Henker von Castelbianco vor einem deutschen Gericht gestanden.“

„Richtig. Heinz Wohlgemut, Martin Bergmann und Rudolf Müller. Auch diese drei Namen fanden die Ermittlungsbehörden im Schrank der Schande. Sie gehörten zur SS-Panzergrenadierdivision Thor, die nördlich von Genua stationiert war. Aufgrund der gefundenen Akte ließ sich rekonstruieren, dass sie mindestens 100 Menschen hier in der Umgebung getötet hatten. Mein Kamerad Mario Rossi in Castelbianco war also nur einer unter vielen. Auch diese drei SS-Schergen wurden in Italien zu lebenslanger Haft verurteilt. Und genauso wie im Fall von Sant‘ Anna glänzten sie durch Abwesenheit.“

„Aber wie kam es dann, dass sie auch in Deutschland vor Gericht gestellt wurden?“ Johann pochte auf die Fotografien, die vor ihm lagen.

„Weil die Stuttgarter Staatsanwaltschaft in diesem Fall tatsächlich Anklage wegen hundertfachen Mordes erhob. Die Beweise waren erdrückend. Und die drei Männer auf der Anklagebank gaben die meisten Taten sogar zu. Sie erklärten sich aber für unschuldig, weil sie auf Befehl gehandelt hätten. Es gab ja Hitlers Befehl zur Bandenbekämpfung, der war eine Art Freibrief nicht nur für die Hinrichtung von gefangenen Partisanen, sondern auch für die Ermordung von Frauen und Kindern. Um es kurz zu machen: Die Richter urteilten, dass all diese Morde nur als Totschlag einzuschätzen seien. Totschlag aber verjährt nach 20 Jahren. Die Angeklagten wurden frei gesprochen.“

Johann ließ die Information ein paar Sekunden sacken. Dann schlug er den Bogen zum Anfang des Gesprächs:

„Wie erfuhr Gina Testa davon?“

„Sie war dabei. Ich hatte sie informiert und war mit ihr nach Stuttgart zum Prozess gefahren. Es war Ginas erste Reise ins Ausland. Sie wollte den Mördern ihres Verlobten in die Augen schauen.“

„Und wie reagierte sie, als die Männer freigesprochen wurden?“

„Sie zeigte keinerlei Gefühlsregung. Auch auf der Rückfahrt nach Genua, sieben Stunden lang. Die ganze Zeit saß sie auf dem Beifahrersitz, starrte geradeaus durch die Scheibe und sprach kein einziges Wort. Ich habe sie auf dem Parkplatz in Castelbianco abgesetzt. Sie wissen vielleicht, dass man ihr Haus mit dem Auto nicht erreichen kann.“

Johann nickte schweigend und erinnerte sich an die beklemmende Begegnung in Gina Testas Haus.

„Sie sagte nur noch Danke, drehte sich um und ging den Berg hoch“, fuhr Giacosa fort. „Das war vor neun Jahren. Seitdem habe ich sie nicht mehr gesehen.“

Stille. Die beiden Männer sahen sich an. Auf der einen Seite der deutsche Gerichtsmediziner Mitte dreißig, ihm gegenüber der italienische Partisan, hoch in den 80ern. Sie quälten sich mit demselben Gedanken. So unvorstellbar es schien, alles deutete darauf hin, dass Gina Testa das Recht in die eigene Hand genommen hatte.

Giacosa war der erste, der es aussprach: „Aber wie soll diese alte Frau es geschafft haben, all diese Menschen umbringen zu lassen?"

„Bisher sah alles danach aus, dass ihr Enkel Toni der Haupttäter ist", antwortete Johann. Er dachte an dessen zerschmetterte Leiche im Kühlfach des Instituts und das Rätsel mit der DNA.

„Was wissen Sie über die Familie Testa?", fragte er Giacosa.

„Gina war schwanger, als ihr Verlobter gehenkt wurde. Sie bekam nach dem Krieg einen Sohn, den ich nie kennengelernt habe. Er ist in den 80er Jahren bei einem Autounfall ums Leben gekommen. Das hat sie mir jedenfalls erzählt. Auch ihre Enkel habe ich nie zu Gesicht bekommen. Von denen sprach sie gerne. Die beiden waren ihr ganzer Stolz."

Völlig entgeistert starrte Johann dem alten Partisanen ins Gesicht.

„Es gibt zwei Enkel? Bisher wusste ich nur von Toni."

„Natürlich gibt es zwei. Antonio und Marco. So weit ich weiß, sind sie Zwillinge."

56. KAPITEL

MITTWOCH, 15:48 UHR

„Was willst du von mir?" Enza bemühte sich, so ruhig und klar wie möglich zu sprechen. Obwohl sie fror. Obwohl sie sich noch nie so wehrlos und verletzlich gefühlt hatte. Obwohl die Todesangst sie fast ohnmächtig werden ließ. Aber sie spürte auch das Bedürfnis, gerade in ihrer Nacktheit so selbstbewusst wie möglich aufzutreten.

„Ein bisschen Spaß haben", antwortete Marco. „Du wirst schon sehen."

Tonis Zwillingsbruder lächelte nicht. Sein Blick war fremd und kalt. Ansonsten aber war die Ähnlichkeit verblüffend. Er stieß ihr Messer mit der Spitze in einen Balken an der Wand, so dass es dort stecken blieb. Zu hoch, als dass sie es mit ihren Fesseln hätte erreichen können. Ohne ein weiteres Wort ging er wieder hinaus.

Enza lauschte ihm hinterher, hörte aber nichts mehr außer den Vogelstimmen. Sie fing an zu zittern, ließ es zu. Tief in ihr meldete sich ein Überlebensinstinkt: Mach dich nicht verrückt, spare deine Kraft, lenk' dich mit irgendetwas ab. Sie besann sich noch einmal auf das, was Francas Mutter ihr am Morgen erzählt hatte. Versuchte sich jedes Wort ins Gedächtnis zu rufen. Je mehr sie über den Mann wusste, der sie in seine Gewalt gebracht hatte, desto größer waren ihre Chancen hier wieder herauszukommen.

Es war Signora Ermia gewesen, von der sie erfahren hatte, dass es Zwillingsbrüder gab. Toni, der eine, sanft und charmant. Marco, der andere, grob und düster. ‚Wie können zwei Menschen, die sich so ähnlich sehen, so unterschiedlich sein', hatte Francas Mutter gesagt. Und diese ungleichen Brüder hatten sich damals ausgerechnet in dasselbe Mädchen verliebt. In ihre Tochter Franca, die zu diesem Zeitpunkt noch gar nichts wusste vom Hass zwischen den beiden Familien.

Franca war 14 Jahre alt, als sie sich ihrer Mutter anvertraute. Sie gestand, dass sie in Toni verliebt war. Und dass sie den zudringlichen Marco zurückgewiesen hatte. Jetzt musste sie sich anhören, dass ihre Liebe von vorne herein eine undenkbare, unmögliche war. Ihr Großvater Rodolfo und Tonis Großvater Mario hatten gegeneinander gekämpft, Faschist gegen Partisan, mit tödlichem Ausgang. Die Feindschaft zwischen den Familien galt für alle Zeiten und war unüberbrückbar.

„Mir egal", antwortete Franca damals. Und wurde von ihrem Vater postwendend brutal verprügelt. „Lass' die Finger von dem Testa-Bastard", drohte er ihr. Doch sie traf sich weiter mit Toni. Weder Drohungen noch Schläge konnten sie davon abhalten, so dass der Vater sie auf die Klosterschule nach Genua schickte. Francas Eltern hofften, dass sie dort auf andere Gedanken kommen würde. Doch als sie mit 16 ins Dorf zurückkehrte, wurde alles nur noch schlimmer. Franca bot ihrem tobenden Vater die Stirn und zeigte sich demonstrativ weiter mit Toni. Bis das ungewollte Liebespaar eines Nachts einfach verschwand.

Mehr als eine Stunde lang hatte Enza mit Signora Ermia im Café gesessen und deren Erzählung gelauscht, am Ende war Francas Mutter in Tränen ausgebrochen und hatte gesagt:

„Ich wollte die Polizei alarmieren und nach ihr suchen lassen. Aber mein Mann hat es mir verboten. Für ihn war Franca seitdem gestorben. Ich durfte ihren Namen in seiner Gegenwart nicht mehr aussprechen. Ein Jahr später hat sie mich das erste Mal angerufen und erzählt, dass die beiden in Genua wohnten. Seitdem haben wir ab und zu miteinander telefoniert. Heimlich natürlich, mein Mann durfte davon ja nichts erfahren."

Enza hatte schließlich die Fragen gestellt, die sie immer noch beschäftigten:

„Vorhin in der Kirche haben Sie gesagt, Sie glauben, dass Signora Testa dahinter steckt. Warum?"

„Ich bin mir nicht sicher. Aber ich habe seit Francas Tod viel nachgedacht. Ich habe mich gefragt: Wer könnte meine Tochter so sehr hassen, dass er sie auf diese grausame Art und Weise umbringt? Irgendwann dachte ich an Gina Testa. Sie war immer wie ein böser Fluch, der über uns lag. Ich bin ihr nur selten begegnet und habe nie ein Wort mit ihr gesprochen. Aber Sie können sich nicht vorstellen, was für eine Eiseskälte sie ausstrahlt. Diese bitterbösen Blicke, ich hatte schon immer Angst vor ihr. Alle Alten hier im Dorf wissen, dass sie niemals über den Tod ihres Verlobten hinweg gekommen ist. Dass sie meinen Schwiegervater abgrundtief für seinen Verrat hasste. Dass dieser Hass auf unsere ganze Familie übergegangen ist. Und dann kommt ausgerechnet aus dieser Familie Ermia ein Mädchen und raubt ihr einen Enkel. So muss sie es jedenfalls empfunden haben. Ich würde ihr alles zutrauen, egal wie alt sie mittlerweile ist."

Enza hatte sich bei diesen Worten an ihre eigene Begegnung mit Gina Testa erinnert. An die gerade Haltung der alten Frau, an ihre kalten Augen, an den kontrollierten Hieb mit der Axt, der so gar nicht zur angeblichen Verwirrtheit passte.

„Als die Polizei nach Francas Tod zu Ihnen kam, wurde da nie über Marco gesprochen?", hatte sie Signora Ermia als nächstes gefragt.

„Nein, der Mann von der Kripo sagte, Toni habe sie ermordet. Also drehte sich alles nur um die Frage, wo sie ihn finden könnten. Sein Bruder Marco war überhaupt kein Thema. Weil ich keine Ahnung hatte, wo sich Toni verstecken könnte, habe ich die Polizisten zu Gina Testa geschickt."

„Kann es sein, dass Gina ihren Enkel Marco für ihre Zwecke eingespannt hat?"

„Es ist möglich", hatte Signora Ermia geantwortet. „Aber ich habe den düsteren Zwilling seit Jahren nicht mehr gesehen. Eigentlich dachte ich, er wäre irgendwann weggezogen."

Falsch, dachte sich Enza jetzt in ihrem Gefängnis. Marco war nicht weggegangen. Aber er hatte sich offenbar so unsichtbar gemacht, dass nicht einmal die Polizei auf den Gedanken gekommen war, nach ihm zu suchen. Sofern die Behörden überhaupt von der Existenz des Zwillingsbruders wussten. Marco war das bisher unentdeckte Werkzeug von Gina Testa. Er hatte Franca ermordet. Wahrscheinlich gingen auch die anderen Menschen von der Liste auf sein Gewissen. Und jetzt war sie in seiner Gewalt. Nackt und gefesselt, ohnmächtig, gedemütigt, an einem unbekannten Ort. Die Angst kroch zurück in ihre Magengrube.

Wie lange mochte das Gespräch mit Francas Mutter her sein? Sie hatte jedes Gefühl für Zeit verloren. Sie versuchte sich zu bewegen, doch das Klebeband saß bombenfest. Was konnte sie tun? Ein Geräusch an der Tür ließ sie zusammenzucken. Marco kam zurück. In der rechten Hand hielt er ein doppelläufiges Gewehr, in der anderen ein Foto. Er hielt es ihr wortlos vors Gesicht. Sie erkannte das Bild sofort und fühlte einen Anflug von Verwirrung. Es war das Foto von ihr zwischen Franca und Toni, das sie erst vor ein paar Tagen Johann gegeben hatte. Wie war es in den Besitz von Francas Mörder gelangt?

Marco lieferte ihr die Erklärung.

„Das habe ich bei einer Nutte gefunden. Es lag auf ihrem Küchentisch. Ich verstehe das nicht."

Er setzte sich auf den einzigen Stuhl im Raum, schaute mit seinen kalten Augen auf sie herab und schien auf eine Erklärung zu warten. Enza begriff, und es versetzte ihr wieder einen schmerzhaften Stich. Johann selbst musste es gewesen sein, der das Bild bei seiner Freundin Veronica vergessen hatte. Durch einen verrückten Zufall war das zum Todesurteil für die Prostituierte geworden. Aber was sollte sie jetzt dazu sagen? Sie musste ihn zum Reden bringen, musste sich mehr Zeit verschaffen. Hauptsache, er griff nicht wieder nach dem Messer. Sie dachte sich spontan eine Lüge aus:

„Das Foto habe ich der Polizei gegeben. Keine Ahnung, was sie damit gemacht haben. Vielleicht haben sie überall Kopien davon verteilt, um nach Francas Mörder zu suchen."

Er sah ihr immer noch emotionslos in die Augen, schüttelte langsam den Kopf. Enza hatte das Gefühl, dass er vergeblich versuchte, den Sinn ihrer Worte zu begreifen. Vielleicht, weil er selbst Francas Mörder war, das Foto aber seinen Bruder zeigte? Sie beschloss, in die Offensive zu gehen.

„Warum hast du Franca getötet?"

„Die Nonna hat es befohlen. Sie hat es verdient."

„Das stimmt nicht", antwortete sie spontan. „Sie war meine Freundin. Sie war ein wunderbarer Mensch."

Wieder kam der Schlag wie aus dem Nichts. Er traf sie genau an der gleichen Stelle und warf sie zum zweiten Mal seitlich auf den Boden. Es tat höllisch weh, die Lippe blutete noch stärker.

„Sie war eine Schlampe, genauso wie du", sagte Marco.

Er beugte sich zu ihr herunter und wischte mit einem Finger das Blut auf, das ihr aus dem Mundwinkel das Kinn herab lief. Enza versuchte reflexhaft zurückzuweichen, doch sie lag bereits mit dem Kopf an der Wand, völlig wehrlos, ohne jede Chance. Quälend langsam näherte er sich mit seinem blutigen Finger ihrem Busen, zeichnete jeweils einen Kreis um jede Brustwarze, holte sich in ihrem Mundwinkel frisches Blut, malte ein Kreuz zwischen ihre Brüste. Schließlich sprach er weiter, immer noch ohne jede sichtbare Emotion.

„Und deshalb wirst du genauso sterben wie sie."

Enza konnte seine Worte kaum noch hören. In ihren Ohren raste der Puls, in ihrem Schädel hämmerten die Kopfschmerzen. Sie bekam kaum Luft, fühlte sich wie gelähmt vor Angst. Und spürte doch, tief in ihrem Inneren, die Keimzelle eines mächtigen Zorns. Was für ein perverses Arschloch versuchte ihr da gerade Angst einzujagen! Sie merkte, wie diese Empörung ihr half, die Lähmung zu durchbrechen.

Sie reagierte instinktiv, setzte sich, so gut sie konnte, wieder gerade hin, stützte den Rücken gegen die Wand und schrie Marco ihre Wut ins Gesicht:

„So sterben wie Franca? Ach was, willst du mich auch erst ins Olivenöl werfen und dann ins Piranhabecken? Du bist doch völlig wahnsinnig!"

Sie schloss die Augen, spannte ihre Muskeln an und wartete auf den nächsten Schlag. Doch nichts passierte. Als sie seine Stimme hörte, öffnete sie ihre Augen wieder und sah zum ersten Mal eine Gefühlsregung in seinem Gesicht. War es ein Hauch von Verwunderung, dass sein Opfer sich zu wehren versuchte?

„Das mit den Piranhas war ein Experiment", sagte er zu ihrer Überraschung ganz sachlich. „Ich habe oft vor dem Becken gestanden und mich gefragt, was passiert, wenn man einen Menschen dort hinein wirft. Also habe ich es ausprobiert. Aber es war viel zu kurz. Nach ein paar Sekunden sieht man nichts mehr. Das Wasser wird zu trüb."

Enza war völlig perplex. Ein Gedanke schoss ihr durch den Kopf. Das Ticket zum Aquarium, das sie im Haus der Nonna gefunden hatte. Marco musste es als ganz normaler Besucher gekauft haben, um das Piranhabecken vorher auszukundschaften. Aber es war doch Tonis genetischer Fingerabdruck gewesen, den die Gerichtsmediziner an der Eintrittskarte festgestellt hatten. Wie war das möglich? War die DNA von Zwillingen identisch? Sie riss sich zusammen, versuchte sich zu konzentrieren. Weiter sprechen, ihn zum Reden bringen, Zeit gewinnen.

„Warum hast du Franca vorher ins Öl geworfen?", fragte sie.

„Hat sich so ergeben", antwortete er. „Ich wusste gar nicht, dass in dem Schiff Öl drin war. Ich hatte das Mistvieh tagelang verfolgt und wartete nur auf einen günstigen Moment. Als sie den großen runden Deckel aufmachte und mit einer Lampe reinleuchtete, habe ich sie erst mal gepackt." Ein Lächeln huschte über sein Gesicht. „Es hat Spaß gemacht."

Enza begriff, dass er auf die Vergewaltigung anspielte. Verzweifelt versuchte sie, die neue Welle von Angst, die in ihrer Kehle aufstieg, hinunterzudrücken. Wo war ihre Wut geblieben? Tapfer wiederholte sie die Frage:

„Warum das Öl?"

Marco schien einen Moment nachzudenken, als wüsste er selbst keine Antwort. Dann hoben sich seine Mundwinkel wieder zu einer Art kaltem Grinsen.

„Ich wollte ausprobieren, wie lange sie es schafft", antwortete er schließlich. „Mit der Lampe konnte ich zuschauen. Aber dann hat sie leider so laut geschrien, dass ich den Deckel zumachen musste."

Enza schloss spontan die Augen. Die Vorstellung, wie ihre Freundin gequält und vergewaltigt um ihr Leben kämpfte, bis das Schwarz der sich schließenden Luke ihr jede Hoffnung raubte, war unerträglich. Schlimmer noch als der Splatterfilm mit den Piranhas. Sie zwang sich weiter zu fragen:

„Was wolltest du vor Francas Haus? Wir haben dich gesehen. Du bist vor uns weggelaufen."

„Das Geld. Deine dämliche Freundin hat mir Kohle angeboten, bevor ich sie ins Öl geworfen habe. Ich sollte sie laufen lassen für 150.000 Euro. Ich habe das Geld zu Hause, sagte sie. Also dachte ich mir, ich schau mal nach, ob ich die Knete finde."

Enza fühlte das letzte Quäntchen Kraft schwinden. Mit matter Stimme presste sie eine weitere Frage heraus:

„Was ist mit Toni? Hast du den auch umgebracht?"

„Schluss jetzt, genug gequatscht." Mit diesen Worten hob Marco ihre Tasche vom Boden auf und kramte darin herum. Er fand ihr Smartphone und zog es heraus.

„Jetzt rufen wir deinen hübschen Gerichtsmediziner an. Der möchte dich doch bestimmt befreien, oder?"

Während er sprach, versuchte Marco das Telefon zu aktivieren. Doch er begriff schnell, dass er dafür ihren vierstelligen Sicherheitscode brauchte.

„Sag mir die Nummer. Sonst schneide ich dir einen Finger ab."

Er zog das Messer aus dem Balken und beugte sich zu ihr herunter. Enzas Wut war verschwunden. Sie zitterte heftig und fühlte sich erbärmlich. Sie sagte ihm den Code.

57. KAPITEL

MITTWOCH, 16:03 UHR

Als Johann das Museo della Resistenza verließ, erinnerte er sich plötzlich wieder an den Fall mit den Kaufhausdieben. Natürlich, es waren Zwillinge gewesen. Bei einem spektakulären Einbruch in ein Berliner Luxuskaufhaus waren Uhren und Schmuck im Wert von mehreren Millionen Euro gestohlen worden. Am Tatort fand sich ein genetischer Fingerabdruck, der zur Festnahme eines Täters führte. Fall gelöst, dachten sich die Ermittler. Doch der Mann hatte einen eineiigen Zwillingsbruder. Beide Brüder verweigerten die Aussage, weshalb sie am Ende wieder freigelassen werden mussten. Wer von den beiden am Tatort gewesen war, ließ sich nämlich durch die DNA-Analyse nicht feststellen. Das Erbgut von eineiigen Zwillingen war praktisch identisch.

Damit hatte Johann endlich eine plausible Erklärung für das DNA-Rätsel seines Falles. Während Toni längst tot auf der Kuhweide lag, hatte sein Zwillingsbruder Marco erst Veronica und dann den Delfintrainer getötet. Der Gedanke lag also nahe, dass Marco im Auftrag seiner Großmutter auch alle anderen Menschen auf der Liste des Todes ermordet hatte. Völlig unbegreiflich blieb allerdings die Tatsache, dass die Polizei offenbar nichts von der Existenz des Zwillings wusste.

Als er die Tür zu seinem Dienstwagen öffnete, klingelte sein Handy. „Enza Marconi" stand auf dem Display. Endlich, er fühlte eine Welle der Erleichterung und meldete sich.

„Enza, wo bist du?“

Eine fremde Stimme antwortete ihm:

„Deine blonde Freundin liegt hier vor mir auf dem Boden. Wenn du sie wieder haben willst, dann tust du, was ich sage.“

Johann hielt unwillkürlich den Atem an. Dann presste er eine Antwort heraus.

„Wer sind Sie, was wollen Sie?“

„Ich will die 150.000 Euro. Wenn du mir das Geld nicht bringst, dann schneide ich ihr die Kehle durch.“

Johann zwang sich zu einem Moment der Konzentration. Er begriff: Am anderen Ende der Leitung war ganz offensichtlich Marco. Er hatte Enzas Handy, und er wusste, dass in Francas Wohnung 150.000 Euro versteckt waren.

„Ich brauche einen Beweis, dass es Enza gut geht. Ich will ihre Stimme hören“, sagte Johann und hatte plötzlich das Gefühl, in die Handlung eines billigen Krimis hineinkatapultiert worden zu sein. Stille am anderen Ende, dann Enzas Stimme:

„Johann, bist du da?“

Sie klang zaghaft, fast flehend. Johann konnte hören, dass sie litt. Dann sprach wieder Marco.

„Das muss reichen. Ich gebe dir zwei Stunden. Wenn du bis dahin nicht mit der Knete gekommen bist, ist sie tot. Wenn du die Bullen alarmierst, ist sie tot. Wenn du irgendein verfluchtes Spiel versuchst, ist sie tot.“

Johann spürte den Anflug der Panik in seiner Brust. Kein guter Zeitpunkt für eine Attacke. Er atmete zweimal tief durch und schaffte es irgendwie ruhig zu bleiben. Fieberhaft dachte er nach. Hatte er irgendwelche Alternativen? Ihm fielen keine ein.

„Ich kann das Geld holen. Aber ich brauche mehr Zeit“, sagte er und merkte, wie seine Stimme anfing zu zittern. Er riss sich zusammen. „Ich bin in Savignone und muss erst mal zurück nach Genua fahren.“

Marcos Antwort kam nach ein paar Sekunden, in denen er offenbar nachgedacht hatte.

„Gut, Blödmann. Ich gebe dir eine Stunde dazu. Es ist jetzt vier Uhr. Wenn du bis sieben nicht da bist, hast du verloren."

Er nannte eine Adresse im Industriegebiet von Genua, wo er auf Johann warten würde, und legte auf. Johann stieg ins Auto, startete den Motor und fuhr los.

58. KAPITEL
MITTWOCH, 16:07 UHR

Er legte das Telefon zurück in die Handtasche. Dann spießte er das komische Survival-Messer wieder fest in die Wand und hängte die Tasche darüber. So hoch, dass sie nicht herankommen würde. Er checkte das Klebeband an ihren Händen und Füßen, fand ihre High Heels erotisch und alles andere ziemlich armselig.

Es hatte ihn angemacht, als er sie ausgezogen hatte. Auch das Malen mit ihrem Blut. Aber so wie sie jetzt da lag, zitternd, mager und knochig, ließ sie ihn kalt. Er dachte darüber nach, was er mit ihr anstellen würde, sobald er den Gerichtsmediziner erledigt hatte. Die Nummer mit der Schlinge hatte Spaß gemacht. Aber es war zu schnell gegangen. Diesmal wollte er so langsam wie möglich sein, ihr Millimeter für Millimeter die Luft abschnüren. Er stellte sich vor, wie ihr Gesicht sich vor Qual verzerren, wie sie ihren Mund öffnen und verzweifelt nach Luft schnappen würde. Der Gedanke, wie er ihren letzten Atemzug mit einer winzigen Bewegung seiner Finger kontrollieren konnte, brachte seine Erregung zurück. Er spürte sie wieder, die pulsierende Vorfreude.

Er nahm die Bockflinte und lud sie mit den Spezialpatronen. Bisher hatte er mit der Splittermunition nur auf Wildschweine geschossen. Nun würde er die Wirkung endlich einmal bei einem Menschen ausprobieren. Plötzlich merkte er, dass sie ihn beobachtete. Spontan lud er durch und zielte auf ihre rechte Brust. Sie kniff vor

Angst die Augen zu, das gefiel ihm. Die dumme Kuh glaubte tatsächlich, er würde auf sie schießen.

„Nein, diese Kugel ist nicht für dich", sagte er abfällig. „Du kannst dir gar nicht vorstellen, was für eine Riesensauerei das wäre, wenn ich jetzt abdrücken würde. Hier drin stecken nämlich sechs Stahlsplitter, die auseinander gehen, wenn das Geschoss auftrifft. Wo deine Titte ist, wäre dann ein tiefes Loch so groß wie meine Faust. Gute Ergebnisse auch bei schlechten Treffern, damit machen sie Werbung. Tolle Erfindung, was? Ist eigentlich für große Schweine gedacht. Aber ich dachte mir, ich probiere es heute mal mit deinem hübschen Gerichtsmediziner aus. Zuerst ein Schuss zwischen die Beine. Tut verdammt weh, und er verblutet langsam. Und dann blase ich ihm einfach den Kopf weg."

Sie sah ihn jetzt wieder an, sagte weiterhin nichts. Er registrierte, wie sich in ihrem Augenwinkel eine Träne löste und das Gesicht runter lief. Heulsuse. Ihr hatte keine Nonna das Weinen ausgetrieben. Er verstaute die Flinte in einer Sporttasche, ging hinaus und verriegelte die Tür.

59. KAPITEL
MITTWOCH, 17:09 UHR

Bis jetzt hatte er einfach funktioniert. War in die Stadt gerast, zu Francas Wohnung gerannt, hatte die Türe mit ein paar Tritten aufgebrochen und das Geld aus dem Versteck geholt. Nun saß er mit 150.000 Euro in seinem SUV und schaute auf die Uhr: Zehn Minuten nach fünf, er hatte noch knapp zwei Stunden. Johann gönnte sich einen Moment des Nachdenkens.

Die Adresse, die ihm Marco genannt hatte, lag eine halbe Stunde entfernt. Er kannte die Gegend, weil er erst vor ein paar Wochen zu einem Einsatz dorthin gefahren war. Eine halb verweste Leiche, die schon mehrere Wochen in einer aufgebrochenen Garage gelegen hatte. Wahrscheinlich ein Mafia-Mord, bis heute nicht aufgeklärt. Ganz offensichtlich hatten die Täter ihr Opfer wohlüberlegt dort deponiert. In einem verlassenen Industrie-Areal, in das sich keine Menschenseele verirrte. Wo eine Leiche lange unentdeckt bleiben würde. Wo man ungestört und unbemerkt tun konnte, was man wollte.

Johann machte sich keine Illusionen darüber, was sein Gegner vorhatte. Das Ganze war eine Falle. Natürlich war Marco auch am Geld interessiert. Aber vor allem lag sein Interesse darin, keine Zeugen zurückzulassen. Abgesehen davon, dass ihm das Morden wahrscheinlich Spaß machte. Marco hatte schon so oft getötet. Er würde auch ihn, Johann, töten wollen. Was hatte er entgegenzusetzen?

Er besaß weder eine Waffe, noch kannte er sich mit solchen Dingen aus. Eigentlich blieb ihm gar nichts anderes übrig, als die verhasste Kripo um Hilfe zu bitten. Andererseits zweifelte er nicht daran, dass Marco seine Geisel sofort umbringen würde, sobald er davon Wind bekam. Und selbst wenn er Marco das Geld brachte und damit seinen eigenen Tod einkalkulierte, konnte er damit Enzas Leben nicht retten. Marco würde auch sie umbringen. Alles andere machte aus der Sicht des Serienmörders keinen Sinn. Es gab keine Lösung. Egal, wie Johann sich entschied, alles schien direkt ins Fiasko zu führen.

Sein Blick fiel auf Enzas Laptop, der immer noch auf dem Beifahrersitz lag. Kurzentschlossen klappte er ihn auf und startete noch einmal das Ortungsprogramm. Mit klopfendem Herzen wartete er auf das Signal. Der Punkt leuchtete auf, diesmal nicht grau, sondern grün. Marco hatte Enzas Handy demnach nicht ausgeschaltet. Allerdings blinkte das Ortungssignal nicht über dem Industriegebiet, wo Marco auf ihn warten wollte, sondern in den Bergen weit nördlich von Castelbianco, über offensichtlich unbewohntem Gebiet. Was mochte das bedeuten? Lag dort vielleicht Marcos Versteck?

Er versuchte sich in das Denken des Mörders hineinzuversetzen. Wenn Marco ihm wirklich eine Falle stellen wollte, dann würde er so früh wie möglich an den Ort des Showdowns fahren, um den Hinterhalt vorbereiten zu können. Es schien ihm deshalb extrem unwahrscheinlich, dass Marco sich noch dort aufhalten könnte, wo das Funksignal von Enzas Handy blinkte. Hatte er also seine Geisel mit nach Genua genommen und das Handy einfach vergessen? Oder war er alleine losgefahren und hatte Enza samt Smartphone in seinem Versteck zurückgelassen? Lag darin seine, Johanns Chance?

Er schaute noch einmal auf die Uhr. Viertel nach fünf, er musste etwas tun. Er startete den Motor, scannte noch einmal den Computerbildschirm, wo der grüne Punkt unverändert blinkte, fällte seine Entscheidung. Er ließ sich die GPS-Daten des Handy-Signals anzeigen, übertrug sie in das Navigationssystem und fuhr los. Hupend wie ein Idiot bahnte er sich seinen Weg durch den Nachmittags-Stau, erreichte die Landstraße Richtung Castelbianco, raste mit quietschenden Reifen durch die Serpentinen. Die Konzentration auf Straße und Gegenverkehr verdrängte jeden weiteren Gedanken.

Kurz vor Castelbianco befahl ihm das Navi nach rechts abzubiegen. Er fuhr jetzt auf einem Schotterweg, in immer engeren Kurven steil nach oben. Eigentlich passten hier nur die schmalen Apen der Bauern durch. Johann war es egal. Brombeersträucher und Ginsterbüsche schlugen laut gegen die Karosserie. Immer wieder setzte der schwere Wagen krachend auf den Bodenwellen auf. Aber dank Allradantrieb schaffte er es weiter den Berg hinauf.

Dann ging der Weg vor ihm einfach zu Ende. Das Navigationssystem zeigte nach links. Dort zweigte aber nur ein schmaler Wanderweg ab, der sich in einem verwilderten Olivenhain verlor. Johann zögerte kurz, dann gab er Gas. Es wurde ein halsbrecherischer Ritt. In Schlangenlinien kurvte er um die Olivenbäume, die jungen Buchen- und Eichenschösslinge dazwischen überfuhr er einfach. Er konnte nur hoffen, dass der Unterboden das mitmachte. Immer wieder holperte er über Mauervorsprünge und Grenzsteine. Jedes Mal klang es, als würde die Karosserie auseinander brechen. Doch der Wagen hielt durch.

Irgendwann durchstieß er die Baumgrenze, raste über eine langgestreckte Kuhweide weiter Richtung Gipfel und realisierte plötzlich, dass das Navi nur noch 200 Meter bis zum Ziel anzeigte. Er trat auf die Bremse, verglich das Navi-Display mit dem, was er durch die Windschutzscheibe sah, spürte das Aufwallen der Verzweiflung. Vor ihm ging die Alm zu Ende, dahinter ragte eine nackte Felswand steil nach oben. Er sah kein Haus, kein Zelt, kein Versteck. Er war in die Irre gefahren, fehlgeleitet von der modernen Technik, die offenbar nicht funktionierte. Er hatte versagt, Enzas Leben war verspielt.

Niedergeschlagen fuhr er langsam weiter, stieg aus, fing spontan an zu rennen bis zum Beginn des Gipfelanstiegs. Er schaute sich um. Was war das? Links von ihm im Schatten lag ein rundes

Etwas. Eine Art Hütte, wie ein Iglu aus roh behauenen Steinen, kaum wahrnehmbar vor den Felsen dahinter. In der weiß gekalkten Außenwand gab es keine Fenster, nur eine niedrige Eingangstür. Johann erkannte, was er vor sich hatte. Es war ein Hirtenunterstand, wie man sie oft in den ligurischen Bergen fand. Vor hunderten von Jahren hatten Schafhirten diese Gebäude aus losen Steinen errichtet, um bei Unwettern darin Unterschlupf zu suchen. Im Krieg waren sie oft von Partisanen als Versteck benutzt worden. Seitdem verfielen sie. Im Gegensatz dazu wirkte diese Steinhütte allerdings alles andere als baufällig. Die Ritzen im Mauerwerk, durch die normalerweise der Wind pfiff, waren sauber verputzt. Und der Einlass, der sonst immer offen stand, war durch eine massive Holztür versperrt. Mit klopfendem Herzen ging er näher heran.

60. KAPITEL

MITTWOCH, 17:52 UHR

Das Geräusch an der Tür ließ sie zusammenfahren. Seitdem Marco die Tür geschlossen hatte, war es in ihrem Gefängnis stockfinster. Ihr war bitterkalt, sie hatte keine Ahnung, wie viel Zeit vergangen war, und alle Hoffnung verloren. Es gab keinen Zweifel: Marco hatte Johann erschossen. Jetzt kehrte er zurück, um auch sie zu töten.

Sie hörte, wie der Riegel zurückgeschoben wurde. Quälend langsam öffnete sich die Tür. Das Zwielicht, das in den Raum fiel, blendete sie. Doch sie wollte sehen, was passierte, hielt ihre Augen krampfhaft offen, starrte in die gleißende Helligkeit. Alles war weiß, mitten drin ein schwarzer Schatten. Marco, der langsam näher kam und sich zu ihr herunter beugte. Jetzt würde er ihr weh tun. Sie schloss die Augen, rollte sich zusammen und fing an zu weinen. Dann hörte sie eine Stimme. Johanns Stimme.

„Enza, Liebes, ich bin es. Alles ist gut."

Sie spürte eine warme Hand auf ihrer Schulter. Als sie die Augen öffnete, war sein Gesicht ganz nah. Er hatte sich neben sie gelegt und hielt sie eng umschlungen. Er küsste sie auf die Stirn, auf die Wangen, auf die Lippen und redete in einem fort auf sie ein.

„Enza, bleib ganz ruhig. Marco ist nicht hier. Er ist nach Genua gefahren und wartet dort auf mich. Was hat er bloß mit dir gemacht? Ich bin bei dir, ich passe auf dich auf. Jetzt ist alles gut."

Die Erleichterung überwältigte sie. Krämpfe durchzogen ihren Körper. Sie konnte nicht aufhören zu weinen. Zitternd schmiegte sie ihr Gesicht in seine Halsbeuge und kam nur langsam zur Ruhe. Irgendwann spürte sie plötzlich, wie sehr ihre Handgelenke schmerzten. Sie begann wieder zu funktionieren.

„Da oben in der Wand steckt mein Messer. Könntest du damit das Klebeband durchschneiden?"

Er sprang auf, fand das Messer und befreite sie. Dann zog er zu ihrer Überraschung ein Taschentuch aus seiner Hose und spuckte darauf.

„Entschuldige bitte, aber ich sehe hier kein Wasser", sagte er zärtlich und wischte behutsam das getrocknete Blut von ihrer Haut. Dann nahm er die Kleidungsstücke von der Wand und half ihr beim Aufstehen. Vorsichtig richtete sie sich auf. Alle Glieder schmerzten, nur mühsam fand sie ihr Gleichgewicht. Mechanisch streifte sie sich die Klamotten über und erwachte Schritt für Schritt aus ihrem Albtraum. Sie begannen sich gegenseitig zu erzählen, was passiert war. Atemlos, einander immer wieder ins Wort fallend, überrascht, wie viel sie unabhängig voneinander herausgefunden hatten. Plötzlich sah Johann auf seine Uhr und sagte:

„Es ist sechs Uhr. In einer Stunde merkt Marco, dass ich nicht komme. Wir müssen uns beeilen."

Auf dem Weg zum Auto besprachen sie, dass sie auf dem schnellsten Weg zur Questura fahren würden. Nicht zu Moreno, sondern direkt zum Polizeipräsidenten. Ihm würden sie sich anvertrauen. Dort wären sie erst einmal sicher und könnten abwarten, wie die Fahndung nach Tonis Zwillingsbruder verlief.

Nur unterschwellig registrierte Enza, in was für einem seltsamen Gefährt Johann diesen gottverlassenen Ort erreicht hatte. Groß und breit, aber völlig zerkratzt und verbeult. Egal, Hauptsache das Auto brachte sie weit weg von hier. Während Johann querfeldein bergab fuhr, fing sie wieder an zu zittern. Ihr ganzer Körper schmerzte, nur schwer fand sie eine erträgliche Sitzposition. Sie beobachtete

Johann, wie er sicher und souverän das Steuerrad kontrollierte. Seine Anwesenheit gab ihr Kraft, bei ihm fühlte sie sich beschützt. Langsam fiel die Beklemmung der Todesangst von ihr ab, spürte sie, wie die Lebensgeister in ihren zerschundenen Körper zurück krochen.

Sie dachte nach. Johann hatte ihr erzählt, was er im Widerstandsmuseum von Salvatore Giacosa erfahren hatte. Jetzt passten die meisten Puzzlestücke plötzlich zusammen. Gina Testa hatte Rache genommen. An allen, die ihren Verlobten an den Galgen gebracht hatten. In einem Fall sogar am Sohn eines Täters, warum auch immer. Sie hatte Marco zu ihrem Werkzeug gemacht. Vielleicht auch Toni. Wie viel der davon gewusst hatte, das würden sie wahrscheinlich nie erfahren. Aber warum hatte die Nonna 60 Jahre auf ihre Rache gewartet? Bei den deutschen Soldaten lag die Erklärung auf der Hand. Deren Namen hatte sie erst durch die Prozesse erfahren. Aber weshalb hatte sie nicht schon direkt nach dem Krieg versucht, sich zumindest an den drei Italienern zu rächen? Und welche Rolle spielten die Zahnlücken in ihrem grausamen Plan?

Mittlerweile fuhren sie wieder auf einer richtigen Straße. Im Augenwinkel sah sie ein Hinweisschild vorbei huschen: 3 Kilometer bis Castelbianco. Sie folgte einer spontanen Eingebung.

„Johann, dreh um. Wir fahren zur Nonna."

61. KAPITEL

MITTWOCH, 18:09 UHR

Er dachte erst, er hätte sich verhört. Doch dann drehte er seinen Kopf und sah an ihrem Gesichtsausdruck, dass sie es ernst meinte. Er fuhr weiter geradeaus und sagte:

„Du bist verrückt. Marco hätte dich um ein Haar umgebracht. Er kann jederzeit zurück kommen."

„Nein, es ist erst kurz nach 6 Uhr", antwortete sie. „Möchtest du nicht wissen, warum all diesen Toten ein Schneidezahn fehlte? Oder wie Gina es geschafft hat, ihren Enkel zum Mörder zu machen? Ich bin mir sicher: Sie ist nicht dement. Wenn wir sie in die Zange nehmen, dann können wir jetzt alles aus ihr heraus bekommen."

Enza meinte es wirklich ernst. Er schaute wieder kurz zu ihr hinüber und war trotz seiner Sorge fasziniert. Noch vor einer halben Stunde war ihr Körper von Weinkrämpfen geschüttelt worden. Ihr erbärmlicher Zustand oben in der Hütte hatte ihn zutiefst berührt. Völlig schutzlos, verzweifelt, verängstigt, ohne einen Funken Kraft. Jetzt blitzten Enzas Augen plötzlich wieder selbstbewusst. Er konnte in ihrem Gesicht noch die Spuren der Strapazen sehen, sie war erschreckend blass und wirkte ausgezehrt. Doch es war unverkennbar, dass ihre Energie sich zurückgemeldet hatte. Trotzdem widersprach er weiter.

„Nein, auf keinen Fall. Sobald sie Marco festgenommen haben, kannst du machen, was du willst. Dann können wir Gina Testa von mir aus tagelang ins Kreuzverhör nehmen. Aber vorher ist mir das Risiko einfach zu groß."

Enza ließ nicht locker.

„Glaub mir, wir haben noch genug Zeit. Im Moment wartet Marco noch in Genua auf dich. Wenn du bis sieben nicht kommst, dann wird er bestimmt noch einmal zehn Minuten warten. Wenn er dann losfährt, braucht er mindestens eine halbe Stunde bis hierher. Das heißt, bis zwanzig vor acht sind wir in jedem Fall sicher. Und er wird ja gar nicht nach Castelbianco fahren, sondern daran vorbei in die Berge, wo seine Geisel liegt. Bis er herausgefunden hat, dass ich gar nicht mehr da bin, ist es halb neun."

Johann musste insgeheim zugeben, dass sie mit ihrer Zeitrechnung Recht hatte. Und doch wollte er nicht nachgeben. Er hatte heute einmal Glück gehabt und sich richtig entschieden. Jetzt schreckte er davor zurück, das Schicksal noch einmal auf die Probe zu stellen.

„Und schau mal, wir sind sogar bewaffnet."

Enza unterbrach seinen Gedankengang. Sie zog das Survivalmesser aus ihrer Tasche, ließ die Klinge herausschnappen und lächelte ihn demonstrativ an. Er gab sich geschlagen.

„Okay, wir machen den Abstecher. Aber nur 15 Minuten. Wenn die um sind, dann fahren wir zum Präsidium."

Er bremste und wendete das Auto mitten auf der Straße.

62. KAPITEL
MITTWOCH, 18:17 UHR

Als sie Castelbianco erreichten, überlegte Johann nicht lange und lenkte das Auto direkt auf den schmalen Fußweg, der zu Ginas Haus führte. Er ignorierte die heftigen Kontakte mit Boden und Pflanzen, wich lediglich größeren Bäumen aus und hielt innerhalb von zehn Minuten vor dem Haus der Nonna. Diesmal verzichtete er auf jegliches Klopfen oder Rufen, sondern drückte gleich die Klinke. Die Tür ging auf. Er griff nach Enzas Hand und trat mit ihr hinein ins Halbdunkel.

Sie sahen sich um. Der Raum war leer, im Eckkamin glomm ein kleines Feuer, darüber hing wieder der dampfende Kessel. Gina Testa war offensichtlich zu Hause. Enza zeigte wortlos auf die Treppe, die nach oben führte. Johann erinnerte sich und nickte: Von dort war die Nonna bei ihrem ersten gemeinsamen Besuch herabgestiegen. Er ging voran und kümmerte sich nicht um das Knarren der Stufen. Die alte Frau sollte ruhig wissen, dass ungebetene Gäste kamen. Im Vorbeigehen wunderte er sich kurz über den seltsamen, großen Spiegel, der sich von hier oben als durchsichtig erwies. Lief dann aber rasch weiter einen schmalen Gang entlang, von dem aus zwei Türen nach rechts abzweigten.

Sie öffneten die Tür zum ersten Raum, offenbar ein Schlafzimmer, merkwürdig leer und unbelebt. In der einen Ecke stand ein altes Holzbett, in der anderen ein schmaler Schrank, dazwischen ein

Fenster, winzig wie eine Schießscharte. Ansonsten nichts, kein Kleidungsstück, kein Buch, auch kein Schmutz. Die hellen Bodenfliesen wirkten frisch gewischt. Enza und er tauschten einen Blick und hörten im selben Moment das Geräusch: Ein monotones Rauschen, oder eher ein unheimliches Murmeln. Enza zeigte mit dem Kopf in Richtung Nachbarzimmer. Er gab ihr Recht. Das Geräusch schien von dort zu kommen.

Sie traten wieder auf den Gang und näherten sich der nächsten Türe. Johann sammelte sich einen Moment. Im Augenwinkel nahm er wahr, dass Enza mit der rechten Hand in ihre Tasche langte. Natürlich, sie war bewaffnet. Allerdings konnte er sich beim besten Willen nicht vorstellen, dass die weit über 80jährige Nonna irgendeine Bedrohung für sie darstellen könnte. Er öffnete die Tür, das Murmeln wurde lauter, sie traten ein.

Sie standen in einem winzigen Raum ohne Fenster, das einzige Licht kam von einer Handvoll flackernder Kerzen. An der Wand gab es eine Art Altar, zusammen gezimmert aus grob geschnitzten Brettern, bemalt in grün und gold mit bäuerlich naiven Ornamenten. Davor kniete mit dem Rücken zu ihnen Gina Testa, ihr Oberkörper schwankte leicht vor und zurück. Erst als er den Rosenkranz in ihren Fingern wandern sah, begriff Johann, dass sie betete. Enza schloss die Tür mit einem lauten Krachen. Doch die Nonna zuckte mit keiner Miene. Selbst als Johann sie verhalten an der Schulter berührte, betete sie weiter, ohne jede Reaktion. War es Trance oder Trotz? Enza schien das egal zu sein, denn sie ging an ihm vorbei, hockte sich direkt vor die Nonna, rüttelte an ihrer Schulter und sprach die alte Frau barsch an:

„Schluss damit, Signora Testa! Hören Sie auf zu beten. Das hilft Ihnen jetzt auch nicht mehr."

Gina Testa öffnete ihre bis dahin halb geschlossenen Augen, sah Enza ohne jede Überraschung an und blieb still.

„Warum haben sie all diese Menschen ermorden lassen?"

Bei ihrer Frage ging Enza bis auf wenige Zentimeter an das Gesicht der alten Frau heran. Gina Testa wich keinen Millimeter zurück, hielt Enzas Blick stand und sagte weiterhin kein Wort. So wie sie mit kerzengeradem Rücken trotzig ihre Haltung bewahrte, wirkte sie auf Johann kein bisschen verwirrt. Plötzlich konnte er sich zum ersten Mal vorstellen, dass hinter diesem zerfurchten Gesicht das Böse steckte. Dass Gina Testa tatsächlich alles ihrer persönlichen Rache untergeordnet hatte. Ihr eigenes Leben und das ihrer Enkel. Wobei die Frage bestehen blieb, warum sie nicht schon ihren Sohn zum Werkzeug ihrer Vergeltung gemacht hatte. Er beschloss, Enza zu unterstützen. Vielleicht würde eine Art Kreuzverhör tatsächlich Wirkung zeigen.

„Signora, reden Sie mit uns. Oder wollen Sie, dass Ihr Enkel Marco immer mehr Menschen ermordet?"

Gina drehte ihren Kopf und sah ihn an, blieb aber weiterhin still.

„Wussten Sie, dass er auch versucht hat uns beide umzubringen?", fragte Enza.

Schweigen. Dann wieder Johann:

„Er hat auch eine Prostituierte getötet, die nicht das geringste mit Ihrer Familiengeschichte zu tun hatte."

Keine Reaktion. Gina Testa war ein harter Brocken. Unschlüssig ließ Johann seinen Blick durch den Raum schweifen. Auf dem Altar fiel ihm ein seltsamer Kasten auf, so groß wie eine Schuhschachtel mit Wänden aus Glas. Er erinnerte ihn an einen Schrein in der Kirche, in dem Gebeine von Heiligen oder andere Reliquien aufbewahrt wurden. Was in diesem Kasten lag, ließ sich allerdings nicht erkennen. Die Scheiben waren fast blind. Johann folgte einer Eingebung, ging zum Altar und öffnete den Schrein. Als erstes griff er nach der Blechdose. Irgendwelche harten Gegenstände schepperten darin, sie klangen wie kleine Nägel oder Reißzwecken, doch er ahnte, was die Dose enthielt. Als er sie auf dem Altar ausleerte, war er nicht überrascht. Sieben Schneidezähne holperten wie winzige Würfel über das rissige Holz, sechs davon bräunlich verfärbt, einer immer noch strahlend weiß, das musste der von Franca sein.

Enza reagierte voller Wut. Sie schrie der Alten ins Gesicht:

„Warum musste Franca sterben? Sie hat Ihnen doch nicht das geringste getan? Und weshalb hat Marco ihr den Zahn herausgebrochen?“

Sie rüttelte Gina noch einmal heftig an beiden Schultern, ohne Erfolg.

„Ich weiß es.“

Es war Johann, aus dessen Mund die Worte kamen. Er hatte ein gerahmtes Schwarz-Weiß-Foto aus dem Schrein genommen. Es war das gleiche Foto, das er im Museo della Resistenza gesehen hatte. Der Galgen mit Ginas Verlobtem in der oberen Bildhälfte. Darunter die sechs Täter, die stolz für die Kamera posierten. Nur dass dieser Abzug wesentlich größer war und sich dadurch Details viel besser erkennen ließen. Johann reichte Enza das Bild und deutete auf den Kopf des Gehenkten.

„Schau dir seine Zähne an.“

Im Todeskampf hatte Gina Testas Verlobter die Kiefer weit auseinander gerissen und dabei sein Gebiss entblößt. Die schreckliche Grimasse enthüllte eine Zahnlücke. Zweiter Schneidezahn oben rechts.

„Sie haben ihn stundenlang geprügelt und getreten.“

Gina Testas schrille Stimme erfüllte plötzlich den Raum. Sie hatte sich entschieden, ihr Schweigen zu brechen.

„Er sollte seine Kameraden verraten. Aber das hat er nicht getan. Also haben sie ihn weiter gequält. Sie haben brennende Zigaretten in seinem Gesicht ausgedrückt. Sie haben seinen Kopf unter Wasser gehalten, bis er fast wahnsinnig vor Angst war. Sie haben ihm mit einer Zange den Zahn heraus gebrochen. Er hat vor Schmerz gebrüllt, aber er hat nicht geredet. Da wussten sie, dass es nutzlos war. Also haben sie ihn schließlich aufgehängt. Gott wollte, dass alle, die es getan haben, krepieren. Und es war sein Wille, dass sie mit der gleichen Fratze des Todes zur Hölle fahren.“

„Aber warum Franca?“, hakte Johann sofort nach, voller Sorge, dass die Nonna gleich wieder verstummen könnte. „Sie war doch nur die Enkelin von einem der Täter. Sie konnte doch nichts dafür.“

Gina Testa stand wortlos auf. Sie nahm dem verdutzten Johann die Dose aus der Hand, legte einen Zahn nach dem anderen wieder hinein und stellte die Dose zurück in den Schrein. Dann riss sie Enza mit erstaunlicher Kraft das Foto aus der Hand und legte es dazu. Sie schloss den Deckel, setzte sich auf die Holzbank, die seitlich an der Wand stand, und faltete ihre Hände. Schließlich fing sie zu Johanns Erstaunen wieder an zu sprechen:

„Franca war böse. Sie hat meinen Jungen verführt. Ich habe ihm immer gesagt: Antonio, dieses Mädchen ist eine Ermia. Rodolfo Ermia hat deinen Großvater umgebracht. Die Ermias sind unsere Feinde. Doch er wollte nicht auf mich hören. Das Mädchen ist Schuld daran, dass ich ihn verloren habe. Er schrieb mir einen Brief, dass sie schwanger war. Er wollte, dass ich es erfahre. Es war gut, dass er mir Bescheid gesagt hat. So konnte ich es verhindern. Ich habe zu Marco gesagt: Dieser Bastard, darf nicht auf die Welt kommen. Marco ist ein guter Junge."

Ein Hauch von einem Lächeln umspielte ihre dünnen Lippen. Sie war mit sich und ihrer Rache im Reinen. Johann sah auf seine Uhr: kurz nach halb sieben. Höchste Zeit, das Haus zu verlassen. Und trotzdem stellte er noch die eine Frage, die ihn weiterhin beschäftigte:

„Signora Testa, warum haben Sie so lange gewartet? Sie kannten doch zumindest die italienischen Täter. Warum haben sie nicht direkt nach dem Krieg versucht sich zu rächen?"

Das Lächeln der Nonna verschwand. Ein harter, grausamer Zug lag jetzt auf ihrem Gesicht. Sie sah ihn lange an, bevor sie antwortete:

„Alle sagen immer: Rache ist süß. Das ist Unsinn. Rache bedeutet vor allem eines: ewigen Hass. Jeden Tag habe ich diese Männer gehasst. jede Stunde habe ich mir ihren Tod herbei gesehnt, jede Nacht davon geträumt sie umzubringen. Aber zum Töten braucht man Männer. Und der einzige Mann, den ich je hatte, war tot. Als unser Kind auf die Welt kam, spürte ich, dass Gott mir einen Sohn geschickt hatte. Aber ich habe alles falsch gemacht, ich habe ihn verhätschelt. Und als er alt genug war, Rache für seinen Vater zu nehmen, war es zu spät. Er war zu einem Schwächling herangewachsen, der nichts damit zu tun haben wollte. Mama, so etwas kann ich nicht, sagte er zu mir. Und ging wieder raus zu seinem dämlichen Fußballspiel. Also musste ich weiter warten. Mein Hass gab mir die Kraft dafür. Ich habe dem Schwachkopf eine Frau gesucht. Und es dauerte nicht lange, bis Marco und Antonio geboren wurden. Von da an habe ich die Sache selbst in die Hand genommen. Ich habe die beiden zu starken Männern erzogen. Sie haben das Werk zusammen angefangen. Marco hat es vollendet. Ich kann jetzt besser sterben. Aber glauben Sie mir: Meine Rache ist immer noch nicht süß. Ich hasse weiter, über den Tod hinaus. Alle, die es getan haben. Alle, die weiter leben durften, während mir mein Leben genommen wurde. Es ist mir völlig egal, ob Marco versucht hat Sie beide umzubringen. Ich hasse Ihre hübsche Freundin. Ich hasse Sie. Und jetzt lassen Sie mich in Ruhe."

Sie kniete sich wieder vor ihren Altar und begann von neuem mit dem Rosenkranzgebet. Johann und Enza verständigten sich mit einem Blick: Mehr würde die Nonna offensichtlich nicht sagen, außerdem mussten sie dringend hier weg. Auf dem Weg zurück durch das Haus dachte er über ihre Wortwahl nach: Sie hatte die Sache selbst in die Hand genommen. War es vorstellbar, dass sie ihren Sohn und dessen Frau aus dem Weg geräumt hatte, um die Enkel ungestört zu ihren Werkzeugen erziehen zu können? Was war das wohl für eine Kindheit gewesen mit einer Großmutter, die nur eines formen wollte: Männer, die töten können. Es gab immer noch viele Geheimnisse in dieser Geschichte des Schreckens. Wenn sie erst einmal in Sicherheit waren, würde er Guido darum bitten weiter zu recherchieren. Sofern Johann in Zukunft überhaupt noch oberster Gerichtsmediziner von Genua sein konnte. Seine DNA-Spuren in der Wohnung der ermordeten Prostituierten würde er noch erklären müssen, genauso wie die gesamte persönliche Verstrickung in diesen Fall.

Als er die Haustür öffnete, blickte er in das Gesicht, das er bisher nur vom Überwachungsvideo kannte. Stechende Augen, ein hämisches Lächeln. In den Händen hielt Marco eine doppelläufige Flinte. Ein kurzer Anflug von Panik überfiel Johann, vermischt mit Ärger über sich selbst. Er hatte sich falsch entschieden. Ihm blieb keine Zeit, weiter darüber nachzudenken. Das letzte, was er wahrnahm, war eine blitzartige Bewegung des Gewehrkolbens.

63. KAPITEL

MITTWOCH, 19:45 UHR

Er fand die Tasche im Auto und zählte das Geld. Tatsächlich, 150.000 Euro. Für sein neues Leben im Süden konnte es nicht schaden, gut bei Kasse zu sein. Zurück im Haus kontrollierte er das Klebeband. Der Gerichtsmediziner war noch bewusstlos. Seiner blonden Freundin liefen schon wieder die Tränen übers Gesicht. Wenigstens nervte sie ihn nicht mit weiteren Fragen. Die Nonna war nicht zu sehen. Wahrscheinlich betete sie wie immer in der Heiligen Kammer.

Er dachte kurz nach. Er hatte den Gerichtsmediziner unterschätzt. Als er sich bis kurz nach sieben nicht am Treffpunkt gezeigt hatte, war ihm schlagartig klar geworden, dass er nicht kommen würde. Entweder pünktlich oder gar nicht. Immerhin hatte er danach die richtige Eingebung gehabt, am Haus der Nonna vorbeizuschauen, bevor er zurück zur Hütte fuhr. Er hatte das Auto gesehen und sofort seinen Fehler begriffen. Aber dann war es ein Kinderspiel gewesen, den vor Schreck erstarrten Typen niederzuschlagen und seine zeternde Freundin wieder zu fesseln. Glück gehabt. Wie der Kerl sein Versteck gefunden hatte, war ihm immer noch völlig rätselhaft. Aber jetzt war alles in Ordnung. Genau genommen sogar noch viel besser.

In den vergangenen Tagen hatte er etwas Neues erkannt: Das Töten tat ihm gut. Es hatte ihn nie groß belastet, die Aufgaben der Nonna zu erledigen. Alte Männer niederzuschlagen und sie dann zu ertränken, er hatte seine Pflicht getan, weil die Großmutter es wollte. Aber ihm waren dabei keine besonderen Gefühle gekommen. Bei Franca hatte er ihn zum ersten Mal gespürt, bei der afrikanischen Nutte dann noch intensiver: den kurzen Moment des Glücks, das Rauschen in den Ohren, die Hitze hinter den Augen, sein hämmerndes Herz, das wie verrückt Blut durch alle Adern pumpte. Das Beste war die Ruhe danach. Das Gefühl von Leere und Zufriedenheit mit allem, was er getan hatte. Er wusste jetzt, dass es mit dem Blick der Menschen zu tun hatte. Der Mischung aus Angst, aus Hoffnung und aus der Erkenntnis, dass es keine Hoffnung mehr gab. Er konnte es kaum erwarten, diesen Moment wieder zu erleben.

Er musterte die beiden erbärmlichen Figuren, die vor seinen Füßen lagen: Es würde viel besser sein, die beiden zusammen zu töten. Er hatte die Wahl. Er konnte dem Typen vor ihren Augen langsam die Kehle abschnüren. Oder ihn erst dabei zuschauen lassen, wie er es seiner Freundin besorgte. Auf jeden Fall würde er das Ganze bis zum letzten Moment genießen. Und damit ihn niemand dabei störte, musste er jetzt nur noch diese Karre entsorgen, die weiterhin vor dem Haus stand. Jedem, der zufällig vorbei kam, würde das Auto auffallen. Und so kaputt, wie der Wagen aussah, war er ohnehin nicht mehr viel wert.

Er schloss die Haustür und ging zurück zum Auto. Der Zündschüssel steckte. Er kannte einen Abhang, wo die Dorfbewohner ab und zu ihren Schrott hinunter rollen ließen. In dem verwilderten Dickicht würde selbst dieser Riesenwagen nicht mehr zu sehen sein. Er startete den Motor und legte den ersten Gang ein.

64. KAPITEL
MITTWOCH, 20:01 UHR

Enza hörte, wie sich das Auto entfernte. Sie und Johann lagen mit Klebeband verschnürt Rücken an Rücken auf dem Steinfußboden der Küche. Wenn sie noch eine allerletzte Chance hatten, dann jetzt. Sie rief nach ihm:

„Johann, hörst du mich?"

Keine Reaktion. Sie wälzte sich hin und her, bis sie es geschafft hatte, oberhalb von Johanns Kopf auf die Knie zu kommen. Jetzt sah sie, wo Marco ihn getroffen hatte. Eine dunkelrot geschwollene Platzwunde an der rechten Schläfe, eine breite Spur geronnenen Bluts, die sich über die Stirn bis zum Boden zog. Sie beugte sich zu ihm hinab und rief laut direkt vor seinem Ohr:

„Johann, wach auf. Wir sind alleine."

Er stöhnte, wahrscheinlich vor Schmerz. Sie küsste ihn intensiv auf den Mund, ein irritierender Geschmack von Schweiß, Spucke und Blut. Seine Augenlider zuckten. Sie küsste ihn immer wieder, rief zwischendurch mehrmals seinen Namen, hatte schließlich Erfolg. Ganz langsam kam er zu sich. Er öffnete die Augen, sah aber durch sie hindurch. Seine Schultern und Arme bewegten sich. Vielleicht wollte er sich die Lider reiben, jedenfalls merkte er, dass er gefesselt war. Ein paar Mal kniff er die Augen zusammen. Schließlich erkannte er sie und wirkte mit einem Mal hellwach.

„Was ist passiert?"

„Marco hat dich bewusstlos geschlagen. Er hat uns beide gefesselt. Aber vielleicht haben wir doch noch eine Chance. Er ist gerade mit dem Auto weg gefahren."

Ächzend drehte Johann den Kopf ein paar Zentimeter und versuchte sich umzuschauen.

„Wo ist die Nonna?"

„Keine Ahnung. Ich habe sie nicht mehr gesehen. Wahrscheinlich kniet sie immer noch da oben vor ihrem heiligen Gral. Ist aber auch egal. Los, Johann, wir müssen versuchen uns gegenseitig zu helfen."

Er versuchte, seine Position zu ändern, rollte sich mühsam auf die andere Seite, bis er gegen den schweren Küchentisch stieß. Seine Handgelenke, Füße und Unterschenkel waren mit einer dicken Lage silbernem Klebeband zusammen geschnürt. Sie selbst war genauso gefesselt. Sich aus dieser Lage selbst zu befreien, schien völlig aussichtslos. Johann rollte hilflos wieder zurück und sah sie an.

„Was schlägst du vor?"

Ein Telefon klingelte. Enza suchte mit den Augen nach ihrer Tasche, in der ihr Handy stecken musste, vielleicht auch noch ihr Messer. Doch sie konnte die Tasche nirgendwo entdecken.

„Johann, es muss dein Handy sein. Wo steckt es?"

Er rollte sich wieder auf die andere Seite, sah an sich herab, horchte auf das Klingeln und sagte schließlich:

„Rechte vordere Hosentasche. Keine Chance ranzukommen. Schaffst du es vielleicht?"

„Wenn du mir hilfst. Du musst mir die Richtung weisen."

Enza wollte auf ihren Knien nach vorne robben. Doch die Beine waren so fest zusammengeklebt, dass sie kein bisschen vorwärts kam. Sie versuchte deshalb, kleine Hüpfer zu machen. Auf dem Steinfußboden tat das höllisch weh, aber so gelang es ihr tatsächlich, sich Zentimeter für Zentimeter fortzubewegen. Als sie mit ihren klammen Fingern endlich anfing, hinter ihrem Rücken seine Hose abzutasten, hatte das Klingeln natürlich längst aufgehört,.

„Weiter nach rechts, noch weiter!"

Johann gab ihr Anweisungen. Mit den Fingerspitzen erfühlte sie schließlich den Rand seiner Hosentasche. Sie wühlte sich in die enge Öffnung hinein und schaffte es irgendwie, den Rand des Smartphones zu greifen. Ihre Schultern schmerzten höllisch, sie war kurz davor aufzugeben. Doch mit letzter Kraft zog sie das Handy schließlich aus der Tasche. Es entglitt ihrem Griff, fiel auf den Boden. Keuchend und voller Frust rollte sie sich wieder auf die Seite.

„Und was machen wir jetzt?"

„Wir müssen es entsperren", antwortete Johann. „Dann versuchen wir, die Polizei anzurufen."

„Aber wie sollen wir das schaffen mit unseren gefesselten Händen? Wir können doch nicht sehen, was wir eintippen."

Johann schwieg ein paar Sekunden. Dann sagte er:

„Ich habe eine Idee. Ich halte das Handy hinter meinem Rücken fest und drehe mich auf den Bauch. Dann kannst du das Display sehen und versuchen, mit deiner Nase den Code einzugeben."

Enza versuchte sich vorzustellen, ob das funktionieren könnte. Er hatte Recht, das war die einzige Chance.

„Okay, wir versuchen es."

Sie wälzte sich wieder, bis sie einigermaßen stabil auf ihren Knien stand. Gleichzeitig drehte sich Johann so lange hin und her, bis er blind hinter seinem Rücken nach dem Handy tasten konnte. Er bekam es zu fassen und drehte sich wie geplant auf den Bauch. Enza hopste zu ihm hin und beugte sich vorsichtig über das Telefon. Das Display war schwarz, Ruhezustand.

„Genau so festhalten und möglichst nicht bewegen", sagte sie zu Johann. „Ich versuche jetzt erst mal, den Home-Button zu drücken."

Je näher sie dem Telefon kam, desto mehr musste sie unwillkürlich schielen. Es fiel ihr deshalb erstaunlich schwer, mit der Nasenspitze ganz gezielt einen Knopf zu drücken. Sie presste ihre Nase irgendwo auf das Telefon, wunderte sich kurz, wie weh das tat, erwischte aber schließlich den Startknopf. Auf dem Display blendete sich unter der Uhrzeit eine Meldung ein: ‚Raffaella, verpasster Anruf vor 2 Min'.

„Irgendeine Raffaella hat dich angerufen. Wer ist das?“

Johann stöhnte genervt. Dann antwortete er:

„Schon wieder? Das ist eine Frau, die sich mit mir treffen möchte. Sie lässt einfach nicht locker. Egal jetzt. Du musst versuchen, das Bild auf dem Touchscreen mit der Nase von rechts nach links zu schieben. Dann erscheint das Ziffernfeld zum Entsperren. Mein Code ist 9 7 4 3.“

Enza versuchte es. Das Meldungsfenster nach rechts zu schieben, war ziemlich leicht. Doch schielend mit der Nasenspitze Ziffern einzugeben, erwies sich als knifflige Herausforderung. Damit Johann auf dem Laufenden war, kommentierte sie laut, was sie tat:

„Neun, sieben, vier ... Scheiße, ich habe die sechs erwischt.“

Sie versuchte es ein zweites Mal. Wieder daneben. Das Telefon gab ein negatives Tröten von sich: die letzte Chance.

„Du weißt schon“, sagte Johann gepresst. „Bei der dritten falschen Eingabe wird die Karte dauerhaft gesperrt.“

„Blödmann! Versuch du mal, mit der Nase Zahlen einzugeben.“

Enza hielt inne. Ein Schweißtropfen lief über ihre Nase und tropfte auf das Display. Ihre Knie, ihr Rücken, ihre Schultern, alles tat weh. Sie atmete einmal tief durch, versuchte sich zu konzentrieren. Als sie zum letzten Versuch ansetzte, klingelte das Telefon. Anruf Raffaella.

„Es ist wieder Raffaella.“

„Geh dran! Wir müssen versuchen ihr begreiflich zu machen, dass sie die Polizei alarmiert. Los, du schaffst das.“

Enza beugte sich wieder hinab. Mit der Nase gelang es ihr tatsächlich, den grünen Button zu drücken. Anruf annehmen, das Klingeln hörte auf. Sie sagte laut:

„Hallo?“

Sie legte ihr Ohr auf den Lautsprecher. Am anderen Ende der Leitung kicherte eine Frau. Sie klang angetrunken, als sie antwortete:

„Hallo, wer spricht da? Bin ich nicht bei Johann Sorbello.“

„Doch, aber der kann gerade nicht, weil seine Hände auf dem Rücken gefesselt sind“, rief Enza angestrengt in das Telefon und merkte im selben Moment, wie absurd das klang. Sie versuchte sich zu konzentrieren. Wenn sie jetzt nicht die richtigen Worte fand, dann wäre auch diese letzte Chance vertan.

„Raffaella, ich bin Enza, eine Freundin von Johann. Wir haben wirklich ein Problem. Wir sind beide gefesselt. Ein Irrer will uns umbringen. Und Sie müssen jetzt für uns die Polizei alarmieren. Verstehen Sie mich?"

Wieder dieses Glucksen und Kichern. Dann die Stimme:

„Das ist jetzt ein Scherz, oder?"

Enza war kurz davor, die Geduld zu verlieren. Na toll, die einzige Frau, die sie retten konnte, war offenbar zu betrunken, um ihre ausweglose Situation zu erfassen. Sie wurde laut.

„Nein, das ist kein Scherz. Wenn Sie jetzt nicht die Polizei alarmieren, dann werden wir ermordet. Glauben Sie mir, das ist tödlicher Ernst. Helfen Sie uns!"

Johanns Stimme kam ihr zu Hilfe. Er brüllte so laut, er konnte:

„Raffaella! Ich liege auf dem Bauch. Meine Hände und meine Füße sind mit Klebeband zusammen gebunden. Meine Freundin Enza ist auch gefesselt. Der Typ, der uns in seiner Gewalt hat, wird uns entweder erschießen oder erwürgen oder sonst wie töten. Er ist derselbe, der auch die Frau im Piranhabecken ermordet hat. Es geht um Leben und Tod. Sie müssen uns helfen!"

Raffaellas Stimme klang plötzlich ernster. Offenbar war Johanns Appell zu ihr durchgedrungen:

„Okay, was soll ich tun?"

Enza antwortete ihr so ruhig und so klar, wie sie konnte:

„Rufen Sie die Polizei an. Sagen Sie, es geht um den Mörder von Franca Ermia, der Frau aus dem Piranhabecken. Sein Versteck ist das Haus von Gina Testa, oberhalb von Castelbianco. Und wenn sie nicht bald kommen, dann ist es zu spät. Dann sind wir beide tot."

Enza hörte ein Geräusch an der Tür. Marco kam zurück.

„Wir müssen Schluss machen", zischte sie Johann zu.

Johann versuchte sich schnell auf den Rücken zu drehen, um das Handy zu verstecken. Doch es war zu spät. Marco stand in der Tür und hatte das Telefon gesehen. Mit zwei Schritten sprang er in den Raum, schleuderte Enza mit einem Hieb zur Seite und trat Johann das Smartphone aus den Händen. Es schlitterte über den Küchenboden, blieb kreiselnd kurz vor dem Kamin liegen. Mit einem resoluten Kick seines Absatzes zerschmetterte Marco das Display und beendete das Gespräch.

65. KAPITEL

MITTWOCH, 20:36 UHR

Johann hatte nur noch einen Gedanken: Sie brauchten eine halbe Stunde. So lange würde es dauern, bis die Polizei hier oben am Haus der Nonna eintraf. Mindestens. Vorausgesetzt natürlich, Raffaella hatte sich in ihrem angetrunkenen Zustand die Namen und Fakten gemerkt, die Enza ihr nur einmal sagen konnte. Genau in diesem Moment sprach Raffaella hoffentlich mit der Polizei. Ausgerechnet diese attraktive, kichernde Ärztin, die einen Narren an ihm gefressen hatte, war ihre allerletzte Chance.

Er fixierte den Mann, der mit dem Gewehr in beiden Händen mitten im Raum stand und seine Gefangenen abschätzig musterte. Johann war sich vollkommen darüber im Klaren, dass Marco Enza und ihn jetzt töten würde. Es ging höchstens noch darum, Zeit zu gewinnen. Selbst dieser eiskalte Serienmörder musste eine psychologisch verwundbare Stelle haben, ein Thema oder besser: ein Trauma, mit dem er ihn aus der Fassung bringen könnte.

„Warum haben Sie all diese Morde für Ihre Großmutter begangen?", fragte er Marco. „Aus Liebe?"

Tonis Zwillingsbruder sah ihn überrascht an, sagte aber nichts. Stattdessen lehnte er seine Flinte an die Wand, ging zum Küchenschrank und zog Enzas Tasche aus einer Schublade. Er nahm ihr Handy heraus, ließ es auf den Fußboden fallen und zerschmetterte auch dieses Telefon mit einem Fußtritt. Johann versuchte es ein zweites Mal.

„Haben Sie jemals darüber nachgedacht, warum Sie ohne Eltern aufgewachsen sind?"

„Sie starben bei einem Autounfall."

Marco sah ihn nicht einmal an, während er sprach. Er wühlte weiter in der Tasche herum, bis er gefunden hatte, wonach er suchte: Enzas Survivalmesser. Mit einem lauten Klacken schnappte die Klinge heraus. Marco prüfte an seinem Daumennagel, wie scharf sie war, und drehte sich zu seinen Gefangenen um. Johann suchte verzweifelt nach Sätzen, die Marco stoppen konnten. Er dachte noch einmal an die Worte der Nonna: Sie hatte die Sache selbst in die Hand genommen. Was hatte sie damit gemeint, was hatte sie damals möglicherweise getan? Ihm kam plötzlich eine Idee:

„Das stimmt, es gab einen Autounfall. Aber hat die Nonna Ihnen erzählt, dass die Polizei damals wegen Mordes ermittelt hat? Jemand hatte die Bremsschläuche am Auto Ihrer Eltern durchgeschnitten."

Die Geschichte war spontan und völlig frei erfunden. Marcos Reaktion fiel überraschend heftig aus. Er machte zwei schnelle Schritte zu Johann, trat ihm brutal in die Seite und zischte ihn an:

„Quatsch hier nicht rum. Es war ein Unfall. Die Nonna hat es uns erzählt."

Johann konnte vor Schmerz kaum atmen. Aber er zwang sich, seine Geschichte weiterzuspinnen:

„Dann hat Ihre Großmutter Sie belogen. Ich habe den offiziellen Polizeibericht gesehen. Darin gibt es ein technisches Gutachten mit einer klaren Aussage: Das Auto stürzte in eine Schlucht, weil die Bremsen nicht mehr funktionierten. Die Leitungen waren durchtrennt."

Marco reagierte diesmal mit zwei Tritten. Erst in den Magen, dann in die Hoden. In Johanns Innerem explodierte etwas. Der Schmerz war übermächtig. Eine unerträgliche Übelkeit füllte alles aus. Er krümmte sich zusammen und wollte etwas sagen, doch aus seinem Mund kam nur ein klägliches Stöhnen. Dann spürte er Hände, die ihn an der Gurgel fassten und zudrückten. Er sah Marcos ausdrucksloses Gesicht ganz nah vor seinen Augen, hörte dessen wuterfüllte Stimme Wort für Wort:

„Die Nonna lügt mich nicht an. Und dir werden deine dreckigen Lügen im Hals stecken bleiben, Cazzo."

Johann bekam keine Luft mehr. Der Schmerz in seinem Unterleib rückte in den Hintergrund, verdrängt vom tonnenschweren Druck auf seiner Brust und einem anwachsenden Rauschen in den Ohren. Weit entfernt, wie durch Watte, hörte er Enzas gellendes Schreien:

„Lass ihn los! Du wolltest es doch mir besorgen. Aber wahrscheinlich kriegst du gar keinen hoch."

Plötzlich ließ der Druck nach, er konnte wieder atmen. Marco hatte von ihm abgelassen. Unter Qualen drehte er sich mühsam auf die andere Seite um sehen zu können, was dort passierte.

Marco kniete über Enza. Mit der linken Hand raffte er ihr T-Shirt zusammen, in der rechten hielt er das Messer und durchtrennte das Gewebe mit einer einzigen Bewegung. Dann schnitt er ihren BH in der Mitte zwischen den Brüsten durch. Der Stoff klappte nach außen, Enzas Oberkörper war vollkommen entblößt.

„Du hast hier gar nichts zu sagen", zischte Marco. Er griff brutal an ihre Brust. Enza lag wie erstarrt vor ihm. Sie hatte die Augen geschlossen und hielt völlig still. Hilflos beobachtete Johann, wie Marco die Knöpfe von Enzas Jeans abtrennte, genussvoll einen nach dem anderen. Dann versuchte er, ihr die Hose herunterzustreifen, merkte aber schnell, dass er an den Fesseln hängen blieb. Kurz entschlossen schnitt er das Klebeband durch, das um Enzas Fußgelenke und Unterschenkel gewickelt war und riss ihr die Jeans mit einem Ruck von den Beinen. Bis auf die Unterhose war Enza jetzt nackt. Johann musste etwas tun.

„Eure Nonna hat euch belogen", rief er so laut er konnte und wechselte dabei instinktiv zum ‚Du'. „Sonst hätte sie euch erzählt, dass sie selbst zu den Verdächtigen gehörte. Nur weil die

Polizei keine Beweise fand, wurden die Ermittlungen schließlich eingestellt."

Es klappte. Marco, der gerade im Begriff gewesen war, Enzas Slip aufzuschneiden, ließ von ihr ab und kam zu ihm zurück. Diesmal nahm er die Faust und schlug Johann brutal ins Gesicht. Johann spürte den Schmerz und das Blut, wahrscheinlich hatte Marco ihm gerade die Nase gebrochen.

„Was erzählst du da für einen Quatsch", sagte Marco erstaunlich ruhig. „Warum sollte irgendjemand ein Interesse daran gehabt haben, meine Eltern zu töten?"

„Weil deine Nonna Männer für ihre Rache brauchte. Weil dein Vater offenbar zu schwach dafür war. Weil sie dich und deinen Bruder unter ihrer Kontrolle haben wollte. Weil deine Eltern dabei nur gestört hätten."

Johann bereitete sich innerlich auf den nächsten Schlag vor. Im Augenwinkel nahm er wahr, dass Enza sich seitlich zusammen gerollt hatte und angespannt zuschaute. Doch der Schlag kam nicht. Stattdessen schien Marco plötzlich nachzudenken. Sein Blick wanderte unstet in der Küche umher. Unschlüssig ließ er die Klinge von Enzas Messer ein- und wieder heraus schnappen. Johann versuchte, ihn noch mehr aus dem Gleichgewicht zu bringen:

„Denk doch mal nach. Wie wäre dein Leben wohl verlaufen, wenn deine Eltern nicht gestorben wären? Glaubst du, dass du dann all diese Menschen getötet hättest?"

Marco sah ihn jetzt an. Seine Augen zuckten, wurden feucht. Zum ersten Mal erahnte Johann in diesem leeren Blick einen großen Schmerz. Doch der Moment dauerte keine drei Sekunden. Dann hatte Marco sich wieder in der Gewalt. Er lächelte höhnisch und sagte:

„Du redest Schwachsinn, du dämlicher Idiot. Aber es ist egal. Ich habe mich entschieden. Du bist als erster dran."

Er legte das Messer auf den Boden, stand auf und nahm eine Schlinge von einem Haken an der Wand. Johann erkannte das mit Plastik ummantelte Drahtseil wieder. Mit der gleichen

Wildschweinschlinge war Veronica erdrosselt worden. Er versuchte sich wegzurollen, doch er hatte nicht die Spur einer Chance. Ohne dass er sich irgendwie rühren konnte, legte Marco ihm die Schlinge um den Hals und zog sie langsam zu.

Wie viel Zeit hatten sie wohl gewonnen? Waren es zehn, vielleicht fünfzehn Minuten? Auf jeden Fall zu wenig, um von der Polizei gerettet zu werden. Wie in Zeitlupe merkte er die Folgen des Sauerstoffmangels, fühlte den wachsenden Druck auf seiner Brust und erkannte voller Melancholie, wie ungefährlich dagegen seine Panikattacken gewesen waren. Er sah, wie Marco ihm forschend ins Gesicht schaute, hörte Enzas Schreie und spürte eine tiefe Trauer darüber, dass er mit ihr keine Zeit mehr verbringen würde. Er hörte wie aus weiter Ferne das Echo eines dumpfen Knalls und merkte, dass er das Bewusstsein verlor. Das letzte, schemenhafte Bild vor seinen Augen war wie aus einem Alptraum: seltsamerweise das eitle Lächeln von Commissario Moreno.

66. KAPITEL

MITTWOCH, 20:58 UHR

Enza erlebte das Ganze wie in Zeitlupe. Wie die Haustüre sich mit einem Knarren öffnete und Commissario Moreno plötzlich auf der Schwelle stand. Wie Marco sofort das Messer nahm und sich auf den Eindringling stürzen wollte. Wie Moreno geistesgegenwärtig das Gewehr an der Wand ergriff und schoss.

Dann war es still. Marco lag rücklings auf dem Boden. In seiner Brust klaffte eine riesige Wunde, ein tellergroßer Krater, aus dem das Blut floss. Schräg daneben lag Johann mit bläulich angelaufenem Gesicht, die Drahtschlinge noch fest zugezogen um seinen Hals. Er sah aus wie tot. Oder war er gerade dabei zu ersticken?

Ohne weiter nachzudenken wollte Enza aufspringen. Doch ihre Beine waren so taub, dass sie gleich wieder einknickte und auf die Knie sank. Mühsam robbte sie zu Johann und drehte ihm den Rücken zu. Mit ihren immer noch gefesselten Händen tastete sie nach der Drahtschlinge, bekam die Schlaufe zu fassen, zerrte verzweifelt daran und schaffte es irgendwie, das noch unter Spannung stehende Drahtseil zu lösen. Mit einem pfeifenden Geräusch schnappte Johann nach Luft. Er atmete wieder, er lebte.

Voller Erleichterung sah Enza sich um. Moreno stand immer noch auf der Schwelle, starrte völlig schamlos auf ihren entblößten Körper und verzog seine Lippen zu einem Grinsen. Er schloss die Tür hinter sich und sagte:

„Perfektes Timing, oder?“

Ihre Erleichterung war mit einem Schlag verflogen, Enza fühlte sich plötzlich völlig leer. Marco war tot, der Alptraum der letzten Stunden hatte ein Ende. Aber als Retter war ausgerechnet der Mann erschienen, den sie abgrundtief hasste, der Polizist, der sie damals erniedrigt und gefoltert hatte.

„Wer ist das?“, fragte Moreno und deutete mit der Flinte auf den toten Marco.

„Das ist Marco, der Zwillingsbruder von Toni Testa“, antwortete Enza. „Er hat Franca ermordet. Aber Sie wussten ja nicht einmal, dass es einen Zwillingsbruder gibt.“

Moreno nickte mechanisch und schien nachzudenken. Er machte allerdings keinerlei Anstalten, Enza zu antworten oder ihre Fesseln zu lösen. Stattdessen setzte er sich auf einen der beiden Küchenstühle, das Gewehr immer noch in der Hand, und starrte ihr wieder auf den Busen. Angewidert drehte sich Enza von ihm weg. Sie verspürte nicht die geringste Lust, den Commissario um irgendetwas zu bitten. Johanns Stöhnen lenkte sie ab, er kam wieder zu sich. Er sah fürchterlich zugerichtet aus. Rund um seinen Hals zog sich ein blaurotes Hämatom. Seine Nase war dick geschwollen und blutverkrustet. Er öffnete die Augen und sah sie an.

„Was ist passiert?“, fragte er.

„Marco ist tot“, antwortete sie. Auf dem Boden nicht weit von Johanns Kopf entfernt entdeckte sie ihr Messer. Im Augenwinkel registrierte sie, dass Moreno weiterhin reglos auf seinem Stuhl saß. Kurz entschlossen griff sie nach dem Messer, mittlerweile hatte sie Übung darin, ihre hinter dem Rücken gefesselten Hände zu benutzen.

„Komm, Johann“, sagte sie. „Ich habe mein Messer gefunden. Wenn ich es ganz ruhig am Griff halte, glaubst du, du kannst deine Fesseln an der Klinge aufschneiden?“

„Okay, wir versuchen es“, sagte Johann. Er stellte keine weiteren Fragen, er lag mit dem Gesicht zur Wand, in seinem Blickfeld befanden sich weder Moreno noch Marco. Er konzentrierte sich ganz auf Enzas Messer und fühlte vorsichtig mit seinen Fingern, wo die Klinge war. Dann bewegte er seine Handgelenke mit dem Klebeband an der Schneide auf und ab. Es funktionierte. Innerhalb kürzester Zeit hatte er das Tape durchgeschnitten und konnte seine Hände wieder bewegen. Erst jetzt drehte er sich um und erstarrte mitten in der Bewegung. Sein Blick war auf den Commissario gefallen, der immer noch seelenruhig da saß und sich an ihren Bemühungen zu ergötzen schien.

67. KAPITEL

MITTWOCH, 21:11 UHR

Johann spürte, dass irgendetwas an dieser neuen Situation ganz und gar nicht stimmte.

„Was soll das, Moreno?“, fragte er. „Warum helfen Sie uns nicht mit den Fesseln?“

„Immerhin habe ich Ihnen gerade das Leben gerettet“, antwortete Moreno süffisant.

Johann begriff sofort, dass sie immer noch in höchster Gefahr schwebten. Schnell nahm er Enza das Messer aus der Hand und beeilte sich, zunächst seine Fußfesseln zu durchschneiden, dann auch das Klebeband, das immer noch Enzas Hände umfing. Er legte das Messer zur Seite und half ihr, das Tape abzuziehen. Dabei hielt er die ganze Zeit den Commissario im Auge, der weiterhin keinen Finger rührte.

Doch als Enza sich jetzt erhob und ihre Arme massierte, nahm Moreno das Gewehr und legte scheinbar spielerisch auf sie an. Johann machte sofort einen Schritt zur Seite und stellte sich instinktiv vor Enza in die imaginäre Schussbahn.

„Was haben Sie vor?“, fragte er. „Wie haben Sie uns überhaupt gefunden?“

„Ganz einfach. Ich habe Ihre Handys orten lassen. Als Sie beide in diesem Haus hier zusammen kamen, schien mir der perfekte Zeitpunkt um einzugreifen.“

Johann analysierte die Lage klar und deutlich. Seit Raffaellas Anruf war nicht genügend Zeit vergangen. Falls sie die Polizei alarmiert hatte, waren die Beamten erst auf halbem Weg hierher. Außerdem war Moreno ganz offensichtlich alleine. Und er hatte keinerlei rechtliche Handhabe, ihre privaten Mobiltelefone überwachen zu lassen. Es gab nur eine mögliche Erklärung dafür: Der Commissario war nicht auf der Suche nach Francas Mörder gekommen, sondern auf der Jagd nach Enza und ihm. Er wollte verhindern, dass ihn seine schmutzige Vergangenheit einholte. Er war hier, um das Risiko auszuschließen, dass Johann ihn beim Polizeipräsidenten anschwärzen und ihm die Karriere versauen könnte. Wahrscheinlich hatte Moreno sogar erkannt, dass es sich bei Enza um sein Folteropfer von damals handelte.

Als hätte er seine Gedanken gelesen, bestätigte der Commissario Johanns Verdacht:

„Ihre blonde Freundin hatte damals lange braune Haare. Ich habe eine Weile gebraucht um zu begreifen, woher Sie Ihre Informationen bekommen haben."

Er schwieg und strich sich nachdenklich die gegelten Haare mit der rechten Hand hinters Ohr. Die Linke hielt weiterhin bedrohlich das Jagdgewehr. Johann sah sich nach einer Waffe um. Das Messer war verschwunden. Enza hockte neben ihm auf dem Boden. Sie hatte ihre Knie an die Brust gezogen und hielt sie mit den Armen umschlungen. In ihrem Blick sah er eine Mischung aus Hass und Angst. Er suchte mit den Augen den Boden ab. Irgendwo musste das Messer doch liegen.

Moreno interpretierte dies offenbar als Vorstufe einer Aktion. Er richtete das Gewehr jetzt auf ihn.

„Bleiben Sie, wo Sie sind. Am besten setzen Sie sich neben ihre reizende Freundin auf den Boden."

Johann blieb nichts anderes übrig. Er setzte sich neben Enza und legte einen Arm um ihre Schultern. Sie zitterte. Moreno stand auf und ging zu Marcos Leiche. Mit dem Lauf des Gewehrs stieß er gegen dessen Kopf, als wollte er testen, ob der Mann wirklich tot war.

„Eigentlich hätte ich den Typen die Drecksarbeit erledigen lassen sollen“, sagte er nachdenklich. „Auf der anderen Seite: Wenn ich hier fertig bin, dann wird niemand daran zweifeln, dass der gesuchte Massenmörder noch zwei weitere Menschen tötete, bevor der tapfere Commissario ihn erschießen konnte.“

Johann fühlte, dass etwas in Enzas Körper zuckte. Er drehte den Kopf. Sie starrte auf das Gewehr in Morenos Händen und wirkte unheimlich fokussiert. Jetzt bloß keine Dummheiten, dachte er und drückte sie fester an sich. Hilflos sagte er zu Moreno:

„Wir können doch über alles reden. Ich muss Sie ja nicht anzeigen.“

Oben auf der Empore knackste eine Diele. Moreno fuhr herum, fixierte den großen Spiegel oberhalb der Treppe, sah aber nichts weiter. Bevor Johann den Moment der Ablenkung ausnutzen konnte, richtete Moreno seinen Blick wieder auf ihn und sagte verächtlich:

„Es geht nicht darum, ob Sie es tun. Es geht darum, dass Sie es jederzeit tun könnten. Und Sie werden sicherlich verstehen, dass ich mit dieser Möglichkeit nicht leben möchte.“

Johann sparte sich eine Antwort. Seine Aufmerksamkeit richtete sich oben auf die Empore. Er hatte sich schon die ganze Zeit gefragt, wo Gina Testa eigentlich blieb. Es war schwer vorstellbar, dass sie den Schuss nicht gehört hatte und weiter in ihrer Kammer vor sich hin betete. Saß sie womöglich hinter dem Spiegel und beobachtete die Situation? Plötzlich spürte er, wie Enza ihre Muskeln anspannte. Er legte den Arm noch fester um ihre Schultern und versuchte verzweifelt, Moreno weiter ins Gespräch zu verwickeln:

„Wollen Sie gar nicht wissen, wie viele Menschen Marco eigentlich auf dem Gewissen hat? Interessieren Sie sich nicht einmal für die ganzen Hintergründe?“

Moreno antwortete entschieden:

„Ach, das werden meine Kollegen schon noch herausbekommen. Aber ich finde, wir haben jetzt genug geredet, Dottore. Ich sage hiermit: ciao ciao."

Er hob die Flinte und zielte auf ihn. Johann fühlte sich wie gelähmt. Der Commissario stand drei Meter entfernt, also zu weit weg, um irgendetwas versuchen zu können. Dann passierte alles sehr schnell. Enza sprang auf, das Survivalmesser in ihrer rechten Hand, und lief auf Moreno zu. Der reagierte sofort, er schwenkte den Flintenlauf und schoss. Enza fiel schreiend zu Boden. Ihr linker Oberschenkel war getroffen, aus einer riesigen Wunde spritzte Blut. Das Messer hatte sie fallen lassen. Johann griff danach und wollte sich auf Moreno stürzen. Doch es war zu spät. Der Commissario zielte seelenruhig auf seinen Kopf und drückte ab.

Es machte ‚Klick'.

Innerhalb eines Sekundenbruchteils begriffen beide Männer, dass es sich nicht um einen Aussetzer handelte, sondern dass eine doppelläufige Jagdflinte natürlich nur zwei Schüsse hatte und danach neu geladen werden musste. Eine enorme Wut gab Johann Kraft. Brüllend und mit erhobenem Messer rannte er auf Moreno zu. Der reagierte völlig kontrolliert. Er stoppte ihn mit einem Tritt in den Bauch und schlug ihm mit dem Gewehrkolben das Messer aus der Hand. Ein zweiter Hieb mit dem Gewehr traf Johann gegen das Kinn. Rücklings stürzte er zu Boden. Sein Hinterkopf schlug hart auf einer Schieferplatte auf. Er wollte so schnell wie möglich wieder aufstehen. Doch seine Beine gehorchten ihm nicht mehr. Auf dem Rücken liegend sah er, wie der Commissario das Gewehr fallen ließ und seelenruhig das Holster unter seinem Sakko öffnete. Er griff nach seiner Pistole, entsicherte sie und legte auf ihn an. Sein Mund bewegte sich, Johann konnte nicht verstehen, was er sagte. Enzas Schreie übertönten alles.

Plötzlich nahm Johann hinter Moreno eine Bewegung wahr. Ein dunkler Schatten vor der hellen Wand, Gina Testa, die mit raschen Schritten die Treppe herunter kam. Johann konnte das Knarren der

Stufen nur ahnen, die Zeit schien für einen Moment stehenzubleiben. Wie in einem Film, der stark verlangsamt Bild für Bild abgespielt wird, erlebte er die letzte Rache der Nonna: Wie sie im Vorbeigehen am Kamin nach ihrer rostigen Spaltaxt griff und sich Moreno zielstrebig von hinten näherte. Wie sie dem Commissario das Beil, gerade als er abdrücken wollte, mit einem energischen Hieb in den Schädel schlug.

Ohne irgendeine Reaktion knickten Moreno die Knie ein. Er fiel zur Seite, wie eine Marionette, deren Fäden mit einem Mal gekappt wurden. Gina Testa beugte sich kurz über die Leiche ihres Enkels, faltete die Hände, schlug ein Kreuz. Dann sah sie Johann an, mit leeren, traurigen Augen, ein kurzer, intensiver Moment. Sie drehte sich um und stieg die Stufen langsam wieder hoch.

68. KAPITEL

MITTWOCH, 21:33 UHR

Enza schrie nicht mehr, sie hatte das Bewusstsein verloren. Johann versuchte, den Schmerz in seinem Hinterkopf zu ignorieren, und rappelte sich irgendwie auf. Die Schusswunde war ein Alptraum. Er hatte keine Ahnung, welche Art von Munition so zerstörerisch wirkte. Das Loch im Bein war jedenfalls größer als eine Männerfaust, ein blutiges Chaos aus Fleischfetzen, Sehnen und Knochensplittern. Ein leicht pulsierender Blutstrahl zeigte ihm an, dass die Arterie verletzt war. Wenn er diese Blutung nicht sofort stoppen konnte, würde Enza innerhalb weniger Minuten sterben.

Für einen kurzen Moment fühlte er sich wie paralysiert. Vor seinem inneren Auge rasten die Bilder der vergangenen Tage vorbei: Hülya, die er als Notarzt hatte verbluten lassen. Franca, deren Körper die Piranhas zerfleischt hatten. Veronica, gequält und erdrosselt. Enza und ihr ruhiges Lächeln, als er mit ihr geschlafen hatte. Er wusste, er musste handeln, und spürte die Angst vor dem Versagen. Jetzt eine Panikattacke, und alles war verloren. Eine Berührung brachte ihn zur Besinnung. Enza war zu sich gekommen, drückte seine Hand, sah ihn an.

Er ließ ihre Hand los und begann zu funktionieren. Innerhalb weniger Sekunden öffnete er alle Türen und Schubladen des Küchenschranks, fand zwei Stapel mit Geschirrtüchern und Tischdecken. Ohne nachzudenken riss er ein langes Tuch in dünne

Streifen, wickelte diese mehrfach um Enzas Oberschenkel oberhalb der Wunde und schnürte das Bein ab. Nachdem er seine Knoten gemacht hatte, war der pulsierende Blutstrahl zu einem Rinnsal zusammengeschmolzen. Er knüllte ein weiteres Tuch zusammen, stopfte es in die Wunde und band eine zerrissene Tischdecke fest darum herum. Mehr konnte er ohne medizinische Ausrüstung nicht tun.

Er fühlte Enzas Puls. Sie hatte schon zu viel Blut verloren, ihr Blick ging durch ihn hindurch ins Leere, sie schloss die Augen. Ihr Zustand war mehr als ernst. Sie musste so schnell wie möglich ins Krankenhaus, Bluttransfusionen bekommen, operiert werden. Johann war sich nicht sicher, ob die Ärzte ihr Bein würden retten können. Wenn sie dieses Schlamassel überhaupt überlebte.

Er sah sich um. Die Küche war ein groteskes Schlachtfeld: Auf dem Boden lagen zwei blutüberströmte Leichen, dazwischen eine Schwerverletzte, deren notdürftiger Verband sich langsam rot färbte. Wichtig war jetzt vor allem eines: Wie konnte er so schnell wie möglich ärztliche Hilfe bekommen? Ganz offensichtlich hatte Gina Testa kein Telefon. Und die beiden Handys lagen zerschmettert irgendwo in einer Ecke. Er überlegte, ob er es schaffen würde, Enza in den Dienstwagen zu packen und mit ihr ins Tal zu fahren. Doch als er die Haustüre öffnete, erkannte er, dass das Auto verschwunden war. Dann kam ihm der Gedanke, dass Moreno ein Handy dabei haben musste. Er begann, dessen Taschen zu durchwühlen, und hörte plötzlich ein Geräusch. Ein dumpfes Brummen, das immer lauter wurde, der Rotor eines Helikopters. Er schleppte sich wieder nach draußen und erblickte einen Polizeihubschrauber im Landeanflug.

Mit letzter Kraft kroch er zurück ins Haus. Er setzte sich neben Enza und nahm ihre Hand.

69. KAPITEL
ZWEI WOCHEN SPÄTER

Die Sonne strahlte aus einem klaren blauen Himmel, und ein kühler Wind fegte durch die Gassen von Genua, als er Enza endlich besuchen durfte. Fast eine Woche lang hatten die Ärzte um ihr Leben gerungen, hatten sie wegen des hohen Blutverlustes vorübergehend in ein künstliches Koma versetzt und außerdem eine üble Infektion bekämpft, um ihr Bein zu retten.

In der Zwischenzeit war Johann mehrere Male von der Kripo befragt worden, zweimal in Anwesenheit des Polizeipräsidenten. Er hatte weitgehend wahrheitsgemäß berichtet, was passiert war, nur seine persönliche Bekanntschaft mit der ermordeten Prostituierten ausgelassen. Er war damit durchgekommen. Seine Schilderung der Ereignisse entsprach der Spurenlage. Morenos Fingerabdrücke fanden sich auf Tonis Jagdflinte. Außerdem bewiesen Schmauchspuren an den Händen des Commissario, dass er mit dem Gewehr tatsächlich geschossen hatte. In der Zwischenzeit war durch polizeiinterne Ermittlungen auch bestätigt worden, dass Moreno zu den Folterern in der Bolzaneto-Kaserne gehört hatte. Johann war vollkommen rehabilitiert.

„Sie haben den Fall aufgeklärt, Dottore“, hatte der Präsident anerkennend zu ihm gesagt. „Aber Sie hatten auch verdammt viel Glück. Sie haben ja nicht nur Ihr eigenes Leben riskiert, sondern auch das von Signora Marconi. Warum mussten Sie all diese Recherchen alleine vorantreiben? Sie hätten uns mit einbeziehen müssen.“

„Ich wusste nicht, wem ich trauen konnte", war Johanns einsilbige Antwort gewesen. „Ich hatte das Gefühl, dass in der Questura alle sehr eng zusammen halten."

„Das wird sich ändern, glauben Sie mir", hatte der Polizeipräsident mit ernstem Blick geantwortet und ihm geraten, zwei Wochen freizunehmen.

Johann hatte den Urlaub genommen und die Zeit genutzt. Zuerst war er zum Arzt gegangen. Der Kollege, der ihm die gebrochene Nase richtete, fragte ihn neugierig nach dem Strangulationsmal um seinen Hals, was er aber freundlich ignorierte. Er war noch einmal in Castelbianco gewesen und hatte ein langes Gespräch mit Pfarrer Don Giorgio geführt. Er hatte sich von Kollegen in Deutschland noch weitere Akten schicken lassen. Und er war regelmäßig mit Guido zusammen gekommen, der für ihn die letzten fehlenden Puzzlestücke des Falls recherchiert hatte.

Als Johann jetzt den Krankenhausflur entlang ging, dachte er darüber nach, welch freche, aber vor allem raffinierte Idee sein Assistent gehabt hatte, um ihn vor weiteren unangenehmen Fragen der Polizei zu bewahren. Am selben Tag, als Enza und er in Castelbianco zwischen Leben und Tod geschwebt hatten, war im Institut ein peinlicher Skandal bekannt geworden: Sämtliche im Labor untersuchten DNA-Spurenträger wiesen eine Übereinstimmung mit der hauseigenen Datenbank auf. Alle Proben trugen den genetischen Fingerabdruck des Institutsleiters, Johann Sorbello. Da er aber nicht an sämtlichen Tatorten gewesen sein konnte, gab es dafür nur eine Erklärung. Es hatte eine massive Verunreinigung gegeben. Irgendwie war Johanns DNA in das hermetisch abgeriegelte Labor gelangt und hatte alles verseucht. So weit er wusste, waren Garzetti und seine Mitarbeiter immer noch dabei, nach der Fehlerquelle zu suchen.

Sie konnten ja nicht ahnen, dass der Missetäter aus dem eigenen Haus kam. Zwei Haare vom Schreibtischstuhl des Chefs waren alles, was nötig gewesen war. Guido hatte sie zu feinem Staub zermahlen und diesen Staub dann heimlich mit einem kleinen Blasebalg gezielt im Labor versprüht. Dass Johanns DNA auch den Proben aus der Wohnung der ermordeten Prostituierten anhaftete, schien in diesem Zusammenhang nur logisch. Nachdem Guido ihm all das mit spitzbübischem Lächeln erzählt hatte, war Johann aufgestanden und hatte ihn spontan und fest umarmt.

Jetzt klopfte ihm das Herz, als er sich der Tür näherte, hinter der Enza lag. Er wusste, es war ein Einzelzimmer, und nahm an, dass ihr Vater dafür gesorgt hatte. Auch Gianni Marconi hatte er vor ein paar Tagen in seiner protzigen Firmenzentrale besucht, in der Hoffnung, eines der letzten verbleibenden Rätsel lösen zu können. Warum war Franca am Abend ihres Todes auf das Schiff gegangen und hatte den Olivenöl-Tank geöffnet? Sie hatte das Geld für ihre Erpressung doch schon bekommen. Wollte sie weiteres Material sammeln, um Marconi noch ein zweites Mal unter Druck zu setzen?

„Sie hatte Zugang zu allen Schlüsseln", war Marconis Antwort gewesen. „Also konnte sie jederzeit auf das Schiff gehen und die Luke öffnen. Aber was sie dort wollte? Keine Ahnung."

Dieses Rätsel blieb also ungelöst. Dafür hatte ihm Marconi erzählt, dass die Guardia di Finanza tatsächlich Ermittlungen gegen seine Firma aufgenommen hatte, nachdem das Öl aus seinem Schiff als tunesisches Chemlali-Öl identifiziert worden war.

„Aber ich habe schon dafür gesorgt, dass die Sache nicht so schlimm wird", hatte Marconi erzählt und dabei das breite, selbstgefällige Grinsen aufgesetzt, das Johann schon kannte. „Ein Freund von mir arbeitet im Handelsministerium. Er kennt den leitenden Ermittlungsrichter aus Kindertagen. Es wird wohl darauf hinauslaufen, dass ich mit einem Bußgeld in Höhe der Steuerschuld davon komme. Apropos Geld! Sie haben nicht zufällig die 150.000 Euro gefunden, die Franca von mir erpresst hat?" Das war seine Frage zum Schluss gewesen.

Johann hatte nur mit dem Kopf geschüttelt. Die Tasche mit dem Geld lag in seiner Wohnung. Er hatte sie einfach mitgenommen, nachdem der Hubschrauber mit Enza davongeflogen war. Er selbst war von einem Krankenwagen nach Hause gebracht worden, sein Gepäck erregte keinen Verdacht. Er hatte der Polizei nichts von der Erpressung erzählt. Das Geld wäre sonst beschlagnahmt und irgendwann an Enzas Vater zurückgegeben worden. Nach allem, was er jetzt über Marconis Olivenöl-Betrug wusste, wollte ihm dieser Gedanke einfach nicht gefallen. Stattdessen dachte er darüber nach, das Geld anonym zu spenden. Sobald es Enza wieder besser ging, würde er mit ihr gemeinsam eine Idee entwickeln.

Johann drückte die Klinke und trat ein. Der Raum war groß und hell, das Krankenbett stand direkt am Fenster. Enzas Augen waren geschlossen, sie schien zu schlafen. Ihr linkes Bein lag erhöht auf einer Schaumstoffunterlage, eingespannt in ein furchteinflößendes Gestell aus Edelstahl. Morenos Schuss hatte nicht nur den Muskel zerfetzt, sondern auch Enzas Oberschenkelknochen zertrümmert. Zusätzlich zu dem externen Fixateur hatten ihr die Chirurgen deshalb eine Titanschiene eingesetzt. Große, gezackte Narben würden bleiben, doch die Ärzte waren sich sicher, dass Enza in einigen Monaten wieder normal würde laufen können. Johann setzte sich leise auf einen Stuhl und sah sie an. Enza war extrem blass und wirkte dadurch noch jünger. Behutsam strich er ihr mit der Rückseite seiner Finger über die Wange, ihre Zerbrechlichkeit rührte ihn.

Wie viel würde er ihr wohl heute von seinen Recherchen erzählen? Wahrscheinlich interessierte sie sich vor allem für Tonis Geschichte. Dessen Beichtvater, Don Giorgio, hatte sich zunächst geweigert mit Johann zu sprechen. „Das Beichtgeheimnis ist unverletzlich, auch nach dem Tod des Sünders“, hatte er voller Empörung gesagt. Doch nach zwei Flaschen Rotwein war der Widerstand des Priesters gebrochen. Am Ende hatte sich ein rührseliger Don Giorgio sogar erleichtert gezeigt, dass er mit seinem furchtbaren Wissen nicht mehr alleine war.

Demnach waren die Zwillingsbrüder zunächst gemeinsam zu Mördern geworden. Mit 16 Jahren hatten sie Rodolfo Ermia im Dorfteich von Castelbianco ertränkt, ein Jahr darauf das nächste italienische Opfer in Albenga getötet. Beim dritten Mord machte Toni aber nicht mehr mit. Paolo Bergamaschi, der dritte Italiener auf dem Galgen-Foto, war schon in den 80er Jahren gestorben. Jetzt verlangte die Nonna, dass dessen Sohn Nino getötet werden sollte. Toni hatte dagegen protestiert. Warum sollte der Sohn für die Tat des Vaters büßen? Doch die Nonna kannte kein Erbarmen. Rache endet nicht mit dem Tod, hatte sie gesagt. Rache muss vollständig sein. Toni hatte sich trotzdem beharrlich geweigert und war mit Franca für immer nach Genua gegangen. Sein Bruder Marco hatte gehorcht und alle weiteren Morde von nun an alleine begangen. Johann kannte inzwischen auch die gerichtsmedizinische Akte des dritten deutschen Soldaten. Rudolf Müller hatte in Süddeutschland gelebt und war im Jahr 2006 unter mysteriösen Umständen ertrunken. Auch bei ihm war die Zahnlücke dokumentiert.

Was Don Giorgio über Tonis letzte Stunden erzählt hatte, war Johann noch einmal besonders unter die Haut gegangen. In der Nacht, als er Franca ermordete, hatte Marco seinen Bruder angerufen und zum Schiff beordert. Dort zeigte Marco ihm die Leiche seiner Freundin und brüstete sich stolz damit, dass er sie vorher vergewaltigt hatte. Geschockt, erstarrt und unfähig sich zu wehren gehorchte Toni noch Marcos Befehl, ihm seinen Schlüssel zum Aquarium zu geben. Am nächsten Morgen erschien er dann vollkommen verzweifelt bei Don Giorgio. Er erzählte dem alten Beichtvater die entsetzliche Geschichte seines Lebens, er bat um die Vergebung seiner Sünden. „Ego te absolvo“, lautete die pflichtgemäße Reaktion des Priesters, ich spreche dich frei. Was Toni nicht davon abhalten konnte, seinen letzten Weg zu gehen. Sein Lebenswille war erloschen. Er stieg auf den Berg, um sich in die Tiefe zu stürzen.

Ziemlich rätselhaft blieb dagegen die Tatsache, dass die Polizei nichts von der Existenz der Zwillingsbrüder erfahren hatte. Tatsächlich tauchte nur Toni im Geburtsregister auf. Ganz offensichtlich hatte Gina Testa die Behörden von Anfang an der Nase herumgeführt.

Wie allerdings trotzdem beide Enkel zur Schule gehen konnten, blieb das Geheimnis der chaotischen italienischen Bürokratie.

Enza öffnete die Augen. Er küsste sie sanft auf die Lippen. Sie überraschte ihn ohne jede Vorwarnung mit einer Frage:

„Glaubst du, die Nonna hat ihren eigenen Sohn umgebracht?"

Er musste lachen und antwortete:

„Hallo Liebes, was für eine nette Begrüßung. Ist das alles, was dir durch den Kopf geht?"

„Ich denke über nichts anderes nach, seitdem ich aus der Narkose aufgewacht bin. Wie du Marco diese irre Geschichte mit den durchgeschnittenen Bremsleitungen erzählt hast. Und dass er darauf auch noch so emotional reagiert hat. Wie bist du bloß auf diese verrückte Idee gekommen?"

„Ich wusste ja, dass die Eltern von Toni und Marco bei einem Autounfall ums Leben gekommen waren. Und dann habe ich mir einfach etwas ausgedacht. Aber wir wissen jetzt, dass die Bremsen in Ordnung waren. Guido hat die Akte aus dem Archiv ausgegraben. Demnach gab es keine technischen Mängel. Und trotzdem stürzte das Auto ohne jede Bremsspur in eine tiefe Schlucht. Man hatte den Verdacht, dass die beiden Opfer betäubt worden waren. In ihrem Blut wurden Spuren eines Schlafmittels gefunden. Es gab also tatsächlich Ermittlungen, aber nicht gegen die Nonna, sondern gegen Unbekannt. Die Polizei fand weder mögliche Täter noch ein Motiv. Also wurde das Ganze ohne Ergebnis eingestellt."

Enza hatte ihm aufmerksam zugehört. Jetzt schloss sie die Augen, als wollte sie die dramatischen Ereignisse im Haus der Nonna noch einmal vor ihrem inneren Auge anschauen. Dann sagte sie nachdenklich:

„Vielleicht gesteht sie ja irgendwann. Sie hat doch nichts mehr zu verlieren, jetzt nachdem ihre Rache vollendet ist und beide Enkel tot sind."

Johann antwortete leise:

„Sie ist tot. Nachdem sie Moreno mit der Axt erschlagen hatte, ging sie hoch in ihre Kammer und erhängte sich an einem Balken. Irgendwie passt das zu ihr. Wenn Frauen sich töten, dann wählen sie normalerweise weiche Methoden wie Tabletten oder Gift. Sich zu erhängen beinhaltet eine ungeheure Aggression und ist eigentlich etwas typisch männliches."

Enza nickte. Jetzt war es an Johann, eine Frage zu stellen:

„Weißt du, worüber ich seit zwei Wochen nachdenke? Als du mit deinem Messer aufgesprungen bist, wusstest du in dem Moment, dass Moreno nur noch einen Schuss hat?"

Sie lächelte.

„Ja. Oben in der Hütte hat mir Marco erzählt, wie er dich erschießen wollte. Dabei hat er immer nur vom ersten und vom zweiten Schuss gesprochen. In dem Zusammenhang habe ich auch wahrgenommen, dass die Flinte zwei Läufe hatte. Als Moreno dann genau dieses Gewehr in der Hand hielt, dachte ich mir: Wenn er jetzt zuerst Johann trifft, dann habe ich als Frau keine Chance. Du bist der Mann, du bist stärker. Also bin ich aufgesprungen."

Er war gerührt und drückte ihre Hand.

„Es ist schön, dich zu sehen", sagte sie.

Johann nickte. Sein Telefon summte, eine SMS, ob er heute Abend Zeit hätte. Wortlos steckte er das Handy wieder in die Tasche. Raffaella hatte tatsächlich die Polizei alarmiert. Und zwar mit solchem Nachdruck, dass der lebensrettende Helikopter aufgestiegen war. Vor ein paar Tagen hatte er die hübsche Neurologin angerufen, um sich bei ihr zu bedanken. Sie hatten einen schönen Abend miteinander verbracht. Er war überrascht gewesen, dass er sie viel sympathischer fand, als bei ihrem ersten Zusammentreffen. Er hatte durchaus Lust, sie heute Abend wiederzusehen. Aber das wollte er Enza jetzt lieber nicht erzählen.

Das Thema der Frauen in seinem Leben blieb kompliziert. Er hatte viel darüber nachgedacht. Sein Gefühl für Enza war intensiv und leidenschaftlich, aber irgendwie auch bedrohlich. Je näher der

Termin des ersten Wiedersehens gerückt war, desto mehr Sorgen hatte er sich gemacht. Ob sie wohl zu viel von ihm erwartete?

Er vermisste Veronica, ihre Ruhe, ihre Weichheit, ihre selbstverständliche Art, einfach für ihn da zu sein. In der vergangenen Nacht war er mit einer Panikattacke aufgewacht. Auch das blieb ein Problem, mit dem er sich offenbar weiter herumschlagen musste.

„Es ist auch schön, dich zu sehen", sagte er.

Jetzt war nicht die Zeit für solche Themen. Enza musste sich erst einmal erholen, Kraft tanken, wieder auf die Beine kommen. Dann würde er mit ihr über alles reden.

14750108R00208

Printed in Poland
by Amazon Fulfillment
Poland Sp. z o.o., Wrocław